Photoshop 基礎入門

Photoshop 2021 対応!

NEW STANDARD FOR PHOTOSHOP

おのれいこ
髙橋宏士朗 共著

books.MdN.co.jp
MdN
エムディエヌコーポレーション

はじめに

この本に、そしてPhotoshopに興味を持ってくださり、ありがとうございます。

私はPhotoshopが大好きで、趣味から始めた写真の補正も、今ではレタッチャーや講師として仕事になるほど楽しんでいます。

2020年は世界中で激動の1年となりました。

全人類が「新型コロナウイルス」という見えない敵と戦い、オリンピック延期という未曾有の事態にまで発展しました。世界中が困難な状況にあり、心の痛むニュースが毎日報道される中、私たちの生活様式は大きく変わりました。飲み会やイベントのオンライン化、通勤をしない「テレワーク」など、あらゆる物事のデジタル化が浸透し、新しい価値基準が生まれていった1年でもあります。

こうして「おうち時間」が増えたことにより、新しいことに挑戦する人が増えています。あなたも、きっと新しくPhotoshopにチャレンジしてみようと、この本を手に取ってくださったのではないでしょうか。

この本は、そんな方に向けた入門書です。辞書のようなリファレンス形式ではなく、1つ1つ達成感のあるレッスン形式となっています。Lesson1 ～ 2ではPhotoshopの画面の見方や基礎的な技術を学び、Lesson3 ～ 5では少し凝った補正や合成ができるようになります。Photoshopを触ったことがある方は、このあたりから始めてもいいかもしれません。使える技・機能を重点的に解説していますので、アイデア次第でさまざまなオリジナル作品に応用していただけます。そして、Lesson6 ～ 7では各機能を組み合わせた例題に取り組むことができます。また、Lesson8では2020年10月にアップデートされたPhotoshopの最新機能についても解説しています。

この本には、趣味にも仕事にも生きるテクニックが詰まっています。まったくはじめての方も、触ったことはあるという方も、楽しんで取り組める1冊です。ぜひ、できそうなところ、興味のあるところから挑戦してみてください。

あなたの新しい挑戦が、明るい未来につながりますように！

著者を代表して

2020年12月

おの れいこ

Contents 目次

本書の使い方

本書は、Photoshopを使って写真・画像の編集にチャレンジしてみようという方に向けた本です。Photoshopの画面の見方や基本的な使い方、写真や画像を編集・加工する方法を解説しています。本書の紙面の構成は以下のようになっています。

① 記事テーマ

記事番号とテーマタイトルを示しています。

② 解説文

記事テーマの解説。文中の重要部分は太字で示しています。

Lesson3 01 元画像を保持する「非破壊編集」

Lesson3 > 3-01

THEME テーマ Photoshopによる画像編集では、元の画像データを保持することが基本となります。ここでは、その基本的な3つの方法「調整レイヤー」「スマートオブジェクト」「非破壊的レタッチ」をご紹介します。

「非破壊」編集とは

Photoshopで画像を編集する際は、さまざまな効果や修復機能を利用して調整していきます。その際、**元の画像データを保持していると、画質を劣化させずに簡単に復元することができます**。これを、「**非破壊編集**」と呼びます。非破壊編集の方法はいくつかありますが、ここでは、基本的な方法を3つ紹介します。

調整レイヤー

「**調整レイヤー**」は元の画像データを損なうことなく、色調変更などの画像編集ができるレイヤーです。メニュー→"イメージ"→"色調補正"からよび出す通常の補正機能などとは違い、画像データを上書きしないため、元のデータをいつでも復元することができます。調整レイヤーには、「色相・彩度」のほか、「明るさ・コントラスト」「レベル補正」「トーンカーブ」など全部で**16種類**があります。

たとえば青い花の色を別の色に変えたい場合、元画像レイヤーの上に「色相・彩度」調整レイヤーを作成して編集することで、花を別の色（ここではピンク）に変更できます。また、作成した調整レイヤーを非表示にすることで、元の青色に戻せます。表示・非表示を切り替えるだけで、青色からピンク色、ピンク色から青色へと自由に変更することができます 01。

調整レイヤーは、レイヤーパネル下部のショートカットボタンにある「塗りつぶしまたは調整レイヤーを新規作成」から作成することができます 02。

memo 非破壊編集には、ほかにCamera Rawによる編集や、画像データを保持した切り抜き、マスクなどがあります（111ページ、Lesson3-02を参照）。

POINT 調整レイヤーは、その下にあるすべてのレイヤーに適用されます。直下のレイヤーだけに適用したい場合はクリッピングマスクを設定します（96ページ、Lesson2-09参照）。

memo 調整レイヤーは、メニュー→"レイヤー"→"新規調整レイヤー"からも作成できます。

01 「色相・彩度」調整レイヤーによる色の変更

02 調整レイヤーの新規作成

スマートオブジェクト

「スマートオブジェクト」は、**元の画像データを劣化させずに画像編集ができる機能です**。たとえば通常の画像（ラスター画像）の場合、いったん縮小（リサイズ）したものを再度拡大すると、画像データは劣化してぼやけてしまいます。その場ですぐ「元に戻す」を実行すれ

memo スマートオブジェクトに変換した場合も、元の画像サイズより大きく拡大すると劣化するので注意が必要です。

102 Lesson3-01 元画像を保持する「非破壊編集」

103

③ 図版

Photoshopのパネル類や作例画像などの図版を掲載しています。

④ 側注

POINT 重要部分を詳しく掘り下げています（一部、解説文のアンダーラインに対応）。

memo 実制作で知っておくと役立つ内容を補足的に載せています。

WORD 用語説明。解説文の色つき文字と対応しています。

⑤ サンプルの収録フォルダ

学習用のダウンロードデータの中で、その記事で使われている素材画像やサンプルファイルなどが収録されているフォルダ名を示しています。

● メニューの表記

画面上部に表示されるPhotoshopのメニューを、本書では「メニュー」、ないし「メニューバー」と表記しています。右図のようなメニュー内の項目を指す場合は、「メニュー→“Photoshop”→“環境設定”→“一般...”」といった表記をしています。

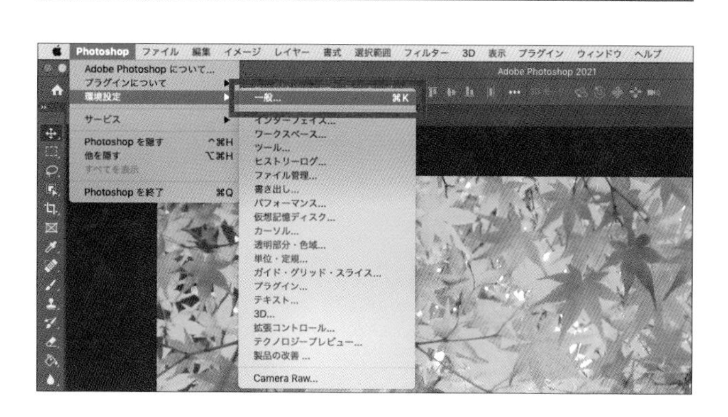

● MacとWindowsの違い

本書の内容はMacとWindowsの両OSに対応していますが、紙面の解説や画面はMacを基本にしています。MacとWindowsで操作キーが異なる場合は、Windowsの操作キーをoption［Alt］のように、［　］で囲んで表記しています。また、Macのcommandキーは「⌘」で表記しています。

（ショートカットキーについては、299ページの「ショートカットキー一覧」も合わせてご確認ください。）

ショートカットキーの表記例

● ⌘［Ctrl］キー
➡ Mac ：⌘（command）キー
➡ Win ：Ctrlキー

● ⌘［Ctrl］＋S
➡ Mac ：⌘＋Sキーを同時に押す
➡ Win ：Ctrl＋Sキーを同時に押す

● option［Alt］キー
➡ Mac ：optionキー
➡ Win ：Altキー

● option［Alt］＋クリック
➡ Mac ：optionキーを押しながらクリック
➡ Win ：Altキーを押しながらクリック

サンプルのダウンロードデータについて

本書の解説で使用しているサンプルデータは、下記のURLからダウンロードしていただけます。

https://books.mdn.co.jp/down/3220303033/

数字

【注意事項】

・弊社Webサイトからダウンロードできるサンプルデータは、本書の解説内容をご理解いただくために、ご自身で試される場合にのみ使用できる参照用データです。その他の用途での使用や配布などは一切できませんので、あらかじめご了承ください。

・弊社Webサイトからダウンロードできるサンプルデータの著作権は、それぞれの制作者に帰属します。

・弊社Webサイトからダウンロードできるサンプルデータを実行した結果については、著者および株式会社エムディエヌコーポレーションは一切の責任を負いかねます。お客様の責任においてご利用ください。

Lesson 1

Photoshopの基本操作

Photoshopを使うと、写真から不要なものをとり除いたり、画像の色を変えたり、さまざまなことが可能になります。まずは、作業画面（ワークスペース）の見方やツールの名前を知ることからはじめてみましょう。

Photoshopで どんなことができるの？

THEME テーマ

Photoshopを使ってみたいと思った方の目的は、写真を加工したい、イラストを描きたい、グラフィックを作りたいなどさまざまでしょう。ここでは、Photoshopでどんなことができるのか、Photoshopが得意としていることは何かについて学びます。

Photoshopとは

「Photoshop（フォトショップ）」は、Adobe（アドビ）社のグラフィックソフトのひとつです。1990年に開発され、30年ものあいだ進化を続けてきました。プロのクリエイターが使う難しいソフト、という印象があるかもしれませんが、趣味で撮った写真を補正したり、SNSで使う画像を作ったりと手軽な使い方もできます。2016年には「Adobe Sensei（アドビ・センセイ）」と呼ばれるAI（人工知能）が搭載され、より直感的な作業が可能になってきました。

たくさんの機能が詰まったソフトですので、そのすべてを覚えるのはとても大変ですが、**自分のやりたいことや使う目的に合わせて、よく使う機能から覚えていけば難しくありません**。プロのデザイナーでも、Photoshopの機能を100%すべて使いこなしている人はほんのわずかです。

Photoshopでできること

Photoshopは、画像の編集や補正を得意とします。自分で撮った写真をさらにきれいに仕上げることはもちろん、商品写真の色を変えて簡単にカラーバリエーションを増やしたりすることができます 01 02 03。撮影することができないような難しい写真も、合成によって実現させることができます 04。

01 消したい対象を、周辺の色情報に基づいて塗りつぶす

02 室内で撮った暗い写真を美しく見せる(Lesson2-04参照)

03 色を変えることで、商品写真を簡単に量産できる

04 人、リス、風船などを合成し、撮影では難しい写真を作る

写真加工だけじゃない

このほか、多彩な「**ブラシ**」や「**テクスチャ**」 05 を使ったイラスト制作 06 もできます。ブラシやテクスチャはどんどん追加していくことができるので、慣れてきたらカスタマイズを楽しんでもいいかもしれません。なお、イラストや印刷物に関しては、同じAdobe社のソフト「**Illustrator（イラストレーター）**」のほうが得意な場合もあります。

> **memo**
> 本誌では扱いませんが、Photoshopでは平面のオブジェクトを3D化したり、簡単な動画も制作したりできます。つまり3Dソフトや動画制作ソフトを使わなくても、簡単なものであればPhotoshopの機能でできてしまいます。ただし、3Dや動画の制作はPCへの負担が大きいので、ハイスペックなパソコンで行うのが好ましいでしょう。

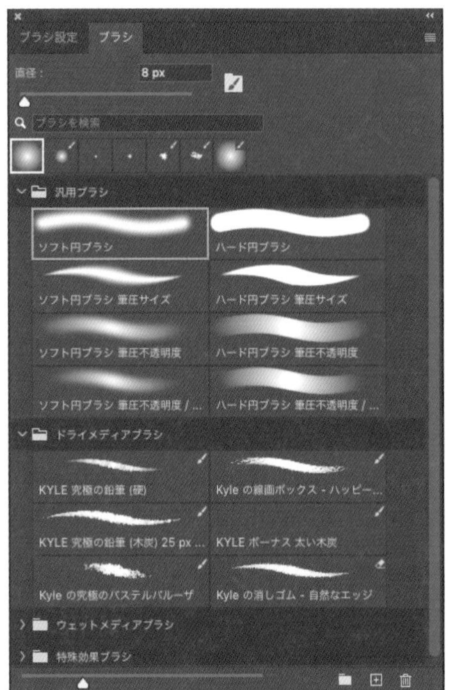

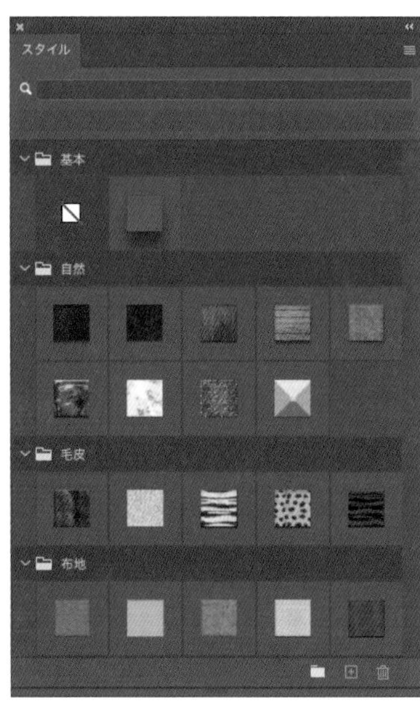

05 さまざまなブラシやテクスチャが用意されている（上はその一部）

©MAKOTO

06 Photoshopで描いたイラスト
ブラシをカスタマイズして、絵の線や塗りにさまざまなタッチをつけています

Column

ラスターデータとベクターデータ

デザイナーやイラストレーターといった職業では、同じAdobe社の「Illustrator」と併用する人が多いです。PhotoshopとIllustratorの大きな違いは、扱うデータがおもに「ラスターデータ」か「ベクターデータ」かという点です 01。

ラスターデータとは、小さなドットの集まりでできた画像データです。みなさんが目にするデジタル写真は基本的にすべてラスターデータに分類されます。拡大するとギザギザが見えるものです。色情報をもった小さなドットでできているので、ドット単位での修正が可能です。複雑な画像やイラストには向いているといえるでしょう。

一方ベクターデータとは、ドットではなく「パス」または「ベジェ曲線」と呼ばれる線で作られており、拡大・縮小するたびに線の太さや形状を計算し直すため、拡大して表示させても画質があれることはありません。そのため、名刺サイズで作ったイラストをポスターサイズまで拡大することも可能です。ただし、計算でできているため複雑なイラストになればなるほどデータは重くなります。

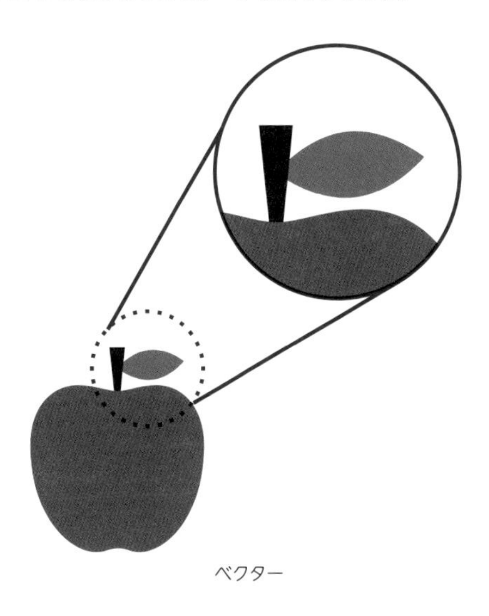
ベクター

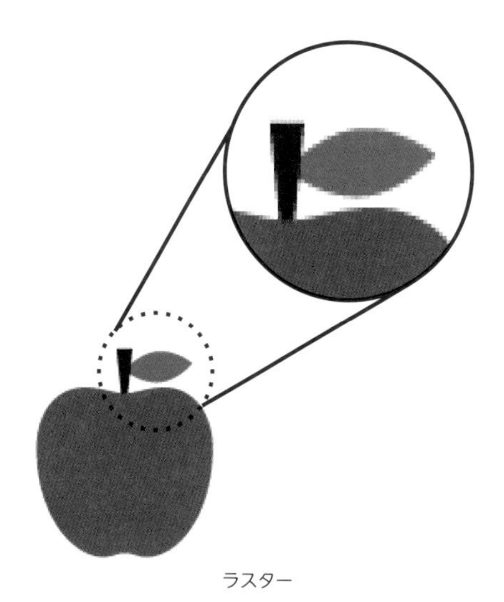
ラスター

01 ラスターとベクターの違い

ワークスペースの見方とよく使うパネル

THEME テーマ

Photoshopは非常にたくさんの機能をもっており、その機能はメニューやパネルに格納されています。画面構成をおおまかにでも把握しておくことで、作業をスムーズに行うことができます。

ワークスペースの見方

Photoshopの作業画面のことを「**ワークスペース**」といいます。まずは、ワークスペースの見方について知りましょう 01 。

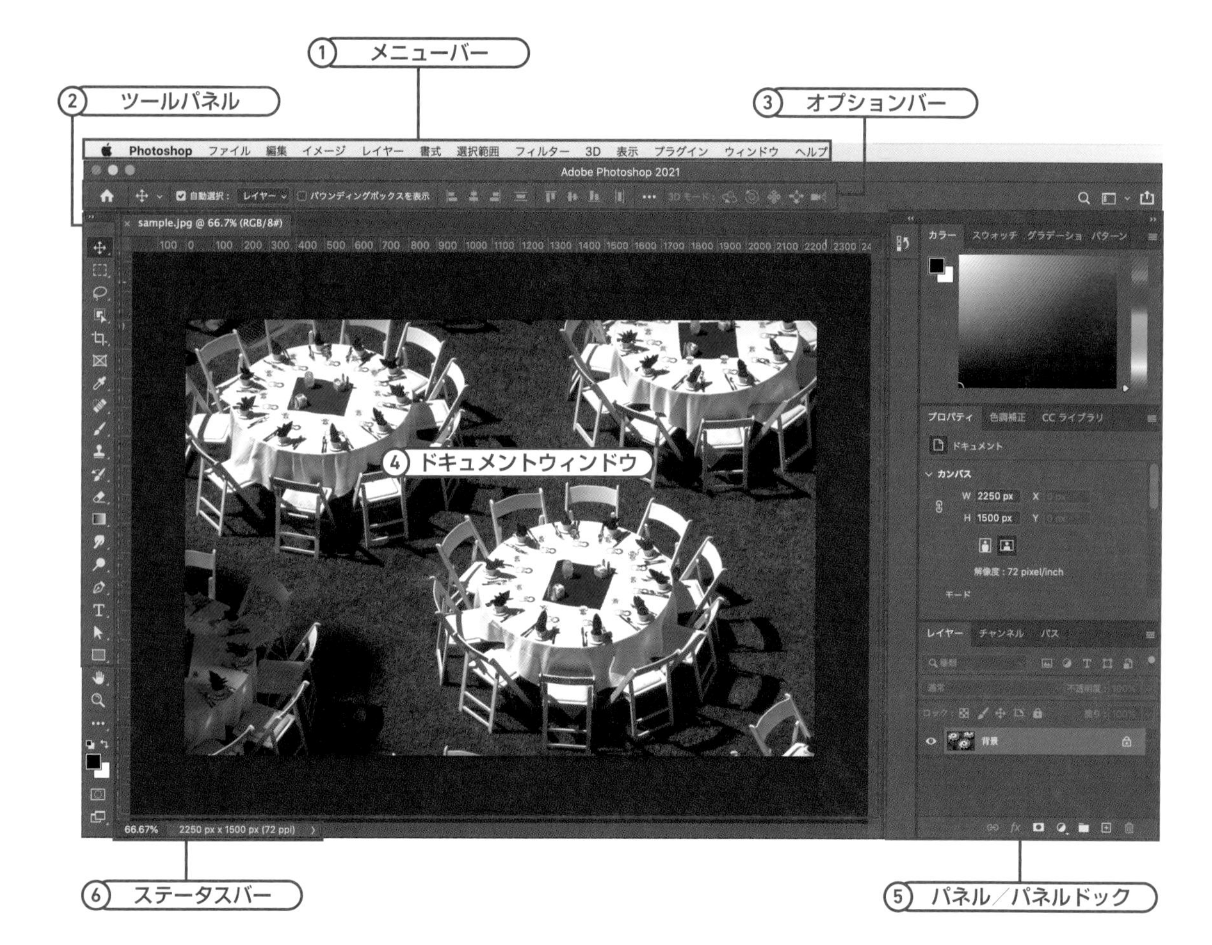

01 Photoshopのワークスペース

① メニューバー

新規作成、保存、設定などの操作や、画像に効果をつけたり、ワークスペースを編集したりする機能が格納されています。

② ツールパネル

描画や画像を操作するツール（道具）を選びます。ブラシツールや塗りつぶしツール、テキストツールなどと聞くとイメージしやすい方も多いかもしれません。

③ オプションバー

②で選んだツールに対しての設定を行います。例えばブラシツールでは、ブラシの大きさや形、色などを設定できます。オプションバーは選んだツールによって内容が変わります。

④ ドキュメントウィンドウ

実際に扱う画像データが表示されるエリアです。このウィンドウの中に写真や図形、テキストなどを配置したり、イラストを描画したりしていきます。上部にタブがついており、複数のデータを開くとタブが並ぶようになっています。

⑤ パネル／パネルドック

レイヤーやチャンネルを操作したり、画像に効果を加えたりするパネルが並びます。パネルのタブ部分をクリック&ドラッグすることで、パネルの並びを変えられるほか、ドックから切り離すこともできます。一度切り離したドックは、元の位置へドラッグすることで再びドックに入れることができます。

Photoshopに慣れてきたら、自分のよく使うパネルを使いやすい位置にカスタマイズするとよいでしょう。

⑥ ステータスバー

左側に表示されているパーセンテージは、開いている画像データの表示倍率です。数値を入力してズームイン／ズームアウトすることもできますが、ステータスバーでズーム操作を行うことはほぼありません。

> **memo**
> メニュー→“ウィンドウ”→“オプション”または“ツール”にて、オプションバーやツールパネルの表示／非表示を切り替えることができます。

> **memo**
> 表示倍率を変えるショートカットキーを覚えておくと便利です。
> ・100%表示
> ⌘[Ctrl]+1（イチ）
> ・ドキュメントウィンドウいっぱいに表示
> ⌘[Ctrl]+0（ゼロ）

ワークスペースは自分好みにアレンジできる

Photoshopには、目的に応じて**32**ものパネルが存在します。よく使うパネルだけ表示させて、ふだん使わないパネルは非表示にしておきます。メニュー→“ウィンドウ”の中にある“3D”～“文字スタイル”は、それぞれパネルの表示／非表示を示しています。閉じてしまったパネルは、ここでチェックを入れることで再び表示することができます。

パネルは、タブをドラッグしてドックから離すこともできます 02 。また、使いたいパネルがたくさんあるときは、パネルドックがワークスペースを占領してしまわないよう、アイコン化してたたむこともできます 03 。

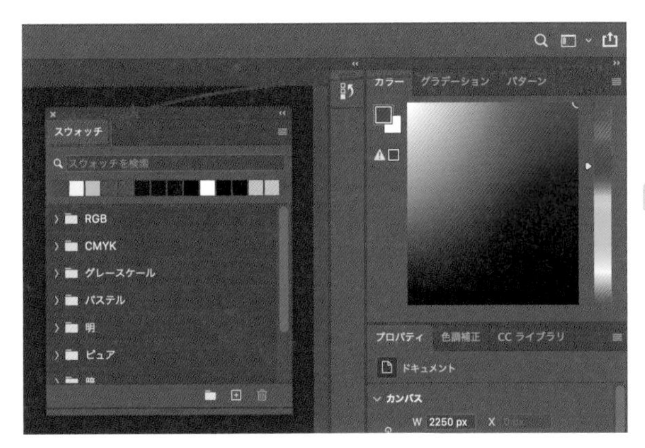

02 **パネルは移動や格納が自由**

タブをドラッグしてドックから切り離すことができます。タブをドッグにドラッグすれば、再び格納できます

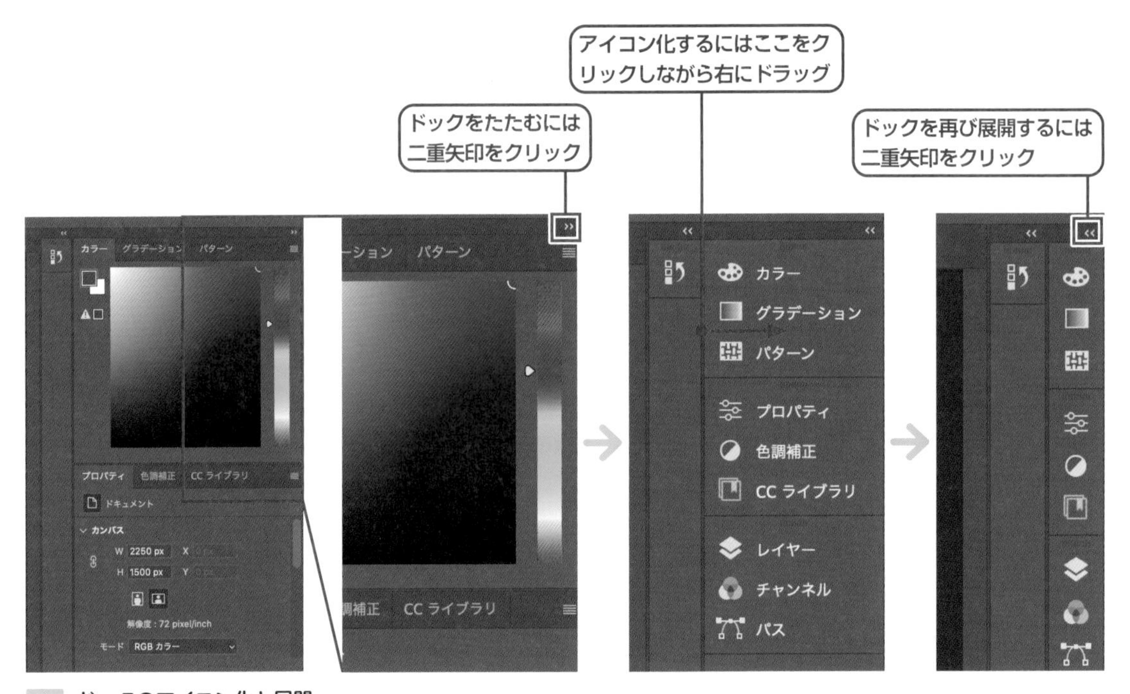

03 **ドックのアイコン化と展開**

パネルの見方

各パネルには、選択しているレイヤーの状態を確認したり変更を加えるような機能が備わっています。パネルによって表示は変わります。また、選択しているレイヤーによって内容が変わるパネルもあります 04 。

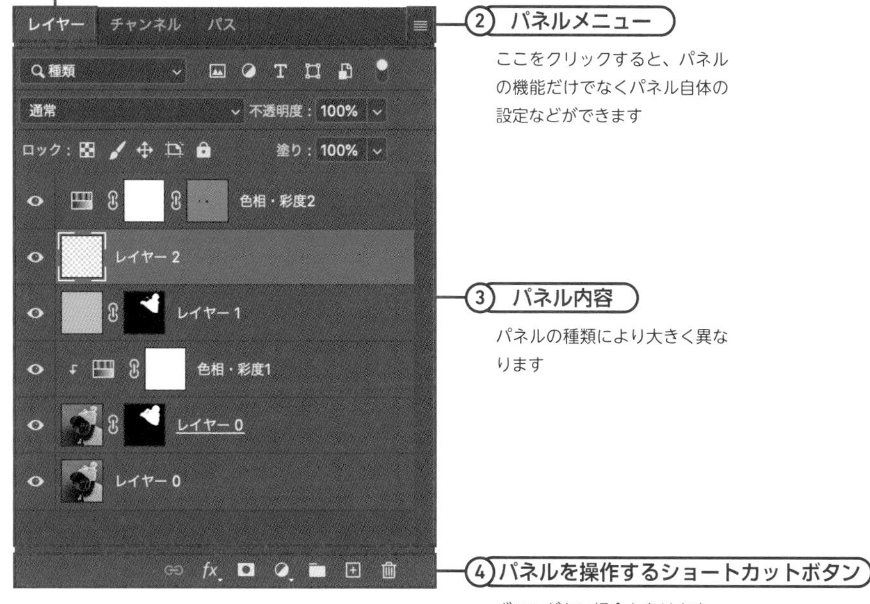

04 パネルの見方

よく使うパネル

使うパネルは用途によって大きく変わってきますが、その中でもよく使われるパネルを紹介します。

○ レイヤーパネル

ドキュメントウィンドウに置かれている写真のレイヤーや、色みなどを補正する調整レイヤーなどが表示され、レイヤーの追加や操作などを行います 05。常に表示させておきましょう。

○ 文字パネル、段落パネルのセット

テキストを使った制作に使います 06。フォント の設定、文字間、行間など、文字入力に関する一通りの設定が行えます。

○ プロパティパネル

選択しているレイヤーの状態を確認したり、変形や整列を行います 07。変形や整列は移動ツールのオプションバーでも行えます。調整レイヤー を選択しているときは、プロパティパネルを使って色調補正の数値などを変更します。

46ページ、**Lesson2-01**参照。

○ ヒストリーパネル

ファイルを開いてから行った編集の履歴が記録され、履歴をクリックするとその時点へ戻ることができます 08 。

記録するヒストリーの数はメニュー→“Photoshop”→“環境設定”→“パフォーマンス...”(Windowsの場合は“編集”→“環境設定”→“パフォーマンス”)を選んで開いたダイアログの「ヒストリー数」で設定できます。一度ファイルを閉じると履歴はリセットされます。

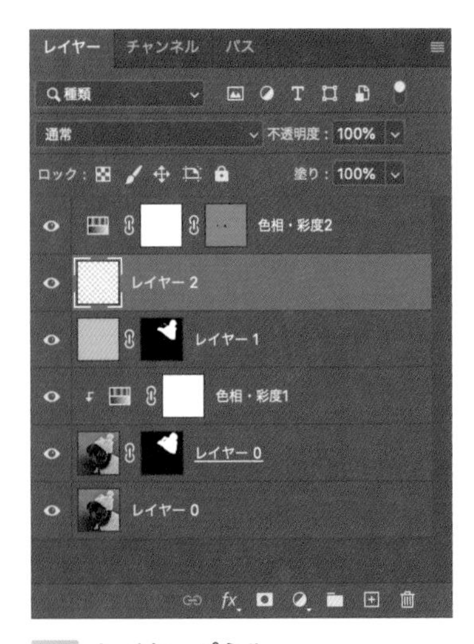

05 レイヤーパネル

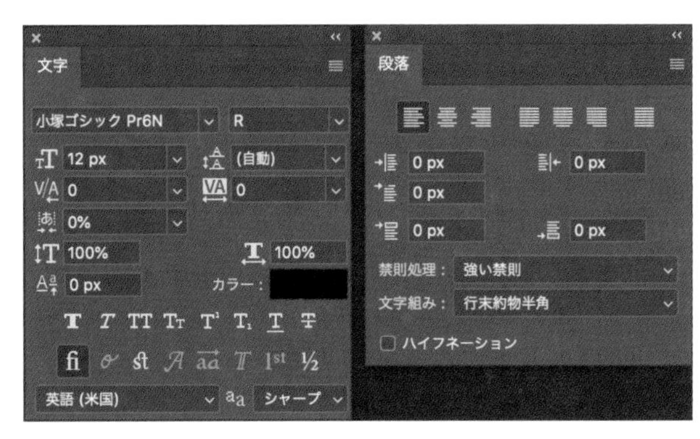

06 左：文字パネル　右：段落パネル

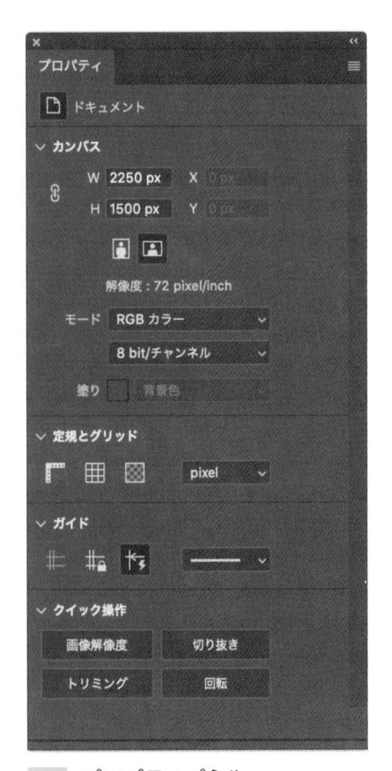

07 プロパティパネル

08 ヒストリーパネル

よく使うツールの名称と用途

THEME テーマ

ワークスペースの左側には、たくさんのツールが並んでいます。この章では、よく使われるツールの用途を紹介します。実際の使い方については各参照ページでチェックしましょう。

さまざまなツール

各種お絵かきソフトと似たようなツールからPhotoshop特有のツールまで、ツールバーには合計**69**ものツールが格納されています 01 。大きく分けると、選択範囲を作るツール、レイヤーに描画するツール、画像の修正・補正をするツール、シェイプやテキストを追加するツール、カンバスに関するツール、その他となります。ここでは、よく使われるおもなツールを紹介していきます。

WORD レイヤー

「レイヤー（layer）」は日本語で「層」という意味で、Photoshopでは透明なフィルムのようなものと考えるとよい。写真レイヤーにテキストレイヤーを重ねたり、また別の画像のレイヤーなどを重ねることで、写真の加工や合成を行う。レイヤー構造になっているため、写真やテキストなどをそれぞれ個別に編集することができる。

選択範囲を作るツール

Photoshopで写真の一部に変更を加える場合は、「**選択範囲**」と呼ばれる、点線で囲まれたエリアを作る必要があります。**選択範囲を作るツールだけでも10種類**あり、作りたい形によってさまざまな方法を使い分けます。

たとえば、フリーハンドで選択範囲を作る**なげなわツール**、四角や丸の形に選択範囲を作る**長方形選択ツール**や**楕円形選択ツール**などがあります。また、写真に写ったものを切り抜きたいときには、**クイック選択ツール**や**自動選択ツール**がよく使われます。Photoshop 2020から追加された**オブジェクト選択ツール**は、切り抜きたい対象物をざっくり囲むだけで、AIが対象物を認識して自動的に選択範囲を作ることができます 02 。

107ページ、**Lesson3-02**参照。

107〜108ページ、**Lesson3-02**参照。

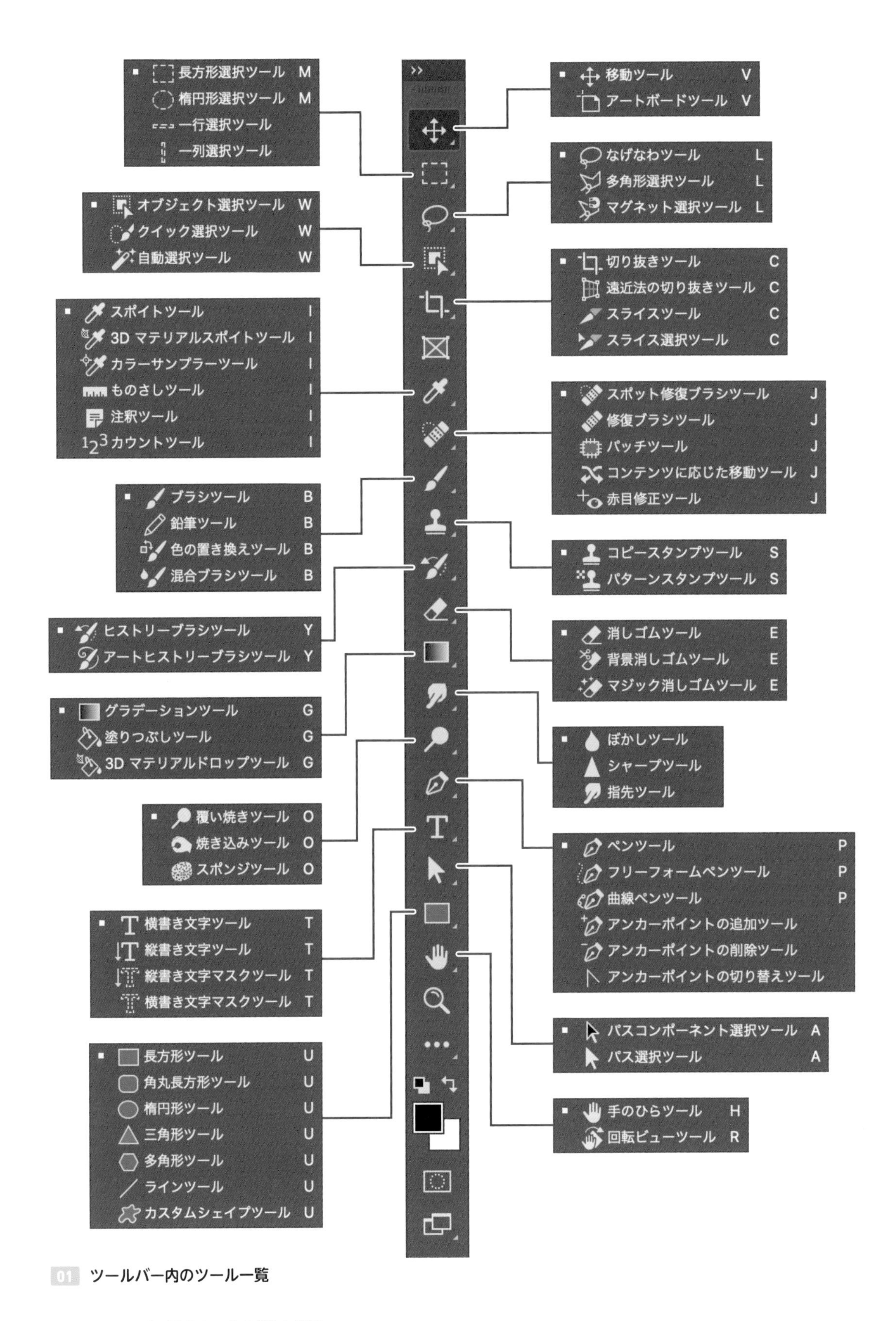

01 ツールバー内のツール一覧

なげなわツール
フリーハンドで選択範囲を作る

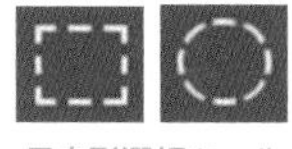
長方形選択ツール
楕円形選択ツール
四角や丸の選択範囲を作る

クイック選択ツール
対象物のエッジを認識して選択範囲を作る

自動選択ツール
クリックした点と近い色を選択範囲にする

オブジェクト選択ツール
長方形で囲むことで対象物を認識し、自動的に選択範囲を作る

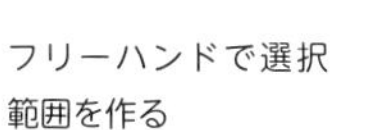

02 選択範囲を作るツール

レイヤーに描画するツール

いわゆるお絵かきツールです 03 。オプションバーでブラシの大きさや形を設定し、ツールバーの下方で「**描画色**」と「**背景色**」を設定して使います 04 。また、描画する際は必ず、レイヤーパネルから描画する対象のレイヤーを選択しておきます。

04 の場合、**ブラシツール**や**塗りつぶしツール**を使うと赤（描画色）で描画されます。**消しゴムツール**を使うと透明になりますが、背景レイヤーに消しゴムツールを使った場合、背景色（ 04 では白）が適用されます。描画色や背景色に透明を設定することはできません。また、こういったレイヤーに直接描画するツールは、スマートオブジェクトには使用できません。

163ページ、**Lesson4-03**参照。

35ページ、**Lesson1-07**参照。

ブラシツール
鉛筆ツール
フリーハンドで描画する。鉛筆ツールはハードな仕上がりになる

消しゴムツール
ピクセルの情報を消し、透明にする。背景レイヤーで使うと、透明ではなく背景色になる

グラデーションツール
塗りつぶしツール
グラデーションや単色で塗りつぶす

スポイトツール
画像の中から色を吸い、描画色に設定する

03 レイヤーに描画するツール

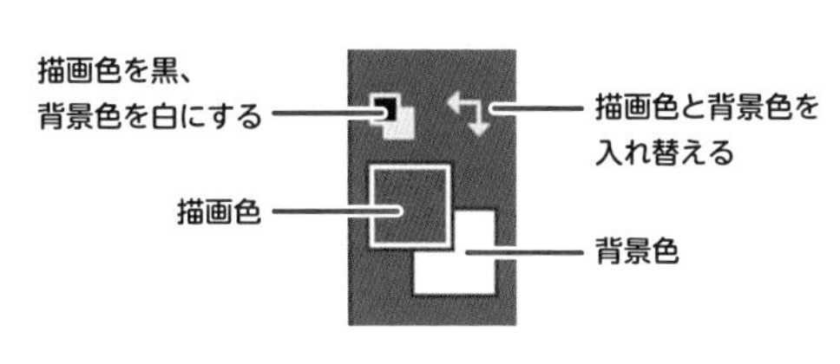

透明

描画色と背景色は、それぞれダブルクリックすることで色を変更できるが、透明を設定することはできない

memo
ドキュメントの透明部分は、白とグレーの格子柄で示されます。

04 描画色と背景色

画像の修正・補正をするツール

スポット修復ブラシツールや**コピースタンプツール**を使うと、写真に写り込んだ不要なものを簡単にとり除くことができます 05 。

53ページ、Lesson2-02参照。

57ページ、Lesson2-03参照。

また、Photoshopではさまざまなフィルター機能を使って、写真をぼかすなどの加工ができますが、ツールパネル内のツールを使うと、ブラシツールのような使い勝手で手軽に効果を加えることができます。これらのツールも、レイヤーを直接編集するツールなので、スマートオブジェクトには使用できません。

memo

覆い焼きツール、焼き込みツールの「覆い焼き」「焼き込み」という名前は、フィルム写真の焼き付け（アナログプリント）をする際に、写真の一部を明るくまたは暗く調節する作業に由来します。印刷する紙の一部を覆って焼き込みを浅くすることで明るくなる「覆い焼き」、また一部を強く焼くことで暗くなる「焼き込み」。由来と一緒に覚えると混乱しにくくなります。

スポット修復ブラシツール

画像の中のゴミや不要なものを除去する

コピースタンプツール

画像の一部をコピーし、別の場所に複製する

覆い焼きツール
焼き込みツール

覆い焼きは写真の一部を明るくし、焼き込みは暗くする

ぼかしツール

画像にぼかしを加える

05 **画像の修正・補正をするツール**

シェイプやテキストを追加するツール

丸や四角などの図形（**シェイプ**）を作ったり、テキストを追加したりすることができます 06 。シェイプ系のツールで描いたものは**シェイプレイヤー**、文字ツールで打ち込んだ文字は**テキストレイヤー**として追加されます。シェイプの色や、テキストの色・フォントなどは、オプションバーで設定します。

46ページ、Lesson2-01参照。

45ページ、Lesson2-01参照。

ペンツールでシェイプを描く場合は、オプションバーで［シェイプ］を選択しておきます。シェイプやテキストは、作成したあとも大きさや色、文字の編集が可能です。

シェイプ系のツール

図形を描く

横書き文字ツール

通称テキストツール。テキストを書く

ペンツール

ベジェ曲線を使って曲線や直線のシェイプやパスを描く

パス選択ツール

パスやシェイプの一部を選択し、図形の編集をする

memo

ベジェ曲線については15ページ、Column参照。

06 **シェイプやテキストを追加するツール**

カンバスやその他操作に関するツール

操作に関するツール 07 は、何かを描画するツールではありませんが、操作をサポートする基本のツールですので、使えるようになっていきましょう。

○ 移動ツール

移動ツールは、Photoshopの作業でもっとも基本的なツールで、レイヤーを移動させるツールです。移動させたいレイヤーをレイヤーパネルで選択し、ドキュメントウィンドウ内をドラッグするかキーボードの矢印キーで移動させます。また、移動だけでなく、メニュー→"編集"→"自由変形"を使って、レイヤーの拡大・縮小や回転もできます。

初期設定では、ドキュメントウィンドウ上にある写真や図形を直接クリックしても、移動ツールで移動させることはできません。オプションバーの［自動選択］にチェックを入れておくと、直接つかんで移動させることができます 08 。

○ 手のひらツール

手のひらツールはカンバス上を移動するツールです。カンバスがドキュメントウィンドウより大きくなった場合に使います。

移動ツール

レイヤーを選択、移動、変形する

切り抜きツール

カンバスの大きさを変更する（トリミング）

手のひらツール

カンバスをつかんでウィンドウ内を移動する

ズームツール

ドキュメントを拡大・縮小表示する

07 カンバスやその他操作に関するツール

08 移動ツールのオプションバー

memo

動かしたいレイヤーの上に動かしたくないレイヤーが重なっていたり、動かしたいレイヤーが小さすぎてつかめない場合は、［自動選択］のチェックを外し、レイヤーパネルから対象のレイヤーを選択すると使いやすい。選択ツールの状態で⌘［Ctrl］キーを押すと、押しているあいだだけ一時的にチェックがはずれます。

memo

動かしたいレイヤーが「背景」レイヤーの場合、移動ツールで移動・編集することができないため、「背景」レイヤーから通常レイヤー（標準レイヤー）に変換する必要があります。変換方法については36ページ（Lesson1-07）参照。

WORD カンバス

絵を描くカンバス（キャンバス）と同じような、作業台になる部分。印刷したり書き出したりできるのはカンバスの領域内のみです。カンバスからはみ出た画像は表示されません。新規ファイルのカンバスの設定についてはLesson1-04参照。

新規ファイルを作成する

Photoshopを起動してファイルを新しく作成する際の手順と、既存のファイルを開く方法について学びます。

Photoshopを起動する

○ Macの場合

Macでは Finderを開き、「アプリケーション」→「Adobe Photoshop CC 2021」フォルダ内にPhotoshopが格納されています 01 。アイコンをダブルクリックして起動させます。

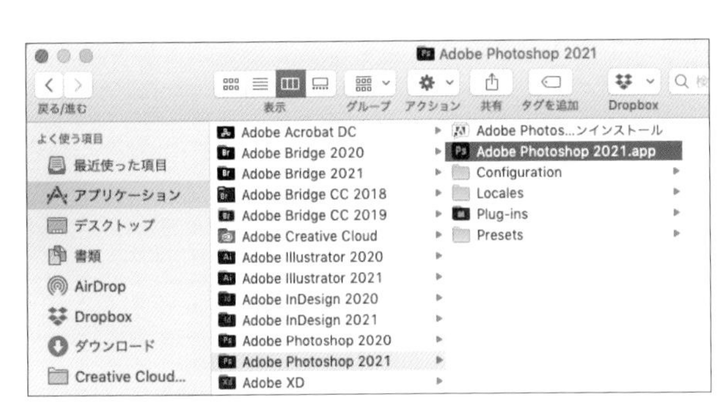

01 MacでのPhotoshopの起動

POINT

アプリケーションのアイコンをFinderからDockにドラッグし、Dockに追加することで次回以降アクセスしやすくなります。

○ Windowsの場合

インストールしたばかりのPhotoshopは、Windowsではスタートメニューの中にあります 02 （バージョンにより異なる場合があります）。アイコンをダブルクリックして起動させます。

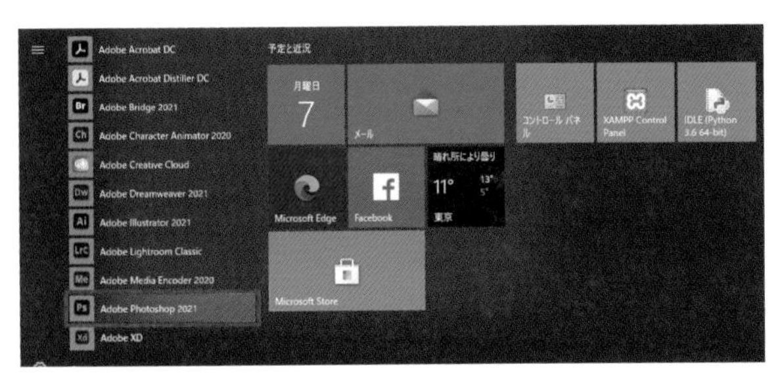

02 WindowsでのPhotoshopの起動

POINT

Photoshopを起動している状態でタスクバーを右クリックし、ピン留めしておくと次回以降アクセスしやすくなります。

新規でファイルを作成する

Photoshopを起動すると、03 のようなスタート画面が表示されます。新しいファイルを作る場合は［新規作成］を、すでにあるファイルを開く場合は［開く］をクリックします。

03 スタート画面

すると 04 のような「新規ドキュメント」ウィンドウが立ち上がるので、どんなファイルを作るかの設定をしていきます。

04 新規ドキュメントウィンドウ

カンバスサイズや解像度 があらかじめ設定されたプリセットが用意されているので、用途に合わせてカテゴリを選びましょう。カテゴリは大きく3つに分けることができ、[写真]から[アートとイラスト]までは解像度が**印刷用の300ppi**、[Web][モバイル]は**デジタル用の72ppi**、[フィルムとビデオ]は**動画を作るためのプリセット**となっています。

250ページ、Lesson7-01参照。

プリセットを選んだら、必要に応じて画面右側の[**プリセットの詳細**]でカンバスサイズや縦横の向きを自由に調整します。最後に[作成]ボタンをクリックし、ワークスペースを開きます。[作成]ボタンを押す前に、調整した内容をオリジナルのプリセットとして保存することも可能です。

memo

ドキュメントプリセットの下にはプリセットに合ったテンプレートも表示されており、手軽におしゃれな作品を作ることができます。

POINT

ワークスペースを開くとスタート画面は消えてしまいますが、同様の操作は、メニュー→“ファイル”→“新規...”または“開く...”から行えます。

既存のファイルを開く

Photoshopでは、一般的な画像形式（JPEG、PNG、GIFなど） のファイルと、Photoshop特有である**PSD形式**のファイルを開くことができます。スタート画面の[開く]ボタンやメニュー→“ファイル”→“開く...”からファイルを選んで開くことができるほか、フォルダからドラッグ＆ドロップでファイルを開くこともできます 05 。

34ページ、Lesson1-06参照。

memo

ドキュメントウィンドウのうち、画像の編集が可能なエリアを「カンバス」といいます。カンバスは1つのファイルに1つまでですが、[プリセット詳細]で[アートボード]にチェックを入れておくと、「アートボード」とよばれるカンバスのような役割のエリアを複数配置できます。1つのファイルの中でサイズ違いのバナーをデザインしたいときなど、複数のものを一度に作りたいときなどにアートボードを使用します。また、通常カンバスの外にオブジェクトを配置すると表示されなくなりますが、アートボードにチェックを入れておくと、アートボードの外にもオブジェクトを置いておくことができます。ただしアートボード外のオブジェクトは印刷されません。

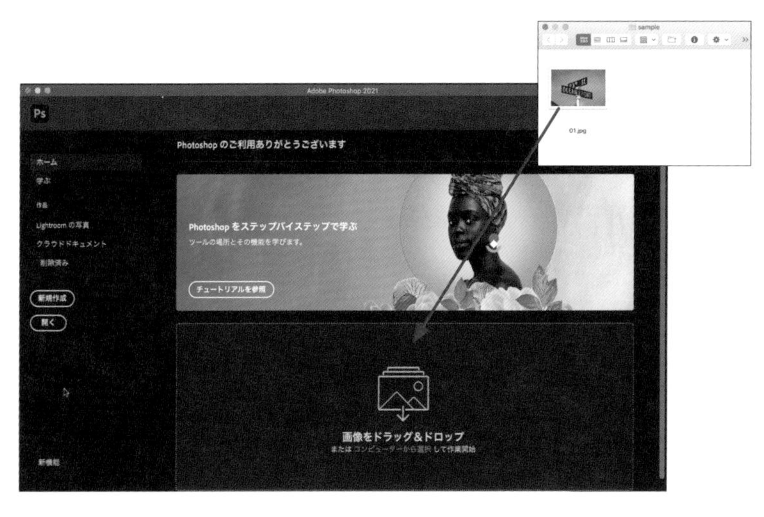

05 ドラッグ＆ドロップで簡単にファイルを開ける

PSD形式で保存する／Photoshopを終了する

Photoshopが扱えるデータや保存の方法など、実際にデータを作る前に知っておきたい操作方法を学びます。Photoshop CC 2020からはAdobeアカウントのクラウドに保存することができるようになりました。

ファイルを保存する

作ったデータは、メニュー→"ファイル"→"別名で保存..."で保存します。[新規作成]から作ったデータの場合、もしくはレイヤーが複数存在する場合は、「**PSD形式(Photoshop形式)**」で保存されます。PSD形式は、レイヤー構造を保ったまま保存できる、Photoshop用のフォーマットです。

保存の方法には、"**別名で保存...**"のほか、"**保存**"という項目もありますが、こちらは上書き保存です。既存の画像データを開いてレイヤーを増やさず作業した場合、このメニュー→"ファイル"→"保存"を使うとオリジナルの画像データに上書き保存されてしまいますので、必ず"別名で保存..."を選びましょう。

memo

保存先やファイル名を指定するウィンドウでは、保存する形式も選択できます。PSD形式以外にも、JPEGやPNG、GIFなどといった画像形式での保存が可能です。ただしその場合、レイヤー構造は失われてしまうので、まずはPSD形式で保存し、改めて別の画像形式で保存するといいでしょう。

保存時に表示されるダイアログ

ファイルを保存しようとすると、01のようなダイアログが表示されます。Photoshop CC 2020からはアカウントがもつクラウドストレージに保存することもできるようになりました。iPad版のPhotoshopを使っている場合、クラウドストレージに保存をすると、iPadで作った作品をPCで開くことができます。

また、初回は互換性についてのダイアログ02が出ます。古いバージョンのPhotoshopでもデータを開けるようにするか、という意味ですので、[互換性を優先]と[再表示しない]にチェックを入れて[OK]しましょう。

memo

Adobe Creative Cloudを契約すると1アカウントに100GBのクラウドストレージが付与されています(フォトプランは20GB)。ストレージの管理は、Adobe IDにログインして行います。

・Adobe ID
https://assets.adobe.com/

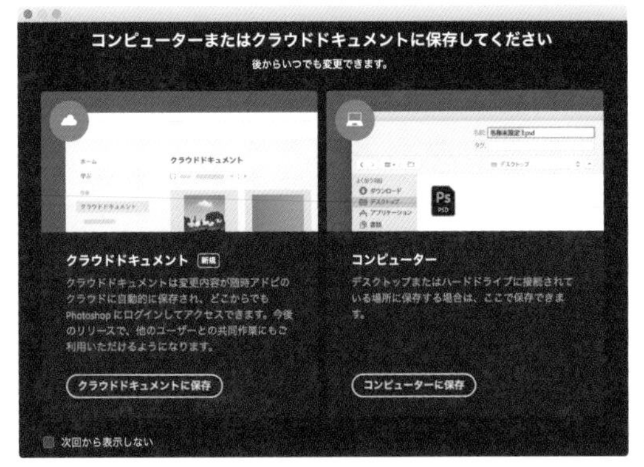

01 クラウド上かPC内に保存

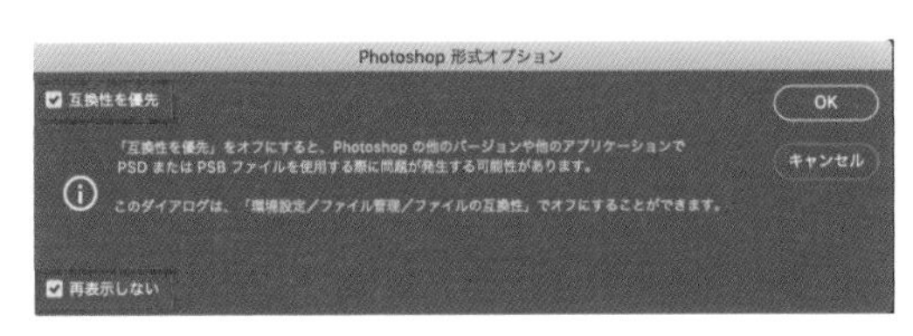

02 ［互換性を優先］［再表示しない］にチェック

Photoshopを終了する

○ Macの場合

メニュー→“Photoshop”→“Photoshopを終了”をクリックします。

○ Windowsの場合

メニュー→“ファイル”→“終了”をクリックします。

ファイルが保存されていない場合、保存を促すダイアログが表示されますので、保存してから終了します。保存したかどうかは、ドキュメントタブの最後に「＊（アスタリスク）」がついているかどうかで判断できます 03 。

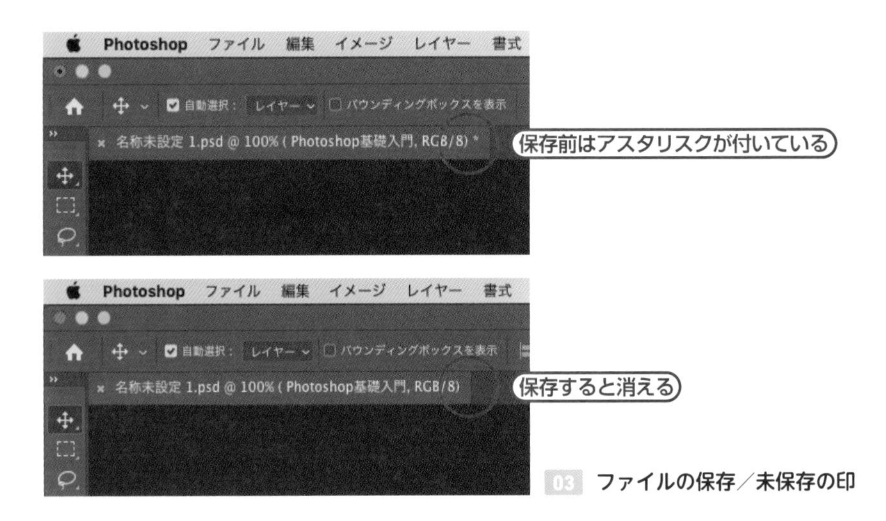

03 ファイルの保存／未保存の印

さまざまな形式の画像を書き出す

Lesson1 > 1-06

Photoshopで作ったデータを、その性質に合わせた画像ファイルとして書き出してみましょう。

画像の書き出し

PSD形式で保存するとレイヤー構造が保持されたままPhotoshop用のドキュメントとして保存されますが、PSD形式のままではSNSに投稿したりパソコンの壁紙として使ったりすることができません。そのため、目的に応じて「**書き出し**」を行います。書き出しの方法はいくつかあります。ここではJPEG形式への書き出しを例として、3パターンの書き出しを行います。

memo

厳密には、PSD形式のファイルは画像データではありません。あくまで「フォトショップドキュメント」ですので、画像として使いたい場合はJPEGやPNGなどの画像形式に書き出す必要があります。

別名で保存

メニュー→"ファイル"→"別名で保存..."で行う、いちばん簡単な方法です 01 。保存先を決めたら、[フォーマット] を [Photoshop] から [JPEG] に変更して保存します。「JPEGオプション」ダイアログが開きますので 02 、画質を設定し、[OK] をクリックします。画質は12が最高ですが、データ容量も大きくなるため、WebやSNSで使うような画像(モニターで見る画像)であれば、10で十分きれいな仕上がりになります。

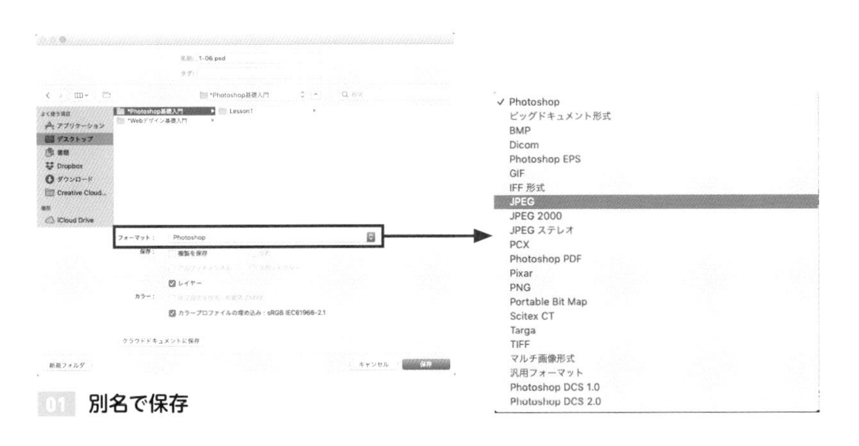

01 別名で保存

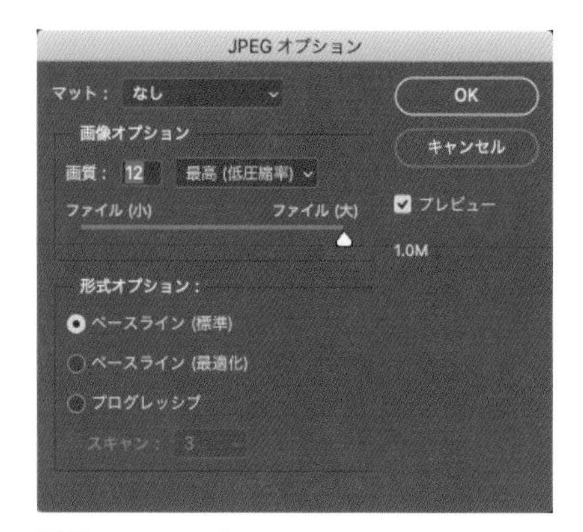

02 JPEGオプション

memo

「JPEGオプション」ダイアログ下段の［形式オプション］を変えても見た目に変化はありませんが、［ベースライン（最適化）］にすると画像のもつ色情報が最適化され、データが少し軽くなります。また、ブラウザなどで読み込んだ場合に、［ベースライン（標準）］で書き出した画像は上から順番に読み込まれ、［プログレッシブ］で書き出した画像は全体がぼやけた状態からだんだんはっきり表示されるようになります。スキャン数は、ぼやけた画像からはっきり表示されるまでのステップ数です。

Web用に保存（従来）

CC 2014まで主流だった、Webで使う画像などを書き出す方法です。メニュー→“ファイル”→“書き出し”→“Web用に保存（従来）...”で行います 03 。「別名で保存」より細かな設定ができ、また元画像と書き出す画像の画質を見比べながら画質を調整することができます。ダイアログの右上（ここでは［JPEG］となっている部分）で書き出す形式を設定し、それから画質などの調整をします。違いがわからなければ初期設定のままでもOKです。保存ボタンの位置が右下でないので注意しましょう。

03 Web用に保存（従来）

書き出し形式

CC 2015から追加された書き出し方法です。メニュー→“ファイル”→“書き出し”→“書き出し形式...”で行います 04 。「Web用に保存（従来）」と違うのは、画像形式に「**SVG**」という選択肢がある点と、サイズ違いの画像を一度に書き出しできる点です。また、複数のアートボードを使用している場合は、すべてのアートボードを一度に書き出すこともできます。Web用のSVGという形式で書き出す場合は、この「書き出し形式」を使用する必要があります。

POINT

複数のバナーを1つのPSDデータで作成したり、サイズ違いで書き出しをしたい場合は「書き出し形式」がおすすめです。どの方法で保存・書き出しする場合も、PSDデータ自体を削除したり上書きしてしまわないようにしましょう。

04 書き出し形式

いろいろな画像形式

書き出す画像は、その性質と用途に最適な形式を選びます 05 。**写真であればJPEG、透明部分のある画像だったり、シンプルな図形を含む画像はPNG、色数の少ない画像やごく短い動画であればGIF、Webで使うアイコンやロゴであればSVG**、といった具合に使い分けます。

透明部分のある画像をJPEGで書き出すと透明部分は白く塗りつぶされた状態で書き出されたり、GIFで書き出すと透明と不透明の境界線がガタガタになります。そう聞くと、すべてPNGで書き出せばいいような気もしますが、写真をPNGで書き出すと、同じ画質で書き出したJPEGより数倍重いデータになってしまいます。

memo

透明部分に強いPNGでも、「PNG-8」という形式の場合はGIF同様ガタガタになります。「Web用に保存（従来）」で書き出す場合は「PNG-24」を選びましょう。

元画像(PSDファイル)

名前	拡張子	特徴	書き出すと…
JPEG ジェイペグ	.jpg .jpeg	・写真に向いている ・シンプルな図形にはノイズが入りやすい ・透明部分は保持できない	ノイズが入る
PNG ピング	.png	・シンプルな図形に向いている ・写真も扱えるが、JPEGより重い ・透明部分を保持できる	ノイズは入らない　境界はなめらか
GIF ジフ	.gif	・シンプルな図形に向いている ・写真には不向き ・透明部分を保持できるが、その境界線はなめらかでない	境界がギザギザ
SVG エスブイジー	.svg	・Web用の特別な形式 ・大きさや、塗りと線の色などをCSS（※注）で指定できる ・シンプルな図形に向いている ・いくら引き伸ばしても図形であれば荒れない	座標と計算式で画像を出力しており、写真には通常使わない形式

※注　CSS：Webサイトを構成するための言語の1つ

05 おもな画像形式

スマートオブジェクトってどんなもの？

THEME テーマ　スマートオブジェクトは、Photoshopに欠かせないものです。通常レイヤーとスマートオブジェクトレイヤーの違いや利点について学びます。

スマートオブジェクトとは

「**スマートオブジェクト**」は、**レイヤーの情報や画質を保持することのできるレイヤー**です。ブラシなどで描画できる通常のレイヤーが普通の紙だとすると、スマートオブジェクトはその紙を汚れたり破れたりしないようにクリアファイルに入れたような状態です。

スマートオブジェクトレイヤーには、ブラシツールや補正系のツールなどで直接書き込めないようになっています。このようにデータを保護したまま画像編集することを「**非破壊編集**」といいます。

102ページ、**Lesson3-01**参照。

スマートオブジェクト化するメリット

たとえば人物写真を補正するとき、顔の明るさや顔の色みなど何度も調整を重ねます。元の写真がスマートオブジェクトでなければ、画像のピクセルがもつ色情報を直接変更してしまうことになるため、元の状態に戻すことができません。スマートオブジェクトにしておくと、画像のピクセルを直接変更することなくフィルターを上乗せして編集していくので、いつでも調整し直せたり、元の状態に戻したりすることができます。

また、写真を合成するときにレイヤーを一度縮小すると、縮小したぶんピクセル情報が失われてしまうため再び拡大することはできませんが、スマートオブジェクトは拡大・縮小を繰り返してもピクセル情報が失われることがありません 01 。

①元画像

②通常レイヤー、スマートオブジェクトとしてそれぞれ縮小

通常レイヤー

スマートオブジェクト

③再び元の大きさに引き伸ばすと…

通常レイヤー
一度省略されたピクセルは戻りません

スマートオブジェクト
ピクセルデータは保持されるので画質はそのまま

01 スマートオブジェクトのメリット

レイヤーをスマートオブジェクト化する

写真をPhotoshopで開くと、写真は「背景」レイヤーとなっています。スマートオブジェクトにするには、「背景」レイヤーをまず通常レイヤーにする必要があります。

レイヤーパネルで「背景」レイヤーを右クリックし、プルダウンメニューから“背景からレイヤーへ...”を選択します。するとレイヤー名が「レイヤー 0」となり、通常のレイヤーとなります。もう一度レイヤーを右クリックし、“スマートオブジェクトに変換”を選択します。これにより、スマートオブジェクトとなり、サムネール部分にスマートオブジェクトのアイコンが追加されます 02 。

memo

レイヤーの種類ついては45ページ(Lesson2-01)で詳しく解説していきます。

memo

レイヤーパネルでShift [shift] キーを押しながら複数のレイヤーを選択し、まとめて1つのスマートオブジェクトに変換することも可能です。

「背景」レイヤー

JPEGの写真を開いた状態。レイヤーがロックされている

通常レイヤー

ブラシで書きこめたり、不透明度、描画モードを変更したりできる

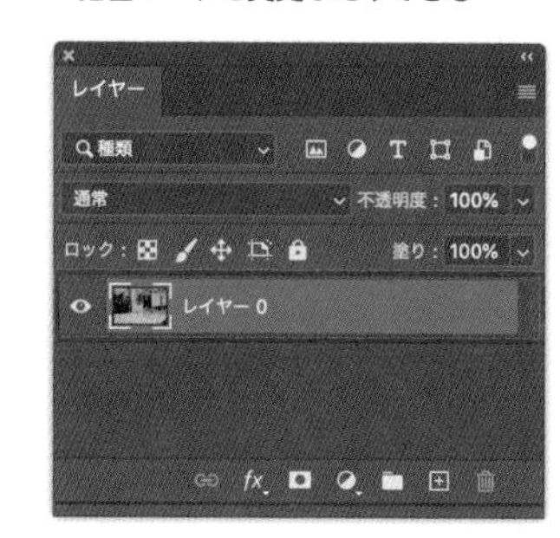

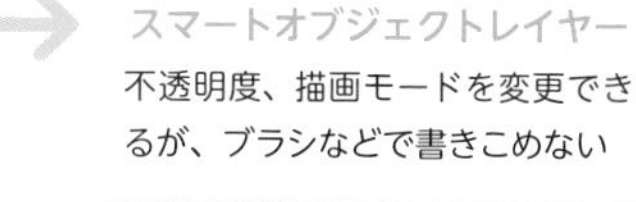

スマートオブジェクトレイヤー

不透明度、描画モードを変更できるが、ブラシなどで書きこめない

02 各種レイヤーの違い

スマートオブジェクトの編集

スマートオブジェクトのサムネール部分をダブルクリックすると、「**レイヤー 0.psb**」というファイルが開きます 03 。これはスマートオブジェクトレイヤーの中身を開いた状態です。このレイヤー 0.psbではオリジナルのデータに直接書き込むことができます。

また、この.psbという形式は.psdと同じようにレイヤー構造を保持できるので、テキストやシェイプを追加することもできます。保存して閉じると、レイヤー 0.psbで行った編集がスマートオブジェクトに反映されます。スマートオブジェクトを複製すると、複製したすべてのスマートオブジェクトに反映されます。

memo

レイヤーの複製方法は、レイヤーパネルで対象のレイヤーを右クリックから“レイヤーを複製...”、対象のレイヤーをパネル右下の［+］ボタンまでドラッグ、option［Alt］キーを押しながら対象レイヤーを上か下へドラッグ、対象レイヤーを選択した状態でショートカットキー⌘［Ctrl］+J、などがあります。

03 スマートオブジェクトの中身

スマートオブジェクトの解除

スマートオブジェクトを通常のレイヤーに変換するには、レイヤーパネルで対象のスマートオブジェクトを右クリックし、“レイヤーをラスタライズ”を選択します。スマートオブジェクトの中に複数のレイヤーがあった場合は、すべて統合されます。また、スマートオブジェクトを縮小した状態でラスタライズすると、 01 の通常レイヤーと同じようにピクセル情報が失われてしまいます。

カラーモードの設定

Lesson1 > 1-08

印刷用はCMYK、デジタル用はRGBというカラーモードで制作するのが基本ですが、Photoshopではほとんどの場合でRGBで作りはじめます。色やカラーモードのしくみについて学びましょう。

色が出力されるしくみ

PCやスマートフォン、TVなど、モニターに出力されている画像の色は光で作られています。**Red**、**Green**、**Blue**のいわゆる「**光の三原色**」でさまざまな色を生み出し、モニターに出力しています。一方、印刷された画像は、光ではなく**C（シアン）**、**M（マゼンタ）**、**Y（イエロー）**、**K（ブラック）**のインクをかけ合わせて色を作り、出力しています 01 。

このように、色の出力の仕方がデジタルと印刷物では異なるため、**デジタル画像はRGB**、**印刷物はCMYK**といったカラーモードに設定しておくことが作品制作の「基本」です。

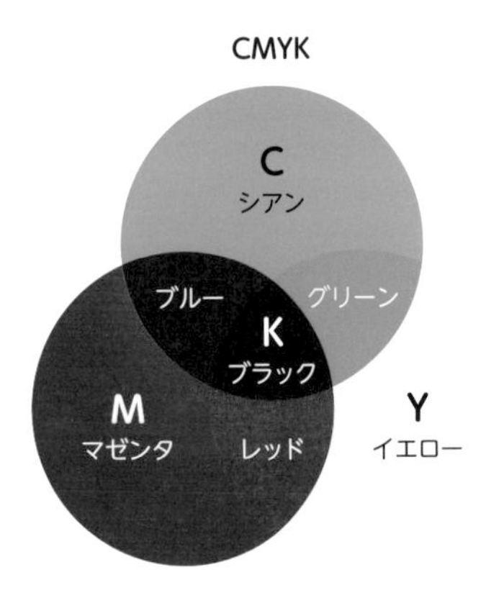

CMYの三原色＋K（黒）で色を作ります。すべてかけ合わせると黒く濁っていきます（減法混色）。インクの量を減らすと色は薄くなっていきます

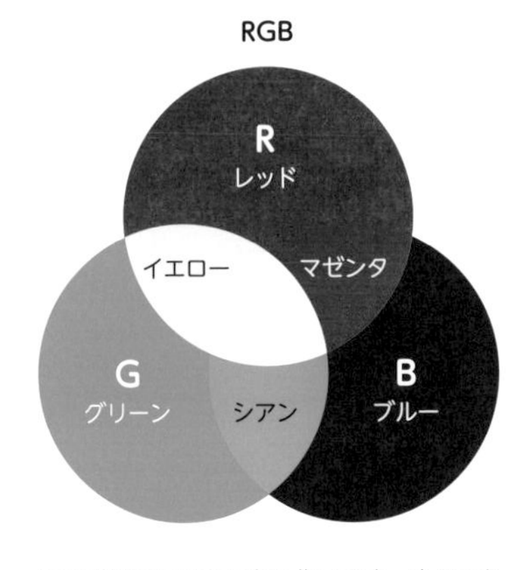

RGBの光の三原色で色を作ります。すべてかけ合わせると白くなっていきます（加法混色）。光の量を減らすと黒になっていきます

01 CMYKとRGBのしくみの違い

RGBで作ってCMYKに変換

先述の通り、カラーモードをはじめに設定しておくことは制作の基本となりますが、Photoshopでは基本的にすべてRGBで作成し、最後（印刷時）にCMYKへ変換するという手順を踏みます。なぜなら、Photoshopの写真加工機能の多くはRGBモードでしか使えないためです。

memo

Photoshop以外のソフトでも、「デジタルでも使うし印刷もする」という作品を作る場合は、同じようにRGBで作りはじめ、印刷時にCMYKへ変換という手順を踏みます。カラーモードを変換したら別ファイルで保存し、元のファイル（RGB）は残しておくとよいでしょう。

カラーモードの設定方法

メニュー→“ファイル”→“新規…”で立ち上げた新規ドキュメントウィンドウ では、右側中段の［カラーモード］の項目で設定します。印刷のプリセットであっても、デフォルトではRGBになっているのがわかります。

27ページ、**Lesson1-04**参照。

新規でなく、すでにRGBで作ったデータをCMYKに変換するには、データを開いている状態でメニュー→“イメージ”→“モード”→“CMYKカラー” 02 を選択するか、メニュー→“編集”→“プロファイル変換…” 03 で行います。メニュー→“イメージ”→“モード”から行うのが簡単で早いですが、メニュー→“編集”→“プロファイル変換…”から行うと、プレビューのチェックをつけたりはずしたりすることで、オリジナルとの差を比較しながら変換できます。

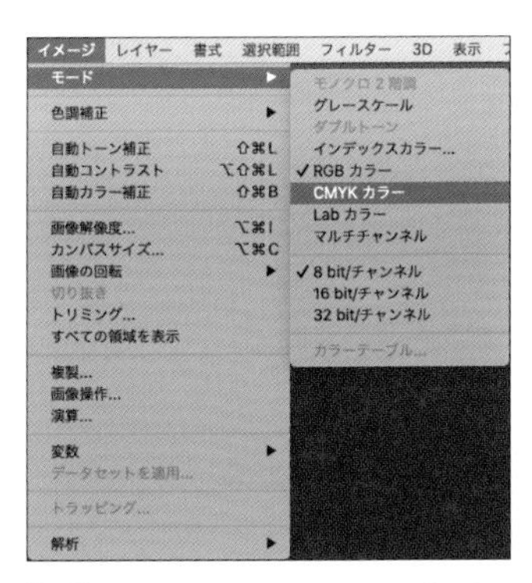

02 手軽なカラーモードの変更

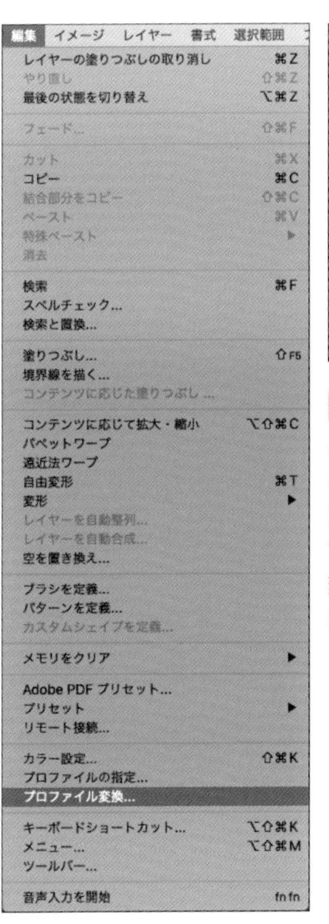

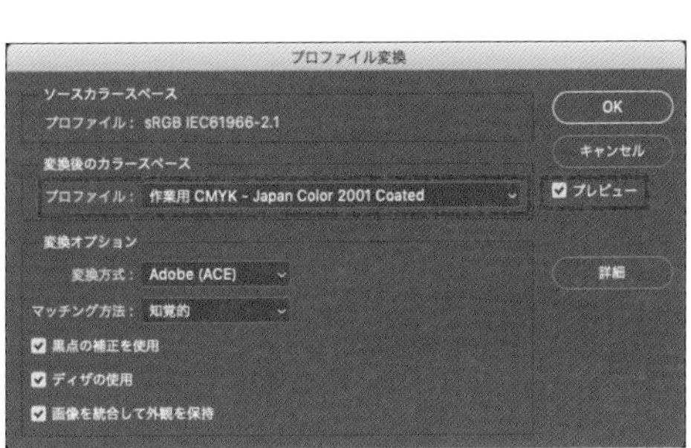

03 プロファイル変換

メニュー→“編集”→“プロファイル変換…”を選ぶと、「プロファイル変換」ダイアログが開きます。［プロファイル］を変えると色の変換具合が変わります。プレビューのオン／オフをしながらいちばん変色しないプロファイルにしましょう。特に問題なければデフォルトのままでもOKです

RGBのまま印刷すると

RGBで作ったものをCMYKに変換せず印刷すると、全体的／部分的にくすんだり、想定していない色になることがあります。これは、**RGBとCMYKで出力の仕方が異なるためだけでなく、光とインクでは作れる色の範囲（色域）が大きく異なる**ためです。混ぜれば混ぜるほど黒くなっていくインクに対し、光は原色より明るくも暗くもできます。RGBのほうがはるかに多くの色を生み出せるので、RGBモードのまま印刷をすると、CMYKインクで作れないビビッドな色などはくすんだようになってしまうのです 04。

memo

近年は、RGBのまま印刷できる印刷所が増えてきています。家庭用プリンターでも、6色インクなど、インクの色数を増やしてRGBのまま印刷できるものがあります。

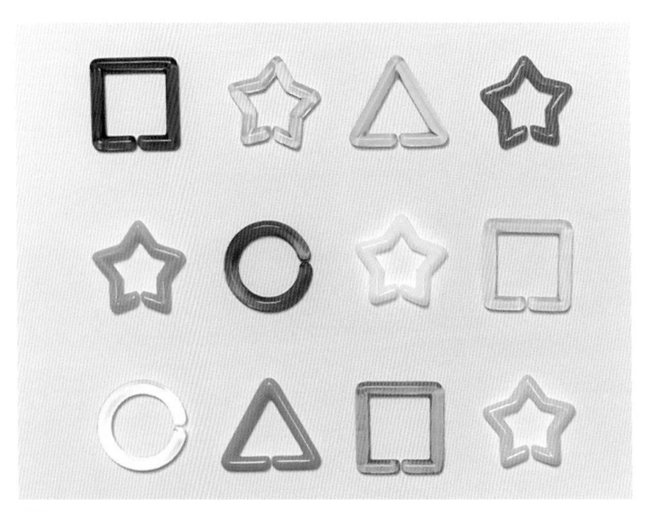

04 RGBとCMYKで色の差が出やすい画像の例

memo

本書の画像もCMYKモードで印刷されているため、04の画像がRGBでどう見えるかはダウンロードデータで見比べてみましょう。

Lesson 2

写真補正の基本

写真の明るさや色調を変えたり、傾いている画像の角度を直したりすることを「補正」といいます。ひとくちに補正と言っても、難易度はさまざまです。ここでは、Photoshopを使った写真補正の基本的なやり方を覚えていきます。

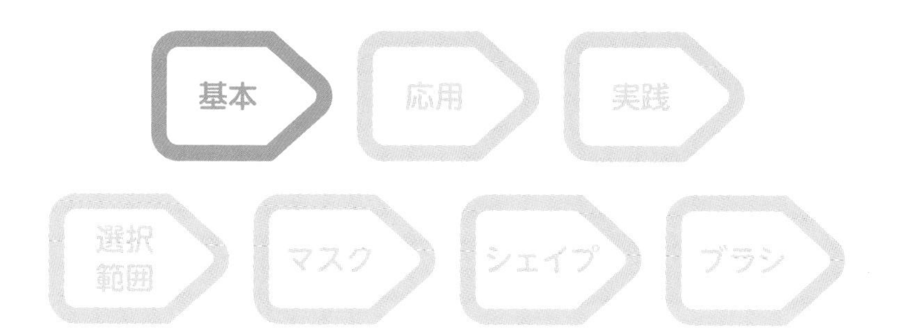

Photoshopのレイヤーのしくみ

Lesson2 > 2-01

写真補正に入る前に、Photoshopの「レイヤー」について解説します。Photoshopを使う上では、この「レイヤー」のしくみを理解することがとても大切になりますので、しっかりと学んでいきましょう。

「レイヤー」とはどんなもの？

Photoshopには「**レイヤー**」という機能があります。レイヤーの機能は1枚の透明なフィルムをイメージすると理解しやすいでしょう 01 。

レイヤーには画像レイヤー、テキストレイヤーなど、いくつかの種類があり、透明なフィルムの上に画像、テキスト（文字）、シェイプ（図形）など、さまざまなものが描画されていきます。レイヤーは、背景、画像、テキストといった要素をそれぞれ分けて設置することが大切です。**何枚ものレイヤーを積み重ねて1つのファイルを構成していきます。**

では、Photoshopでは、なぜこのように1枚ずつ分けたレイヤー構造にするのでしょうか。

例えば、プリントした写真上に直接文字やイラストを描いたとしましょう。この場合、あとから文字やイラストを修正することが難しくなります。では、写真の上に透明なフィルムをおき、その上に描

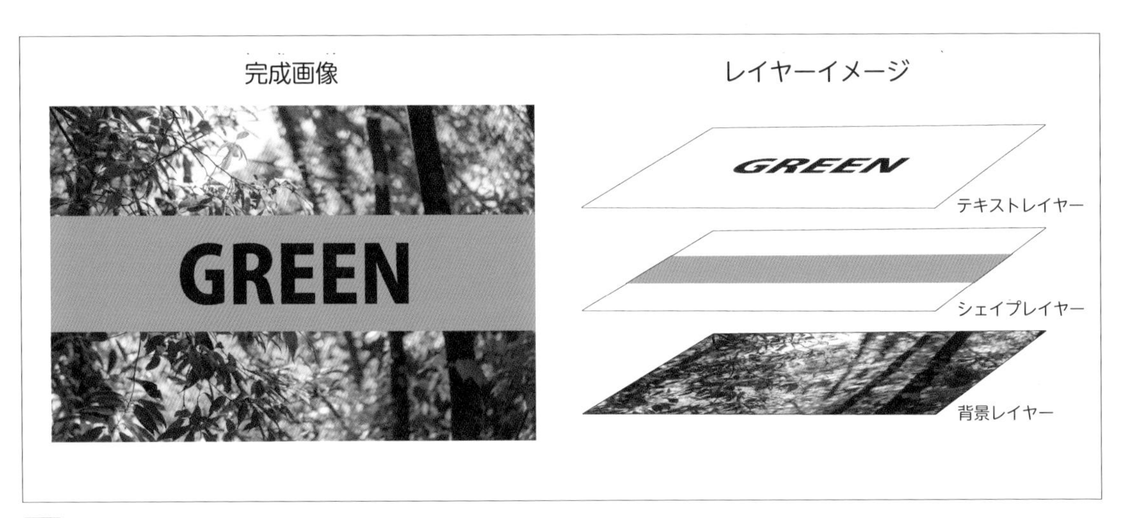

01 **レイヤーのイメージ** 画像やテキストなどが描かれた透明なフィルムが積み重なっている状態をイメージしましょう

いたらどうでしょうか？　描き直したいときには、透明なフィルムをはずし、新しい透明なフィルムをのせれば簡単に修正できますよね。Photoshopの場合も同様で、レイヤーを分けておくことで、レイヤー単位で修正ややり直しが容易に行えます。

このようにレイヤーの役割や構造を理解しておくと、あとから修正や復元などをしやすいファイルを作ることができます。

レイヤーパネルの画面構成

レイヤーの新規作成や管理は、レイヤーパネルで行うことができます。レイヤーパネルは初期設定でPhotoshopの画面の右下に表示されます 02 03。

memo
レイヤーパネルが表示されていない場合は、メニュー→"ウィンドウ"→"レイヤー" を選ぶと、表示・非表示を切り替えることができます。

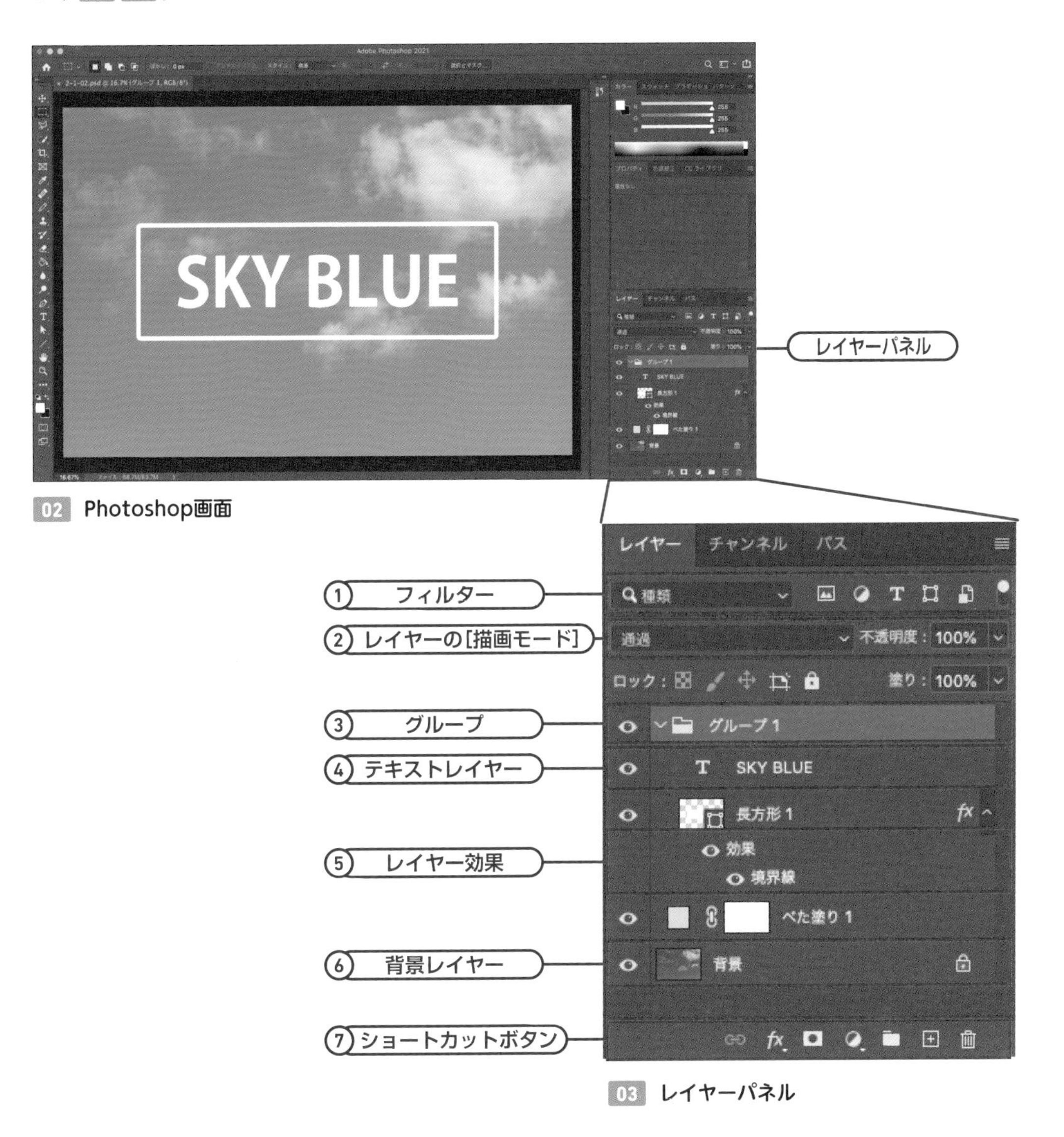

02 Photoshop画面

03 レイヤーパネル

① フィルターの種類

種類別に細かく絞り込むことができます。レイヤーの数が多くなった場合、目的のレイヤーだけ抽出したいときに利用します。

② レイヤーの描画モード

描画モードを変更する際に利用します。また不透明度を［0%］～［100%］のあいだで調整できます。

③ グループ

複数のレイヤーをグループにまとめることができます。任意のレイヤーを選択してグループ化するほか、新規グループ作成より空のグループ作成後にレイヤーをドラッグ&ドロップすることで、まとめることも可能です。

④ テキストレイヤー

ツールパネルの文字ツールでテキストを追加するとテキストレイヤーが作成されます。テキストレイヤーには［T］のアイコンが表示されます。

⑤ レイヤー効果

レイヤー効果を適用すると表示されます。効果の横にあるアイコンで一括の表示・非表示ができます。また、レイヤースタイル名のアイコンをクリックすると個別に表示・非表示の操作ができます。

⑥ 背景レイヤー

背景レイヤーは最下部に設置され透明部分をもつことができない特殊なレイヤーです。また、描画モードや不透明度、移動なども制限されます。なお、背景レイヤーをダブルクリックし任意のレイヤー名にするか、右のロックアイコンをクリックすると簡単に通常レイヤーへ変換することが可能です。

⑦ ショートカットボタン

レイヤーメニューで使用頻度が高い項目が、レイヤーパネルの下部にショートカットボタンとして並んでいます。

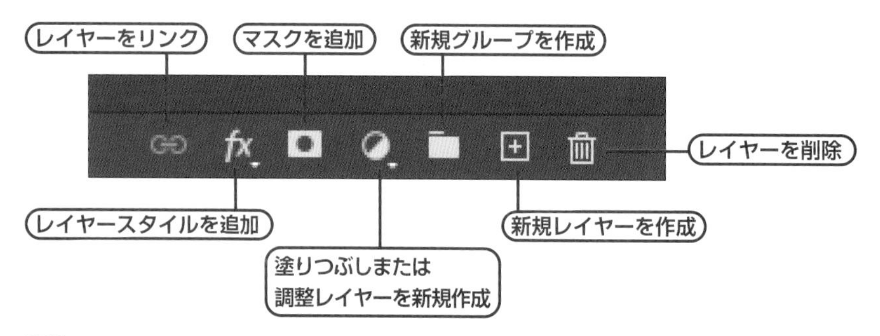

04 ショートカットボタン(レイヤーパネルの下部)

レイヤーの種類

レイヤーには次のようにさまざまな種類があります。このほかにもありますが、ここでは、代表的な4種類のレイヤーを解説します。

- 背景レイヤー
- 通常レイヤー
- テキストレイヤー
- シェイプレイヤー

○ 背景レイヤー

背景レイヤーは、レイヤーパネルのいちばん下に位置する、常にロックされたレイヤーです 05 。画像ファイルなどをPhotoshopで開くと、初期状態では背景レイヤーとして表示されます。また背景レイヤーは、レイヤーパネル内での位置や [透明度]、[描画モード] などを変更できないという特徴があります。

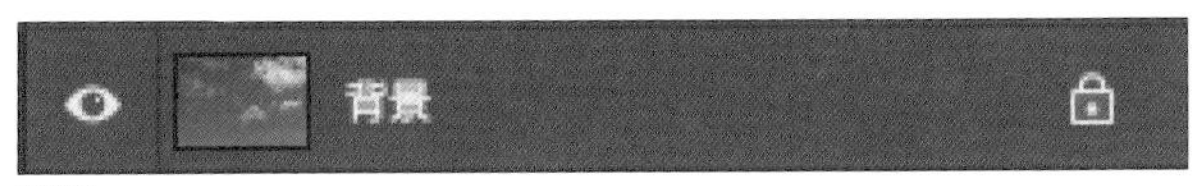

05 背景レイヤー

○ 通常レイヤー

Photoshopのメニュー名などに「通常レイヤー」という項目はありませんが、本書では便宜的に通常レイヤーとよびます。新規ドキュメントの作成時にできる背景レイヤーを、通常のレイヤーに変換したもので、[描画モード] などを変換できる状態になります 06 。ブラシで絵を描いたり、画像ファイルを設置したりする場合は通常レイヤーで行います。

06 通常レイヤー

POINT

背景レイヤーは、レイヤーパネル上でダブルクリックするか、メニュー→"レイヤー"→"新規"→"背景からレイヤーへ..." を選ぶと、通常レイヤーに変更できます。逆に通常レイヤーを背景レイヤーに変えるには、メニュー→ "レイヤー"→"新規"→"レイヤーから背景へ" を選択します。

○ テキストレイヤー

横書き／縦書き文字ツールでテキストを設置すると、テキストレイヤーになります 07 。レイヤーのサムネール部分が [T] の表示になります。

07 テキストレイヤー

○ シェイプレイヤー

長方形ツールなどの描画ツールやペンツールなどを利用するとシェイプレイヤーが作成されます 08 。レイヤーサムネールの右下に「シェイプのアイコン」が表示されます。

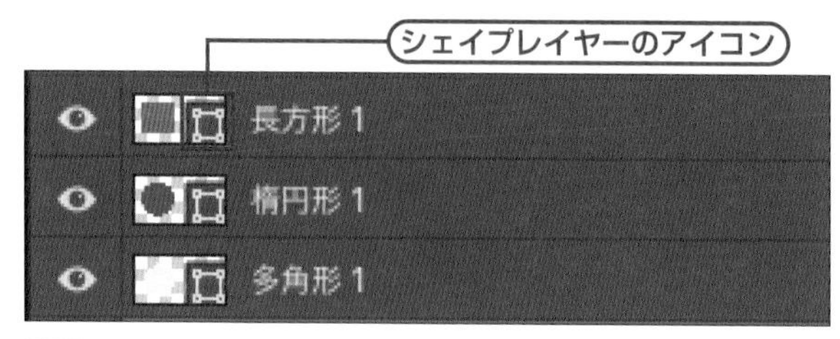

08 シェイプレイヤー

○ スマートオブジェクトレイヤー

元画像のデータを損なわずに、Photoshop上で拡大・縮小を行うことができるレイヤーです 09 。通常レイヤーをスマートオブジェクトレイヤーに変更するには、メニュー→“レイヤー”→“スマートオブジェクト”→“スマートオブジェクトに変換”を選びます。

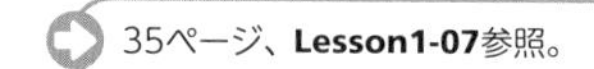

スマートオブジェクトのアイコン
スマートオブジェクト

09 スマートオブジェクトレイヤー

○ 調整レイヤー

調整レイヤーは画像データを損なわず、色調などを自由に編集したり、破棄したりできます。元の画像データを上書きせずに編集するので、いつでも復元が可能なレイヤーです 10 。調整レイヤーには「明るさ・コントラスト」「レベル補正」「色調補正」など、調整する内容に応じて複数のものがあります。

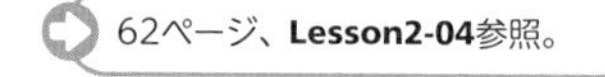

明るさ・コントラスト 1

10 調整レイヤー

○ レイヤーのロック

レイヤーパネルで、レイヤー名の右に錠前のアイコンが表示されていると、そのレイヤーはロックされており、編集ができない状態になっています 11 。錠前のアイコンをクリックするとロックが解除されます。再びロックするには、対象のレイヤーを選択した上で「ロック：」の部分にある錠前アイコンをクリックします 12 。

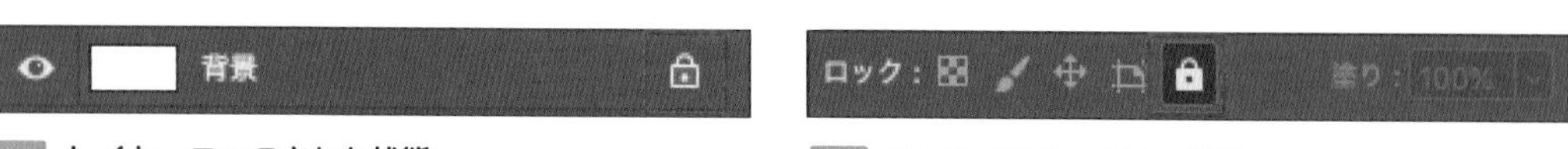

11 レイヤーロックされた状態

12 「すべてをロック」のボタン

新規レイヤーの作成方法

新規レイヤーを作成する方法でいちばん簡単なのは、レイヤーパネルにある「新規レイヤーを作成する」ボタンをクリックする方法です。また、レイヤーパネルの右上にあるメニューボタン[≡]をクリックし、表示されるメニューで“新規レイヤー...”を選ぶ方法でも作成できます 13 。

このほかに、メニュー→“レイヤー”→“新規”→“レイヤー...”からも新規レイヤーを作成できます 14 。

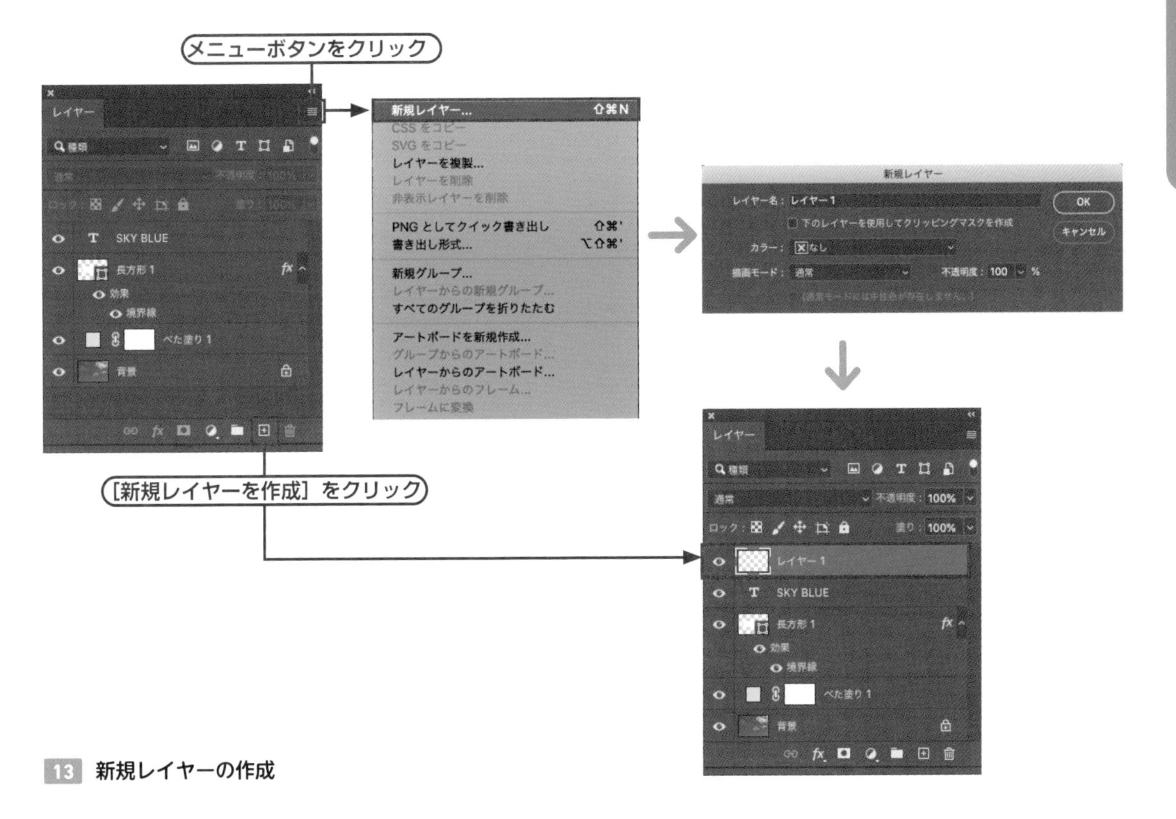

13 新規レイヤーの作成

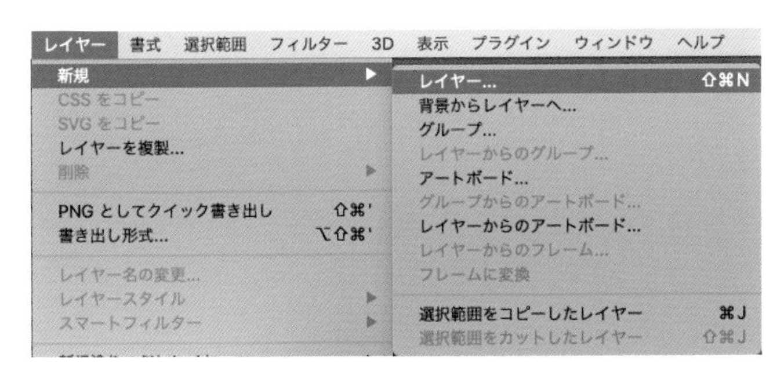

14 メニュー→“レイヤー”→“新規”→“レイヤー...”から作成

いずれの方法でも、レイヤーパネル上で任意のレイヤーを選択中の状態で新規レイヤーを作成すると、選択していたレイヤーのすぐ上に作成されます 15 。どのレイヤーも選んでいない状態で作成すると、最上位にレイヤーが作成されます 16 。

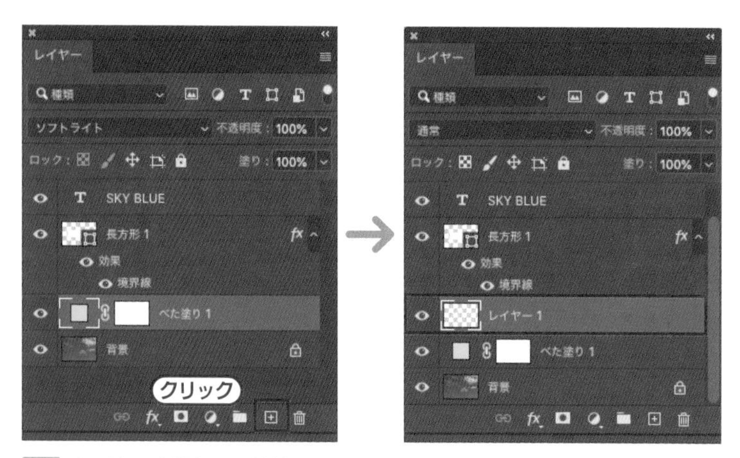

15 レイヤーを選択した状態で作成した場合

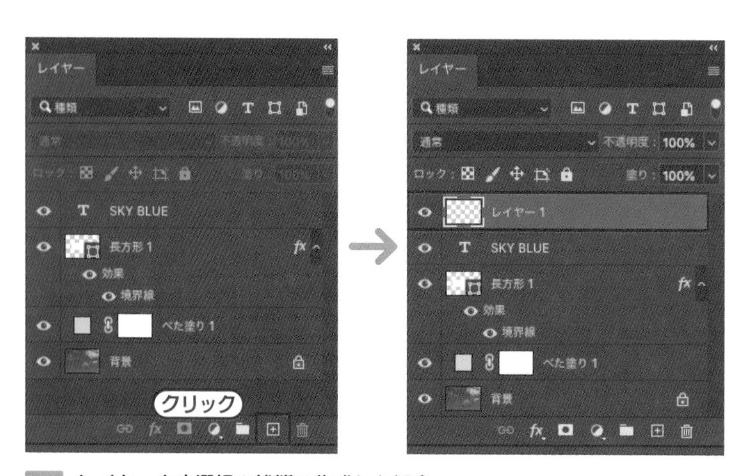

16 レイヤーを未選択の状態で作成した場合

レイヤーパネルでのレイヤーの操作

○ レイヤーの複製

レイヤーは同じものを複製（コピー）することができます。レイヤーパネルで複製したいレイヤーを選び、右上のメニューボタンから“レイヤーを複製...”を選択すると、レイヤーが複製されます 17。

このとき「レイヤーを複製」ダイアログの「新規名称：」の部分で、複製するレイヤーに任意の名称をつけることもできます 18。

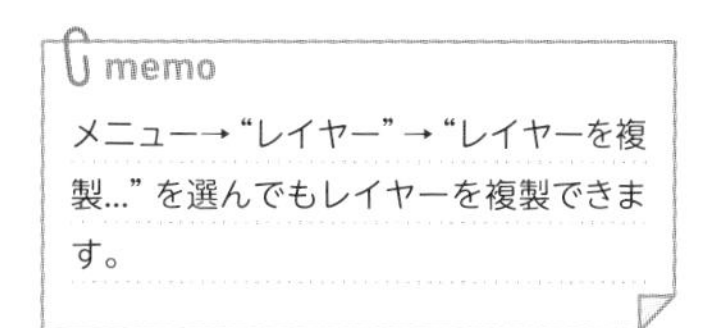

memo

メニュー→“レイヤー”→“レイヤーを複製...”を選んでもレイヤーを複製できます。

memo

レイヤー名をあとから変更したいときは、レイヤーパネルでレイヤー名の部分をダブルクリックすると、レイヤー名が変更可能な状態になります。

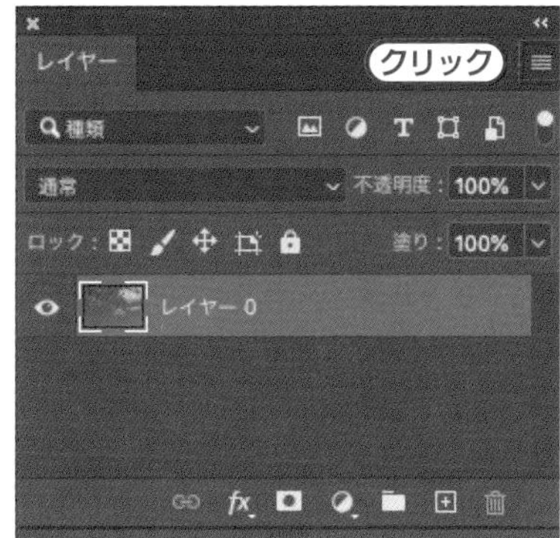

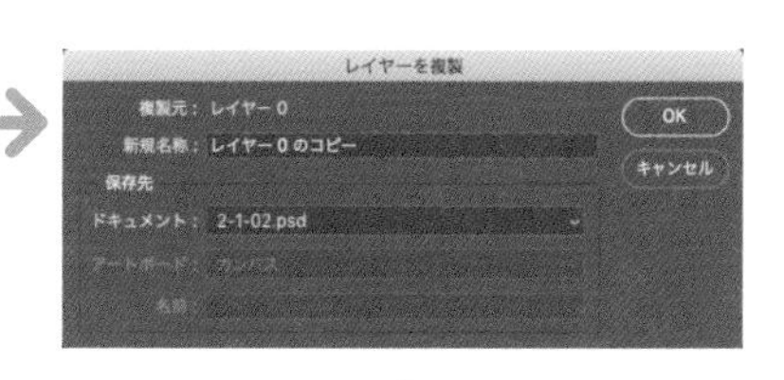

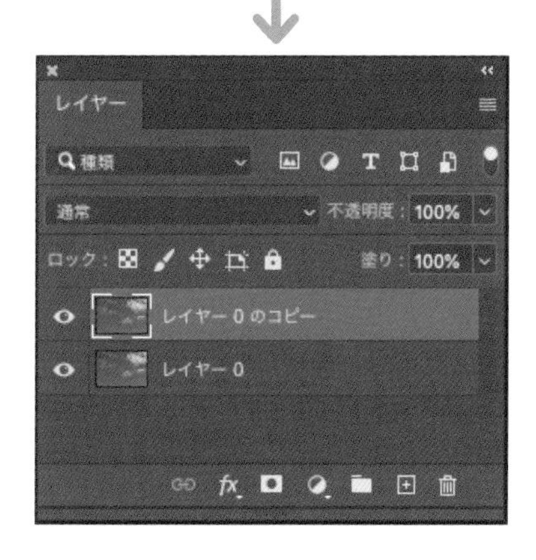

17 レイヤーの複製

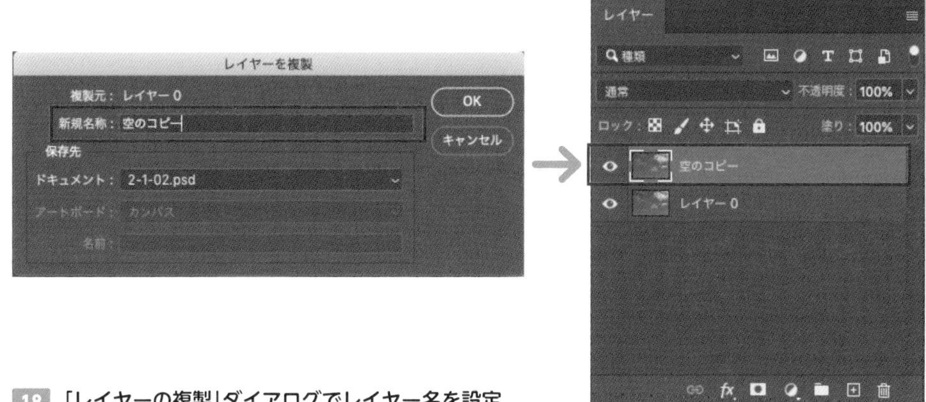

18 「レイヤーの複製」ダイアログでレイヤー名を設定

○ レイヤーの順を変える

Photoshopのカンバス上では、レイヤーパネルのレイヤー順に沿って画像が表示されます。レイヤーの重なり順を変更するには、レイヤーパネルで順番を変えたいレイヤーを選択し、ドラッグ＆ドロップで任意の場所に移動します 19 。

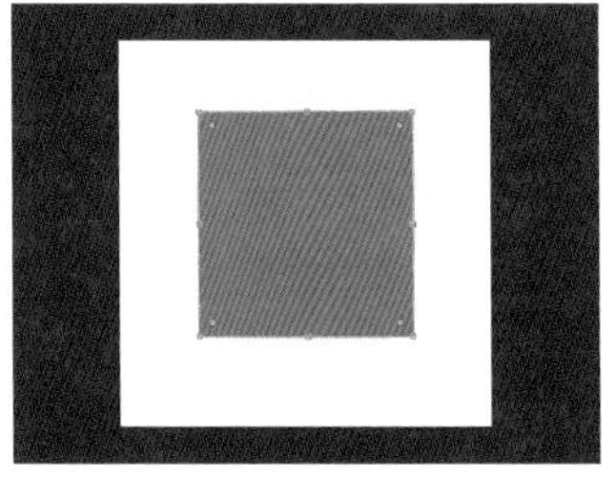

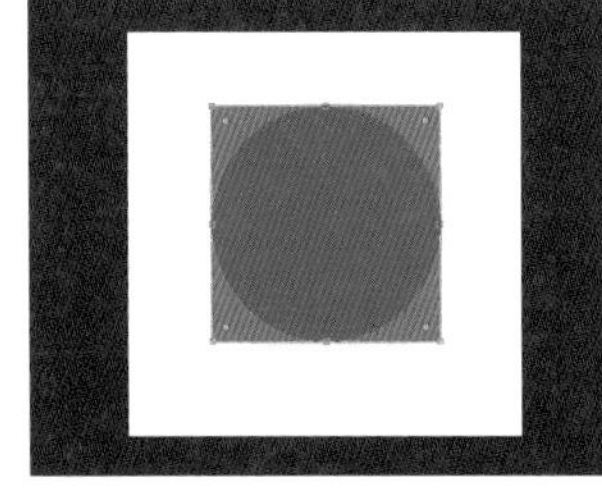

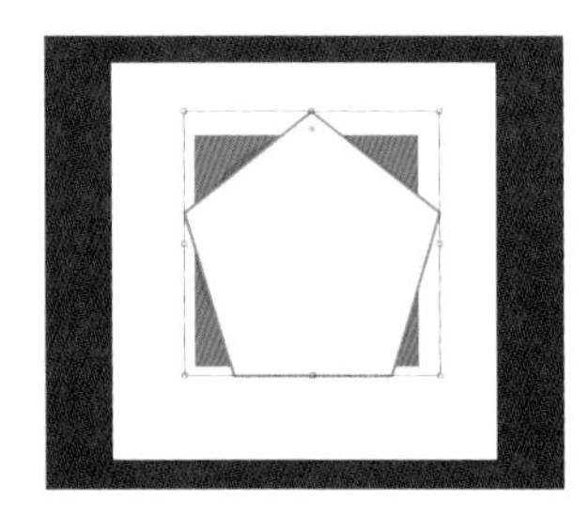

正方形のレイヤーが
いちばん上にある

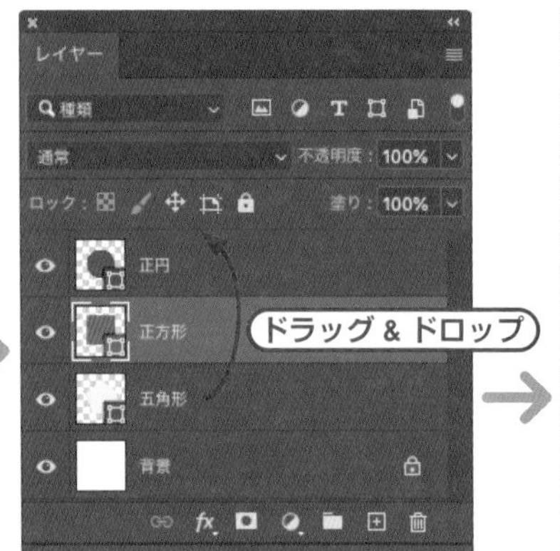

「正方形」レイヤーを、「正円」
レイヤーの下に移動

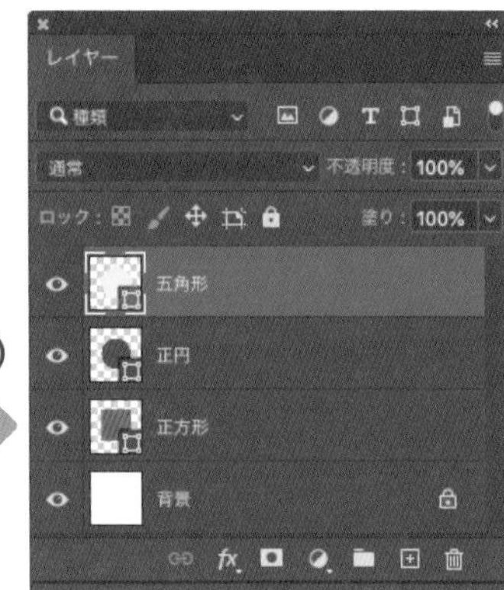

「五角形」レイヤーを一番
上に移動

19 レイヤーの移動とカンバス上の表示の変化

○ レイヤーの削除

レイヤーを削除するには、レイヤーパネルで目的のレイヤーを選択し、パネル下部のショートカットボタンで「レイヤーを削除」（ゴミ箱のアイコン）をクリックします 20 。

パネル右上のメニューボタンから“レイヤーを削除”を、あるいはメニュー→“レイヤー”→“削除”→“レイヤー”を選んでも削除できます。

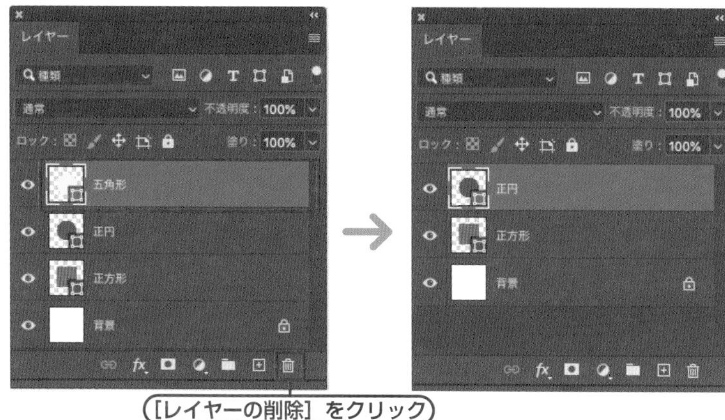

20 レイヤーの削除

○ レイヤーをグループ化する

レイヤーの数が多くなったら、「グループ化」してレイヤーをまとめると作業がしやすくなります。レイヤーパネルでshift［Shift］キーを押しながら、まとめたいレイヤーをすべて選択したら、パネル下部のショートカットボタン「新規グループを作成」をクリックします。レイヤーパネルにフォルダアイコンのレイヤーが新たに作成され、選択したレイヤーがグループ化されます 21 。

パネル右上のメニューボタンで、"レイヤーからの新規グループ..."を、あるいはメニュー→"レイヤー"→"レイヤーをグループ化"を選んでもグループ化できます。

memo
パネル右上のメニューボタンで"新規グループ..."を選択すると、中身が空のグループだけが作成されます。

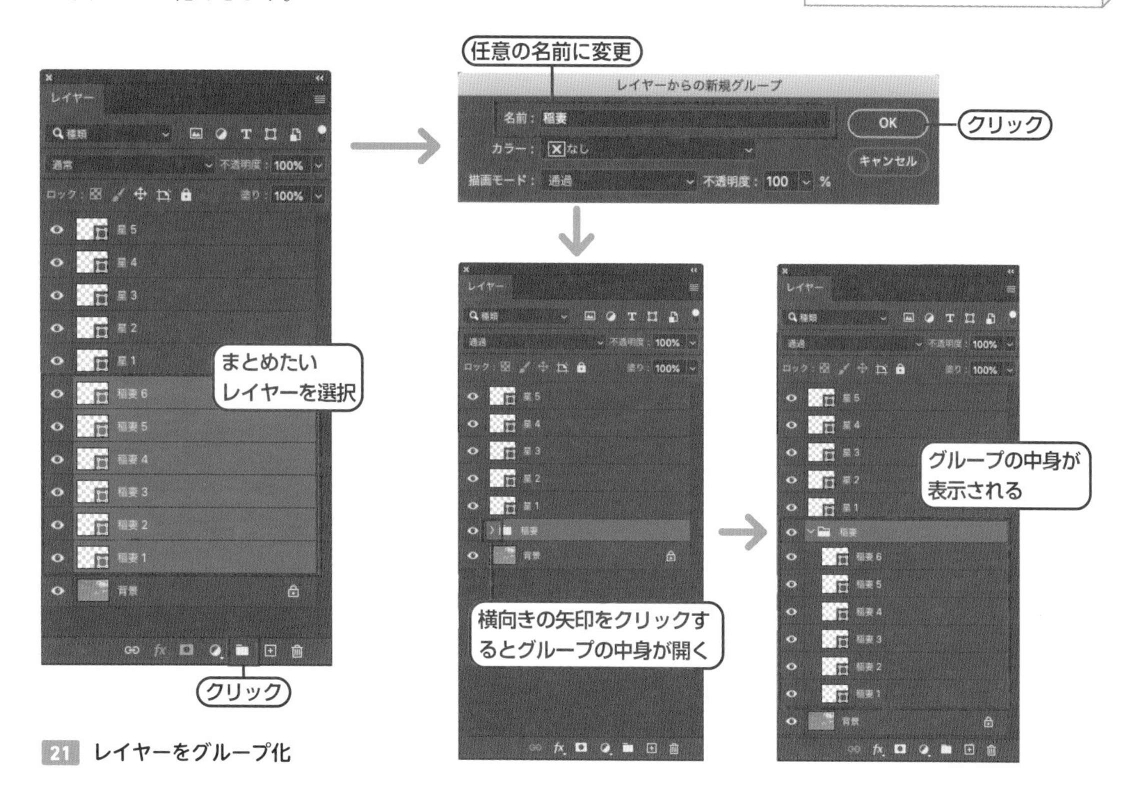

21 レイヤーをグループ化

レイヤーグループを削除したいときは、レイヤーパネルで消したいグループを選択し、パネル右上のメニューボタンで“グループを削除”を選びます 22 。表示されるダイアログで「グループと内容」をクリックすると、中身のレイヤーごとグループが削除されます。ダイアログで「グループのみ」をクリックすると、中身のレイヤーは残したまま、グループ(フォルダアイコンのレイヤー)だけが削除されます 23 。

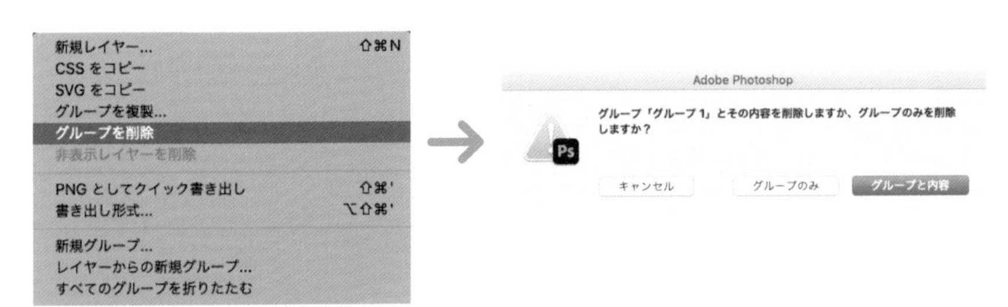

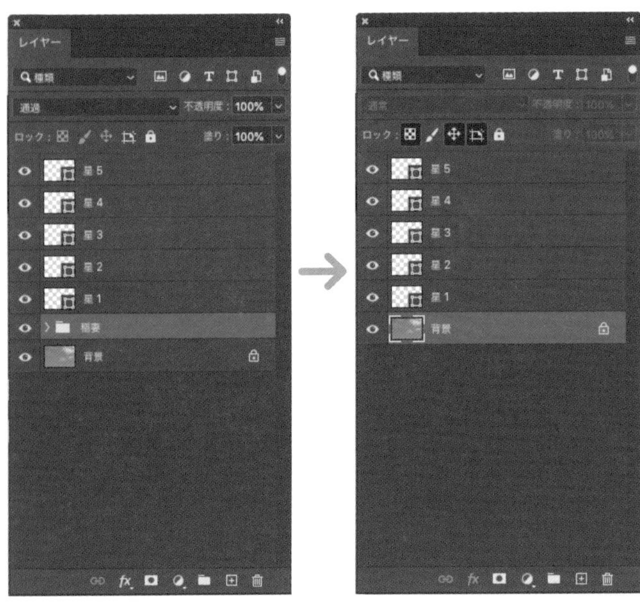

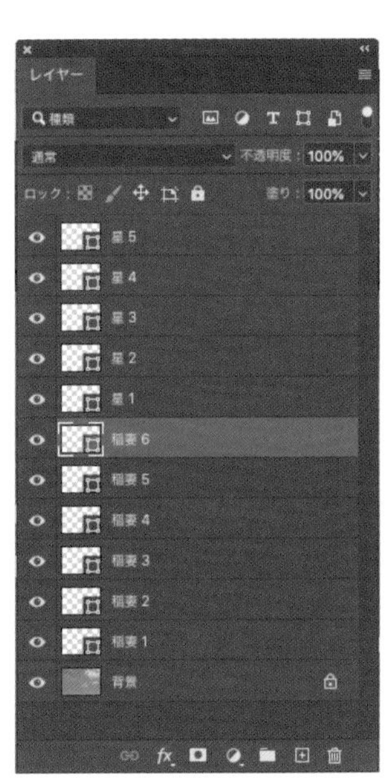

22 グループと中身のレイヤーを削除

23 グループのみを削除

写真から不要物をとり除く

Lesson2 > 2-02

Photoshopには、画面に写り込んでしまった不要物を自然にとり除くことができる便利なツールがあります。とり除くといっても実際は画像から削除しているわけではなく、周囲を塗りつぶしたレイヤーを上からかぶせるイメージです。

スポット修復ブラシツール

「**スポット修復ブラシツール**」は、修復したい箇所をなぞるだけの直感的な操作で、画像の不要物を除去できます。とり除きたい対象と周囲の画像との境界をなじませるしくみですので、単調な背景にある小さな不要物をすばやくとり除くのに適しています。ここでは、画像内に写り込んだ「鳥」を消してみましょう 01 。

memo

スポット修復ブラシツールと修復ブラシツールは、どちらも不要な部分をなじませることでとり除くツールです。スポット修復ブラシツールは不要部分をなぞるだけで自動修正するのに対して、修復ブラシツールは任意のコピー元ポイントを指定し、とり除きたい部分を何度かなぞりながら、コピー元のポイントを塗り重ねていきます。

01 スポット修復ブラシツール

① 新規レイヤーを追加する

Photoshopで素材画像「2-02_sozai1.jpg」を開きましょう。「背景」レイヤー（開いた画像）の上に新規レイヤー（通常レイヤー）を追加します。新規レイヤーは、レイヤーパネル下の［新規レイヤーを作成（+）］ボタンをクリックすると作成できます 02 。

memo

元の画像を直接修正すると画像データを上書きしてしまい、元の状態に戻すことができなくなります。画像データを保持するために、新規レイヤー上で修復していくとよいでしょう。

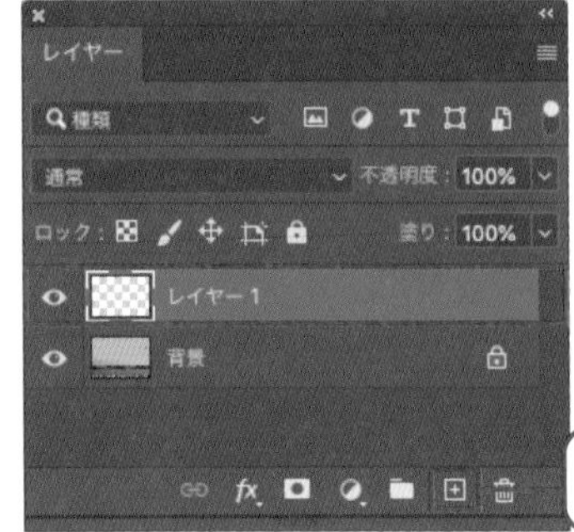

［新規レイヤーを作成］ボタンをクリック

02 新規レイヤー（レイヤー1）を追加

memo

［コンテンツに応じる］を選択すると、とり除く対象と周辺のコンテンツを比較し自動で調整するため修復には適しています。なお、［テクスチャを作成］は選択範囲内のピクセルを利用してテクスチャを作成し、［近似色に合わせる］は選択範囲の境界線のピクセルを利用して調整します。

② スポット修復ブラシツールを選択する

ツールパネルからスポット修復ブラシツールを選択します 03。このとき、オプションバーで［種類：コンテンツに応じる］が選択され、［全レイヤーを対象］にチェックが入っていることを確認してください 04。

POINT

［全レイヤーを対象］にチェックを入れないと、レイヤーパネルで選択しているレイヤーだけが対象となります。この場合は、元画像である「背景」レイヤーが対象外となり、修復結果が意図しない状態となるため、忘れずにチェックを入れましょう。

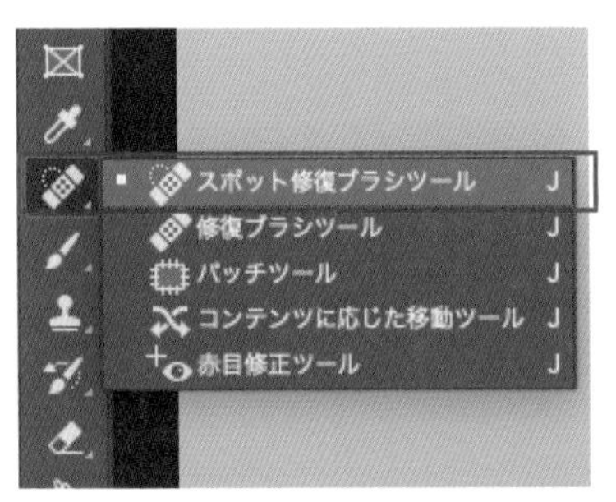

03 スポット修復ブラシツール

04 オプションバーを確認

③ 不要物をとり除く

「レイヤー1」が選択されていることを確認してください。このレイヤーに修復結果が描画されます。確認したら、鳥の上でクリック＆ドラッグします 05。

POINT

修復結果に違和感が出る場合は、できるだけとり除きたい部分のみを選択すると周囲になじみやすくなります。

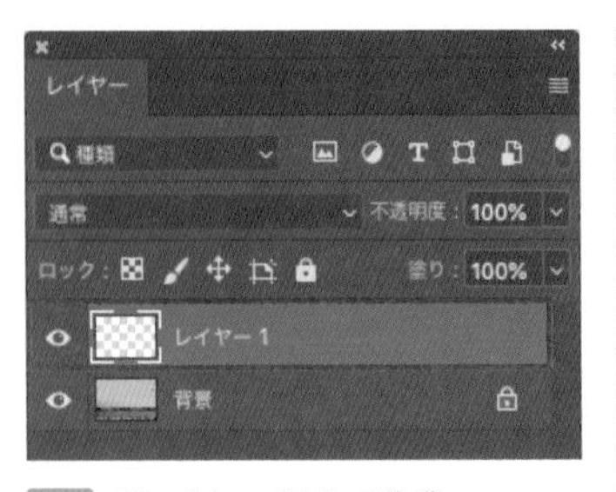

05 「レイヤー1」上で作業

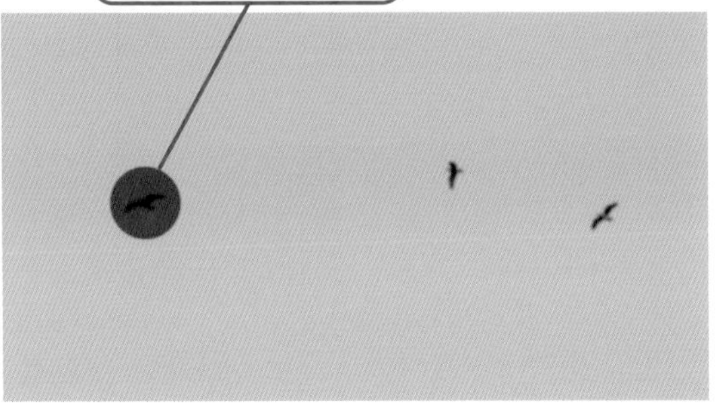

とり除きたいところをクリック＆ドラッグ

パッチツール

「**パッチツール**」は、**とり除きたい範囲を任意の部分に置き換えて不要物を消し、境界線をなじませてくれるツール**です。ここでは、風景画像から「バッグ」をとり除いてみましょう 06 。

06 パッチツール

① 新規レイヤーを追加する

Photoshopで素材画像「2-02_sozai2.jpg」を開きましょう。スポット修復ブラシツールのときと同様に、「背景」レイヤーの上に新規レイヤーを追加します 07 。

53ページ、**Lesson2-02** memo参照。

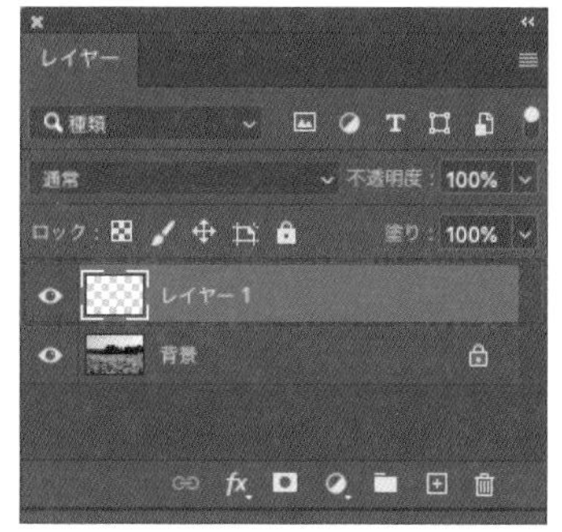

07 新規レイヤーを追加

② パッチツールを選択する

ツールパネルからパッチツールを選択し 08 、オプションバーで[パッチ：コンテンツに応じる]が選択され、[全レイヤーを対象]にチェックが入っていることを確認します 09 。

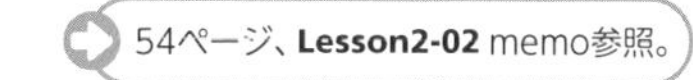
54ページ、**Lesson2-02** memo参照。

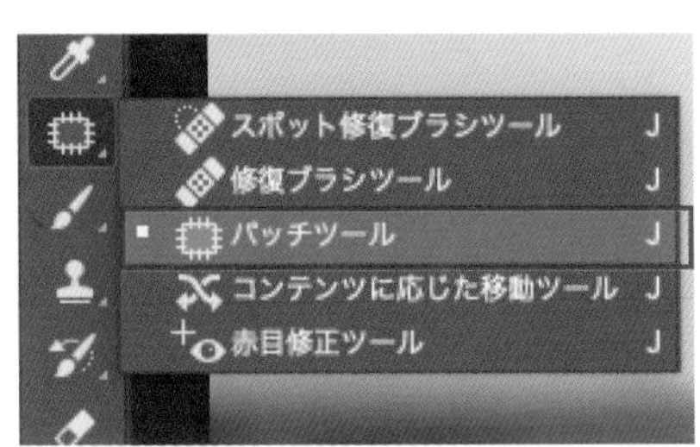

08 パッチツール

スポット修復ブラシツールを長押し(右クリック)すると現れるメニューの上から3番目にあります

09 オプションバーを確認

③ とり除きたい範囲を指定する

左側のバッグを囲むようにクリック&ドラッグします。クリックを放すと範囲が確定されます 10 。

10 消したいものをパッチツールで囲む

④ 不要物をとり除く

選択範囲の内側をクリックし、画像内の置き換えたい位置までドラッグします。クリックを放すと、境界線がなじみ、自然な草むらで描画されます 11 12 。うまくできたら、もう1つのバッグも同様にパッチツールでとり除いてみましょう。

修復結果に違和感が出る場合は、置き換える位置を変えてみましょう。

11 画像がなじむ位置へドラッグ

12 なじむ位置までドラッグした状態

画像に足りない部分を描く

Lesson2 > 2-03

デザイン制作の際、背景画像の幅がもう少しほしかったり、対象物を増やしたかったりするときがあります。Photoshopにはこうした不足分を補って描画できる便利な方法がいくつかあります。ここでは2つ紹介しますので、試してみましょう。

コピースタンプツール

「**コピースタンプツール**」はその名前の通り、**対象物をコピーして描画することで不足分を補えるツール**です。また、Lesson2-02のような不要物をとり除く場合でも利用することができます。実際に対象物をコピーして確認しましょう。

① 新規レイヤーを追加する

Photoshopで素材画像「2-03_sozai1.jpg」を開きます。「背景」レイヤーの上に新規レイヤーを追加します 01 。

memo
コピースタンプツールは修復ブラシツールと違い、コピー元ポイントと周囲の境界をなじませずに描画します。例えば、空から雲をとり除くなど、背景に微妙な色合いの変化がある画像から大きな不要物を除去するのであれば、コピースタンプツールを使うほうが効果的な場合もあります。状況に応じて使い分けをしましょう。

53ページ、**Lesson2-02** memo参照。

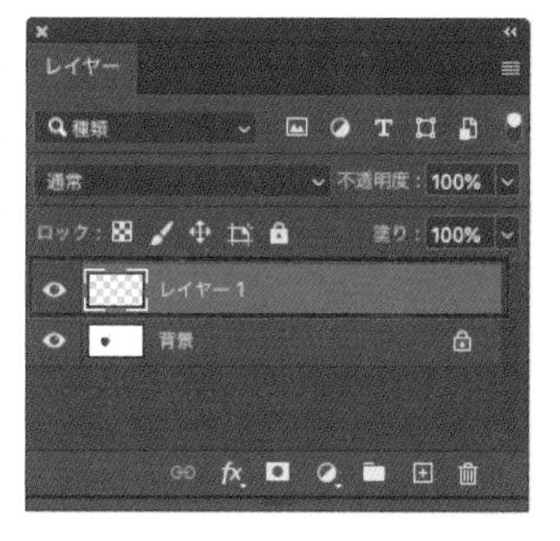

01 新規レイヤーを追加

② コピースタンプツールを選択する

ツールパネルよりコピースタンプツールを選択します 02 。選択後、オプションバーで［サンプル：すべてのレイヤー］が選択されていることを確認してください 03 。なお、今回は「レイヤー1」の上にはレイヤーがありませんので、［サンプル：現在のレイヤー以下］でも問題ありません。

memo
［サンプル：すべてのレイヤー］は、レイヤーパネル内にあるレイヤーすべてが対象となります。［サンプル：現在のレイヤー以下］は、選択中のレイヤーとその下にあるレイヤーが対象となります。

02 コピースタンプツール

ツールパネルの上から10番目にあります

03 オプションバーを確認

③ ブラシを設定する

コピースタンプツールを選択した状態で、オプションバーの「**ブラシプリセットピッカー**」を開きます。ここでは、汎用ブラシ内の［**ソフト円ブラシ**］を選択し、［直径：150px］［硬さ：0%］に設定してreturn（Enter）キーで確定します 04。

ブラシの「直径」は、コピー時の範囲を表す値です。この値を大きくすると、一度に広い範囲でコピーできます。「硬さ」は、コピー時の境界の不透明度を調整する値です。［硬さ：100%］にすると、境界の不透明度は0となります。

memo

04 のようにオプションバーの［クリックでブラシプリセットピッカーを開く］をクリックして、ブラシプリセットピッカーを表示したら、右上にある歯車アイコンをクリックすると、ブラシサンプルの表示方法を変えることが可能です。ブラシサンプルは「ブラシ名」「ブラシストローク」「ブラシ先端」を組み合わせて表示できます。

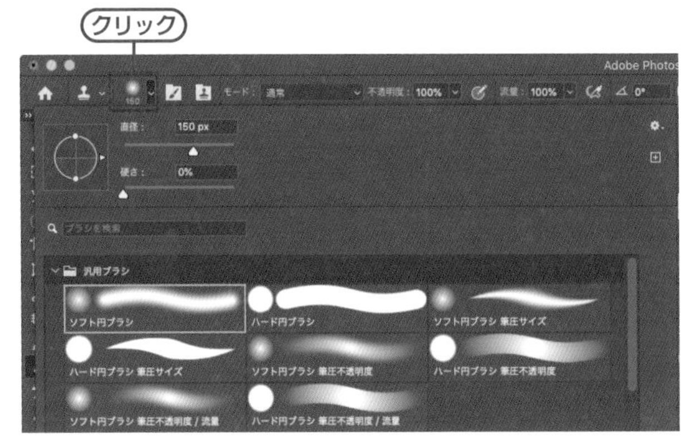

04 ブラシプリセットピッカー

POINT

「直径」と「硬さ」は、使用する画像によって値を調整します。いろいろ試しながら感覚をつかみましょう。

④ コピー元の基準を設定する

パプリカの上にマウスを移動し、opition［Alt］キーを押し続けてください。ポインターがターゲットアイコンに変わりますので 05、この状態でクリックし、opition［Alt］キーを離します。これで、コピー元の基準が設定されました。

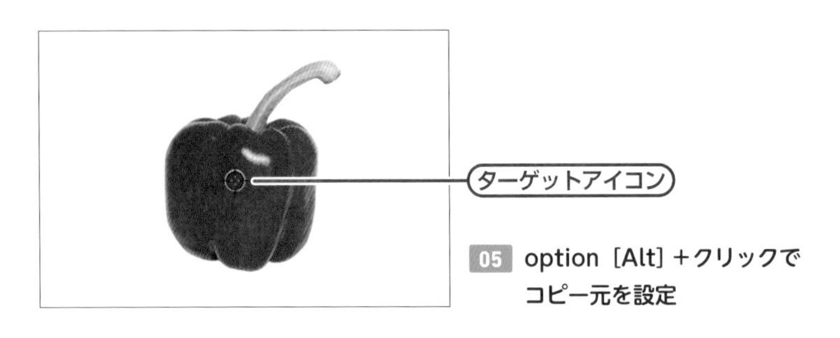

05 option［Alt］＋クリックでコピー元を設定

⑤ コピーする

レイヤーパネルで、「レイヤー1」が選択されていることを確認しましょう。パプリカの右側の余白にポインターを移動してください。ポインターにはコピー元の画像（ここではパプリカ）が表示されます。この状態でクリック＆ドラッグをして、パプリカをコピーしてみましょう 06。

53ページ、Lesson2-02 memo参照。

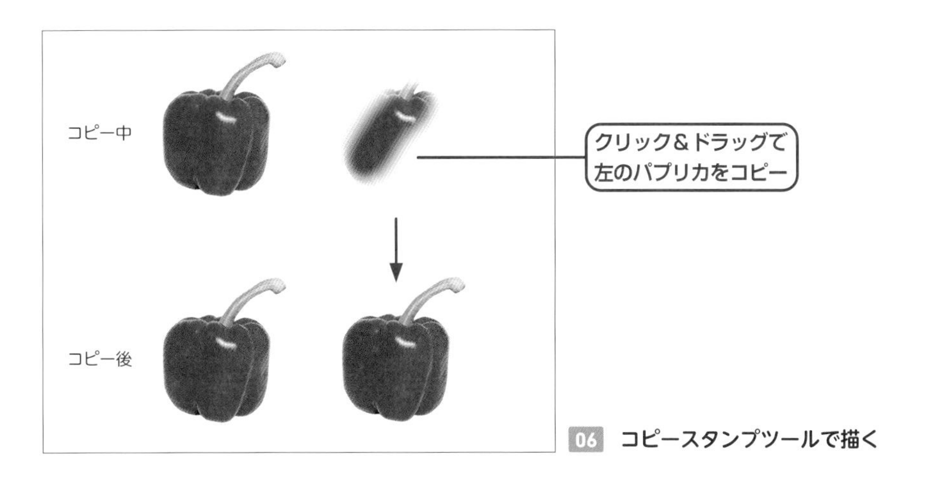

06 コピースタンプツールで描く

コンテンツに応じた切り抜き

デザインをする際、画像の横幅が足りない場合があります。そんなときは、切り抜きツールを「コンテンツに応じる」に設定して使用することで、足りない部分を描画することができます。試してみましょう。

①「背景」レイヤーをコピーする

Photosohpで素材画像「2-03_sozai2.jpg」を開きます。元画像は念のためとっておきたいので、「背景」レイヤーをコピーしておきます 07。レイヤーをコピーするには、対象レイヤーを選択し、レイヤーパネル右上のメニューから“レイヤーを複製…”を選びます。

memo

レイヤーのコピーは、対象のレイヤーをクリック＆ドラッグし、レイヤーパネル下部の［+］アイコンにドロップするか、⌘[Ctrl]＋Cでコピーし、⌘[Ctrl]＋Vで貼り付けしても可能です。

07 「背景」レイヤーをコピー

② 切り抜きツールを選択する

ツールパネルから切り抜きツールを選択します 08。このとき、オプションバーで［**コンテンツに応じる**］にチェックがされていることを確認してください 09。

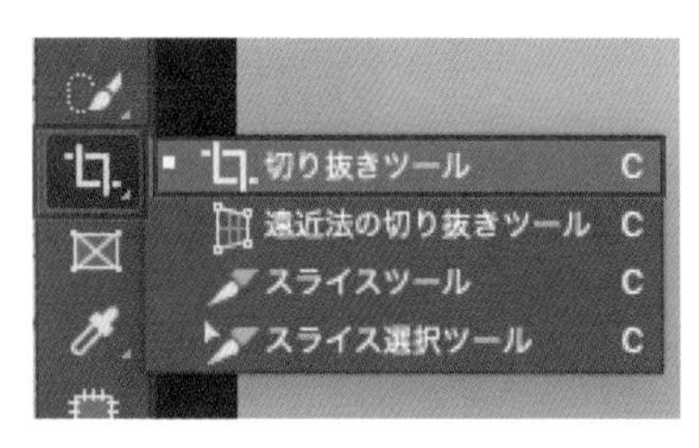

08 切り抜きツール
ツールパネルの上から4番目にあります

09 オプションバーを確認

③ 横幅を広げる

画像の右端にポインターを移動すると、両矢印アイコンに変化します。この状態で、右方向にクリック＆ドラッグします。すると、画像の足りない部分は余白で表示されます 10。

10 画像の右側を広げる

memo
余白は、オプションバーの［切り抜いたピクセルを削除］にチェックが入っていないときは、透明色（格子柄）で表示されます。チェックが入っていると、ツールパネル下部の［背景色］で塗られます。

④ 足りない部分を描画する

return（Enter）キーを押すか、オプションバーの［○］をクリックすると、! 足りない部分が描画されます 11。通常の切り抜きでは足りない部分は余白のままですが、［コンテンツに応じる］にチェックを入れておくと、このように画像が補完されます。

! POINT
実行後、元画像との境界線に違和感がある場合は、コピースタンプツールなどで調整するとよいでしょう。

11 周囲となじむ画像で塗りつぶされる

写真の色調を補正する

Lesson2 > 2-04

THEME テーマ

色み（色調）は写真の印象を左右する要素。暗い写真を明るくするだけで、雰囲気がガラリと変わります。Photoshopには色調を簡単に補正できる方法があり、利用する場面は多いのでしっかり身につけましょう。

明るさや色調で印象が変わる

撮影した写真や素材となる画像を見て、もう少し「明るくしたい」「ふわっとしたやわらかい雰囲気にしたい」などと、思ったことがある方は多いでしょう。Photoshopでは、明るさや色調を変えるほかにも、部屋の照明など光源の影響で色かぶりした写真をクリアーにすることなども可能です。

明るさ・コントラストの補正

撮影した写真や画像が暗い場合、「明るさ・コントラスト」の調整レイヤーを使って補正ができます 01。

WORD 補正

写真の明るさや色調を変えたり、色のバランスを整えたりすること。全体の色みを変えることだけではなく、不要物をとり除くなど、部分的に変えることも補正と呼ぶ場合がある。暗い写真を明るくするだけで、雰囲気がガラリと変わる。

46ページ、**Lesson2-01**参照。

01 「明るさ・コントラスト」を調整した画像

①「明るさ・コントラスト」調整レイヤーを作成

レイヤーパネルの下部にあるショートカットボタンから、“明るさ・コントラスト…”を選択します 02。

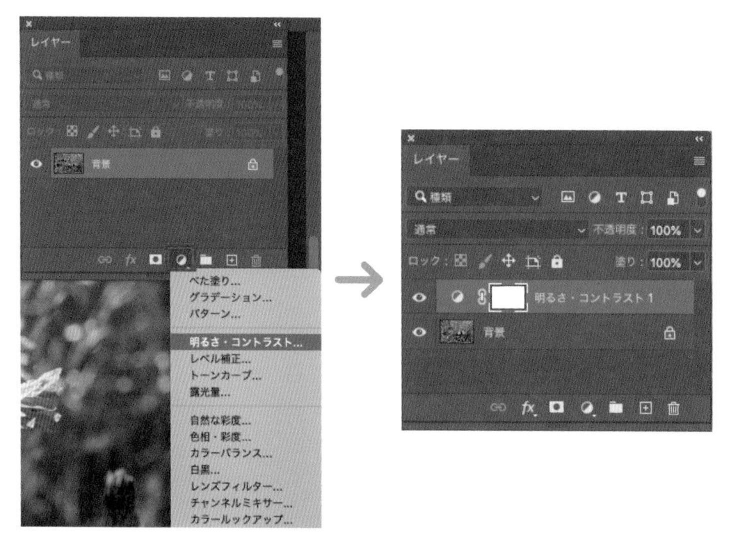

02 「明るさ・コントラスト」調整レイヤーを作成

> **memo**
> レイヤーパネルで対象のレイヤーを選択した状態で、メニュー→“レイヤー”→“新規調整レイヤー”→“明るさ・コントラスト…”を選んでも調整レイヤーを作成できます。

②［明るさ］と［コントラスト］を調整

調整レイヤーが作成されると、プロパティパネルに「明るさ・コントラスト」が表示されます。それぞれスライダーを左右に操作して調整します 03。直接数値を入力しても調整は可能です。

右上にある［自動］ボタンをクリックしても自動的に調整は可能ですが、ここでは［明るさ：50］［コントラスト：−10］と手動で設定してみました 04。

> **POINT**
> 調整レイヤーの左にある目のアイコンをクリックして、「レイヤーの表示／非表示」を切り替えると、調整する前とあとの状態を確認できます。

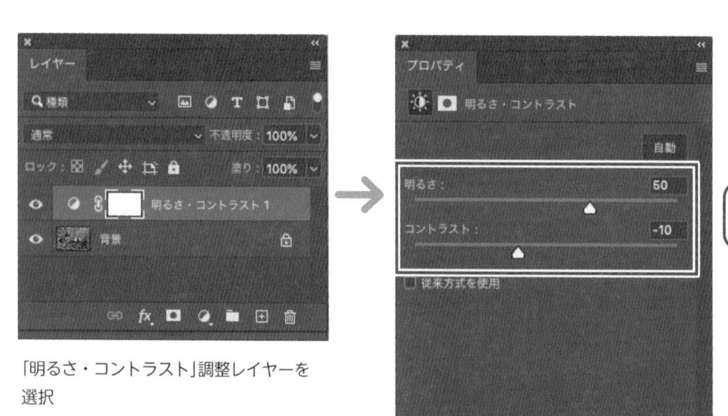

「明るさ・コントラスト」調整レイヤーを選択

属性パネルで数値を調整

03 ［明るさ］［コントラスト］の調整

なお、明るさはスライダーを左に移動させると暗く（シャドウの範囲が強く）なり、右に移動すると明るく（ハイライトの範囲が強く）なります。コントラストは、左に移動させると明るい部分と暗い部分の差が小さくなり、やわらかい印象となります。逆に右へ移動させると、明暗の差が大きくなりくっきりとした印象となります。

04 調整前（左）と調整後（右）

写真の「色かぶり」とは

「色かぶり」という言葉を耳にしたことがない方もいらっしゃるかもしれません。撮影時の光源の影響で、写真全体の色調が特定の色に偏った状態のことです。写真全体が赤っぽい状態を「赤かぶり」、青っぽい状態を「青かぶり」と呼びます。

05 の写真は、電球色の照明下で撮った写真です。少しオレンジのフィルターがかかったように見えますね。これを補正してクリアーな写真にしてみましょう。

05 オレンジかがった画像を補正する

自動カラー補正

「**自動カラー補正**」は、1クリックで自動的に補正してくれる方法です。

まず、レイヤーパネルで対象のレイヤーを選択します 06。メニュー→“イメージ”→“自動カラー補正”を選ぶと、これだけで最適なカラーに補正されます。

POINT

「自動カラー補正」を使った方法だと、元画像のデータを上書きすることになります。また、カラーの補正は自動で行われるため、きめ細かい調整はできません。便利な機能ですが、こうしたデメリットがあることをおぼえておきましょう。

06 最適なカラーに補正された

調整レイヤーによる補正

調整レイヤーによる色かぶり補正は、元画像データを保持した編集となります。自動カラー補正より手順は少し多くなりますが、あとから微調整も可能ですので、こちらの方法をおすすめします。ここでは、「トーンカーブ」の機能で色かぶりを補正してみましょう。

①「トーンカーブ」調整レイヤーを作成

レイヤーパネル下部のショートカットボタンから“トーンカーブ...”を選択して、「トーンカーブ」調整レイヤーを作成します 07。

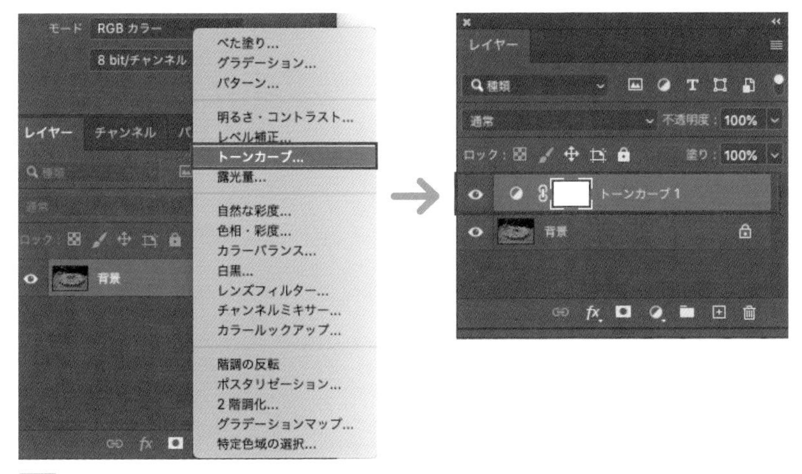

07 「トーンカーブ」調整レイヤーを作成

② 色かぶり補正をする

「トーンカーブ」調整レイヤーを作成すると、属性パネルにグラフ(ヒストグラム)の上に対角線のあるトーンカーブのダイアログが表示されます 08 。トーンカーブによる色かぶりの補正は、手動の調整も可能ですが、ここでは自動調整機能を利用してみましょう。

まず、option［Alt］キーを押しながら、ダイアログ右上の自動補正をクリックします。すると 09 のような「自動カラー補正オプション」が開きますので、次のように設定をしましょう。

- ［アルゴリズム］で「カラーの明るさと暗さの平均値による調整」を選択
- 「中間色をスナップ」にチェックを入れる
- ［シャドウ］［ハイライト］についてはデフォルトのままにする

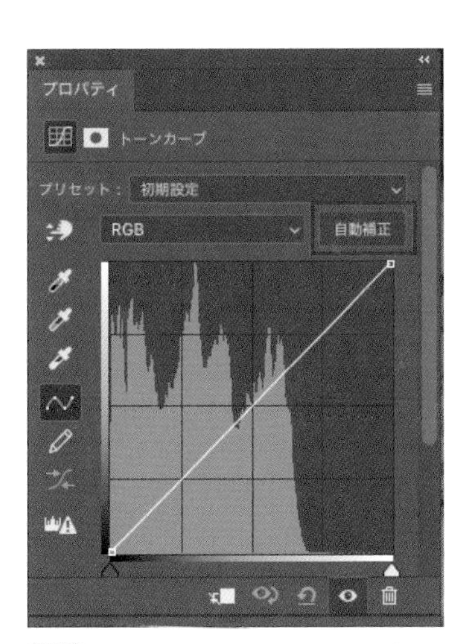

08 「トーンカーブ」ダイアログ

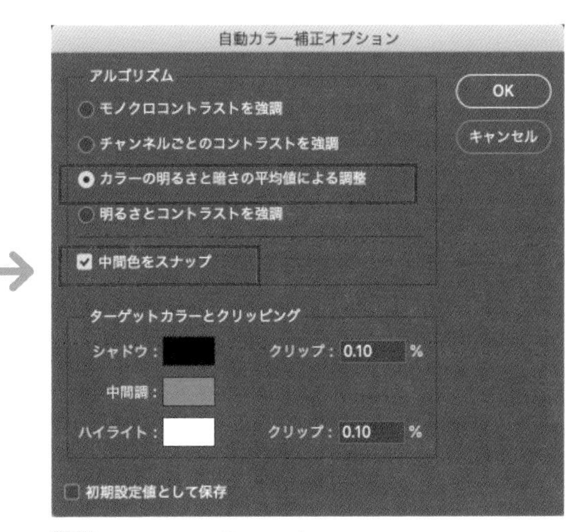

09 自動カラー補正オプション

設定ができたら、[OK]をクリックすると色かぶり補正の完了です。

なお、微調整したい場合は、画像内の白色点（明るい場所）を設定してもいいでしょう。「トーンカーブ」ダイアログで左側にあるスポイトアイコンの「画像内でサンプルして白色点を設定」をクリックしましょう 10 。次に、画像内の明るい場所（この画像では上部中央辺り）をクリックすると、その場所が白色点として設定され、設定した箇所を白としてほかの部分のバランスが調整されます 11 。いろいろ試してみましょう。

memo

トーンカーブを使った調整は、メニュー→“イメージ”→“色調補正”→“トーンカーブ...”を選んでも行えますが、この方法だと、調整内容が元画像のデータに上書きされるため、あまりおすすめではありません。調整レイヤーの「トーンカーブ」を使う方法をおすすめします。

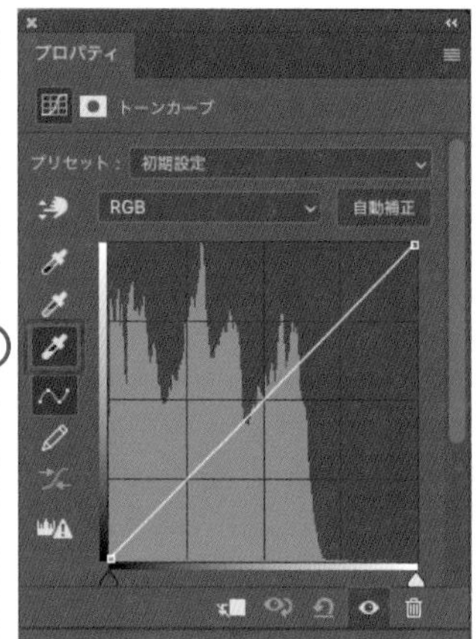

10 画像内でサンプルして白色点を設定

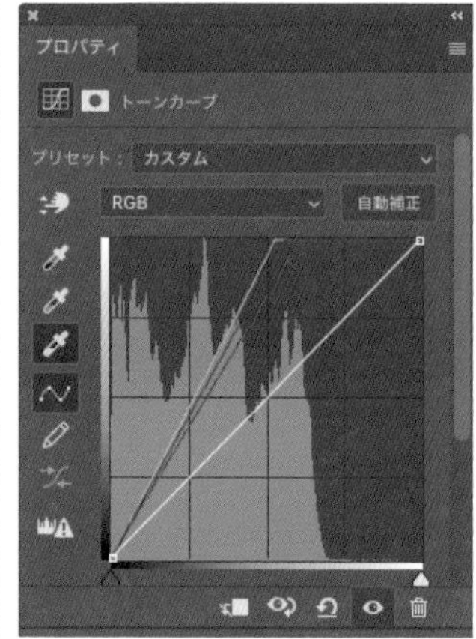

11 白色点に合わせて自動補正された

写真のゆがみを補正する

Lesson2 > 2-05

高さのあるものを下から撮った写真や奥行きのある構図の写真では、パースがゆがんでいることがよくあります。こうしたパースのゆがみを正したい場合に、「レンズ補正」フィルターや「広角補正」フィルターを利用するとよいでしょう。

「レンズ補正」フィルター

「レンズ補正」フィルターは、カメラレンズの特性によって生じる写真のゆがみをかんたんに補正することができます。この機能を使い、下から見た構図を正面から見た構図に補正してみましょう 01。

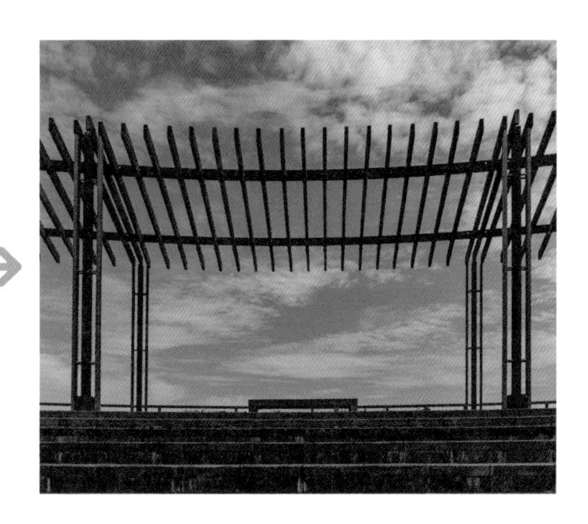

01 「レンズ補正」フィルター

① スマートオブジェクトに変換する

Photoshopで素材画像「2-05_sozai1.jpg」を開きます。フィルターを利用する場合、あとから復元や調整ができるようスマートオブジェクトに変換しておくと便利です。「背景」レイヤーを選択し、レイヤーパネル右上のメニューから“スマートオブジェクトに変換”を選んで変換します 02。

36ページ、**Lesson1-07**参照。

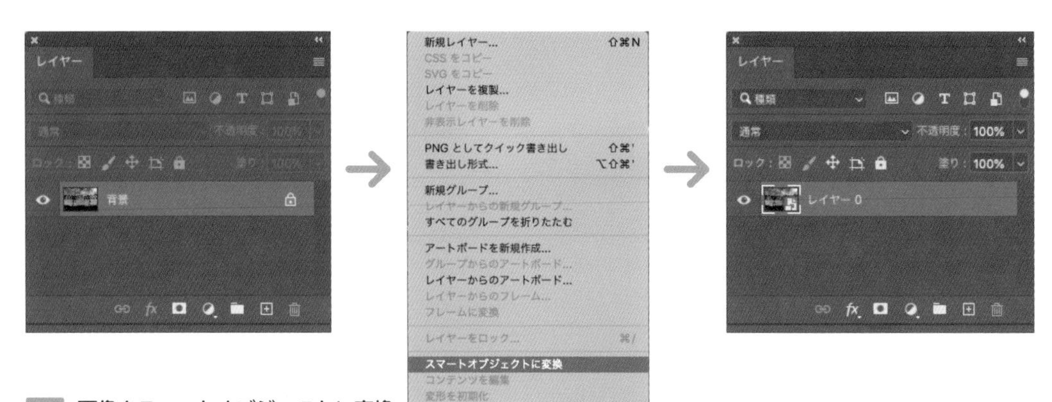

02 画像をスマートオブジェクトに変換

②「レンズ補正」フィルターを選択する

メニュー→“フィルター”→“レンズ補正...”を選択します 03 。「レンズ補正」ダイアログが開きますので、垂直・水平をわかりやすくするために、ダイアログ下部の [グリッドを表示] にチェックを入れておきます 04 。

POINT

グリッドのサイズは、必要に応じて変更するとよいでしょう。ここでは「50」に設定しました。

03 “レンズ補正...”を選択

04 グリッドを表示

memo

カスタムパネルを選択するには、ダイアログ右の「自動補正」の隣にある「カスタム」タブをクリックします。

③ 補正を設定・適用する

カスタムパネルを選択します。さまざまな設定項目がありますが、今回は正面から見た構図にしたいので、[変形] にある [垂直方向の遠近補正] を利用します。値は [−50] ～ [−60] 程度でよいでしょう 05 。

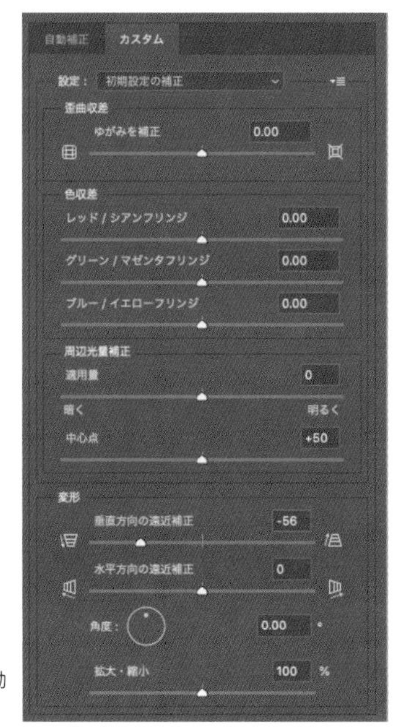

05 カスタムパネル

[垂直方向の遠近補正] のスライダを動かすか、数値を入力して設定します

④ トリミングをする

レンズ補正をすると余白ができる場合がありますので、その場合はトリミングを行いましょう。ここで行った補正では余白はできませんでしたが、より正面から撮った構図に見えるよう、周囲をトリミングしています 06。

なお、「レンズ補正」ダイアログで、カスタムパネルの［変形］にある［拡大・縮小］で余白をなくすことができます。また、自動補正パネルにある［画像を自動的に拡大／縮小］にチェックを入れておくと、余白ができた場合、自動的にトリミングがなされます。

06 周囲をトリミング

レンズ補正のそのほかの設定

レンズ補正のカスタムパネルには、そのほか下記の設定項目があります 07。実際にスライダーを動かしながら確認して、感覚をつかみましょう。

① ゆがみを補正

広角で撮影した写真などの湾曲を修正します。

② 色収差

エッジにおこる色ごとのにじみを修正します。

③ 周辺光量補正

四隅の陰影を調整します。

④ 垂直方向の遠近補正

垂直方向のずれを修正します。

⑤ 水平方向の遠近補正

水平方向のずれを修正します。

⑥ 角度

画像を回転します。おもに微調整として利用します。

⑦ 拡大・縮小

画像を拡大・縮小します。おもに調整後の余白をなくすために利用します。

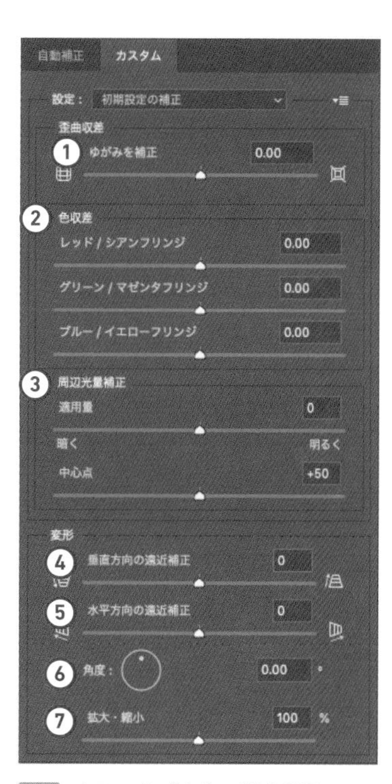

07 カスタムパネルの設定項目

「広角補正」フィルター

写真撮影で広角レンズを使うと、標準レンズより広い範囲がボケにくく、迫力のある写真を撮影できるため、風景写真や夜景写真などに適しています。

ただ、ゆがみ（ふくらみ）が出ることがあるため、広角レンズの構図は活かしたまま、ゆがみだけをとりたいという場合は、**「広角補正」フィルター**を利用すると便利です。「レンズ補正」フィルターでは画像全体を補正しますが、この「広角補正」フィルターは、ゆがんだ箇所を部分的に補正することができます 08 。

08 「広角補正」フィルター

① スマートオブジェクトに変換する

Photoshopで素材画像「2-05_sozai2.jpg」を開きます。元画像データを保持するため、「レンズ補正」フィルターのときと同様に「背景」レイヤーをスマートオブジェクトに変換します 09 。

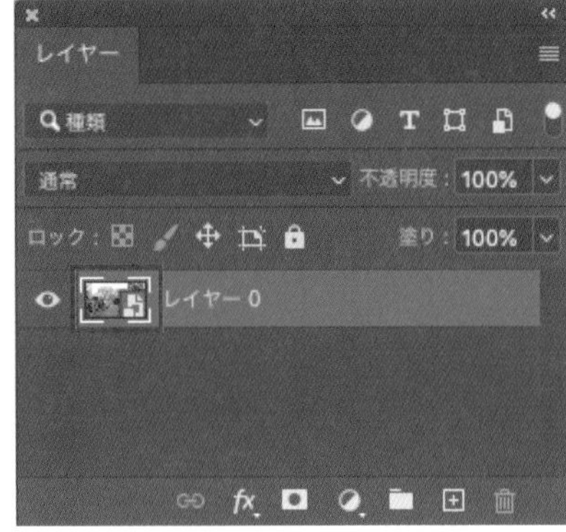

09 画像をスマートオブジェクトに変換

②「広角補正」フィルターを選択する

メニュー→“フィルター”→“広角補正...”を選択します。「広角補正」ダイアログが開きますので、左上の**コンストレイントツール**を選んでおきます 10 。

10 「広角補正」ダイアログでコンストレイントツールを選択

> memo
> 「コンストレイント（constraint）」とは「制約」の意味です。なお、コンストレイントツールの下にある「多角形コンストレイントツール」は、対象の建物などが多角形の場合に、対象の頂点をクリックして囲むことでゆがみを補正することができます。

③ 水平方向を補正をする

コンストレイントツールは、**ゆがみ部分の始点と終点を結ぶと、直線に補正してくれます**。shift［Shift］キーを押しながらクリックすると、直線が水平・垂直方向になります。設定の［補正］では、画像にレンズデータが含まれている場合、［補正：自動］となり、その値が自動的に検出されます。今回はレンズデータのない画像を使用しているため、［補正：魚眼レンズ］を指定します 11 。

では、 12 の①から②へ、shift［Shift］キーを押しながらクリック＆ドラッグしてみましょう。曲線が補正され、湾曲していた①から②の線が水平方向に直線となります。①から②への線が自動で湾曲に沿わない場合は、中央の□マークをクリック＆ドラッグし、湾曲に沿うように手動で調整してください 13 。

> memo
> ［補正：遠近法］を選んでもかまいません。レンズデータのない画像を利用する際は、最も適している補正モデルを選びましょう。目安として、歪曲が強い場合は「魚眼レンズ」、歪曲が少ない場合は「遠近法」が適しています。なお、完全な球体については、「アスペクト比2：1」のパノラマ画像が適しています。

> memo
> 「広角補正」ダイアログにある［レンズ焦点距離］の項目を設定すると、さらに適した補正が行えます。ここでは「12.61mm」としています。撮影時に使用したカメラレンズの焦点距離の情報が不明な場合は、任意でかまいません。

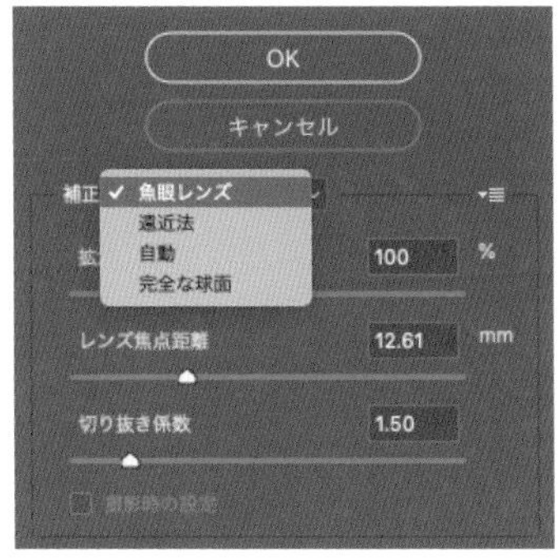

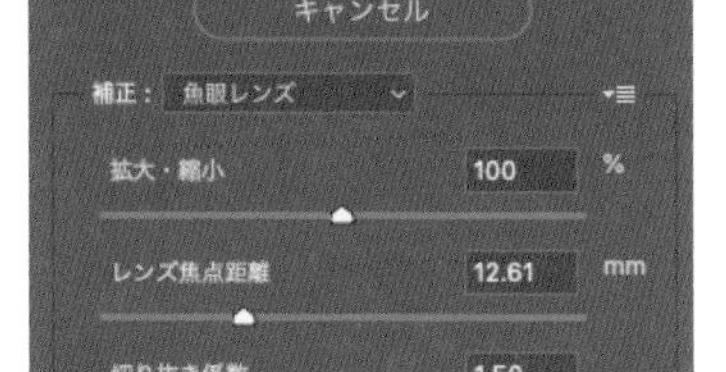

11 ［補正：魚眼レンズ］に設定

12 shift［Shift］キーを押しながら①から②へクリック&ドラッグ

13 曲線が合わなければ手動で調整

④ 垂直方向を補正する

次は、③から④と⑤から⑥へ、それぞれshift［Shift］キーを押しながらクリック&ドラッグしてみましょう **14**。今度は垂直方向に直線となります。[OK]をクリックしてダイアログを閉じます。

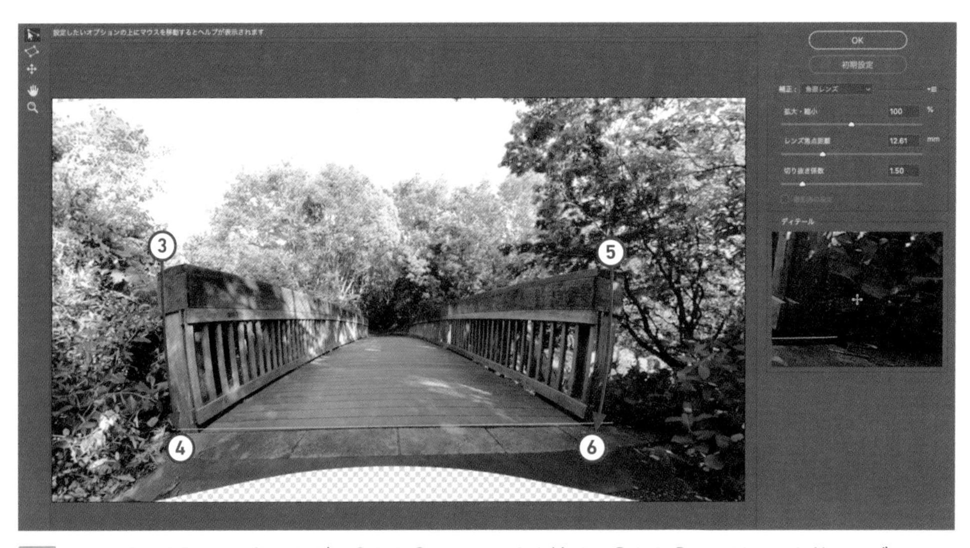

14 shift［Shift］キーを押しながら③から④へ、そのまま続けて⑤から⑥へクリック&ドラッグ

⑤ トリミングをする

広角補正についても余白ができる場合があるので、その場合はトリミングをして完成です。トリミングには、ツールパネルの切り抜きツールを利用します 15 。

なお、「広角補正」ダイアログの設定項目にある［拡大・縮小］でもトリミングして余白をなくすことができます。［切り抜き係数］の値を微調整することで、細かな補正が可能です。

memo

余白部分をパッチツール（55ページ、Lesson2-02）などで描いてもよいでしょう。

15 余白部分をトリミング

写真に文字を入れる

Lesson2 > 2-06

画像に文字を入れる基本的な方法を学びましょう。文字ツールやテキストレイヤーを使いこなすことで、バナーやポストカードなどの効果的なデザインができます。

文字ツールとテキストレイヤー

画像上にテキスト(文字)を入力するには、「**文字ツール**」を使います。文字ツールで画像の上をクリックすると、自動的にテキストレイヤーが作成されます。テキストレイヤー上の文字を入力し直したり、フォント(文字の形)を変えたりすることが可能です。

44ページ、**Lesson2-01**参照。

テキストの入力方法には、「**ポイントテキスト**」01「**段落テキスト**」02の2種類があります。ポイントテキストは任意で改行を行うテキストで、おもにタイトルや短い文章などで利用します。段落テキストは、任意の範囲内でテキストが自動で折り返されるため、長い文章などで利用すると便利です。

また、文字ツールには、横書きと縦書きがあります。文字ツールを長押しすると「**横書き文字ツール**」「**縦書き文字ツール**」が表示されますので、いずれかを選んで切り替えます 03。

文字の方向(横書き/縦書き)は、オプションバーの[テキストの方向の切替え]であとから変更することも可能です。

初心者から
ちゃんとしたプロになる
Photoshop基礎入門

01 ポイントテキスト
文字ツールで画面の任意の箇所をクリックし、キーボードで文字を入力します

『初心者からちゃんとしたプロになるPhotoshop基礎入門』は、Photoshopを使って写真画像を自分好みに加工したり編集したりする「楽しさ」を伝える本です。

02 段落テキスト
文字ツールでクリック&ドラッグして任意の範囲を指定し、テキストを流し込みます(コピー&ペーストします)

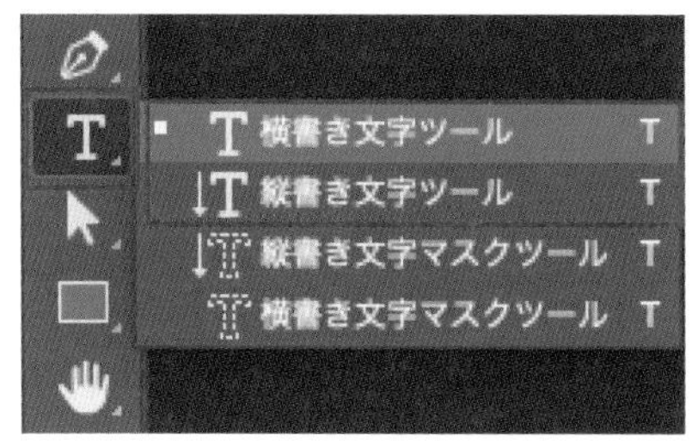

03 文字ツール
ツールパネルの下から5番目にあります。横書き文字ツールまたは縦書き文字ツールを選んで使用します

文字ツールのオプションバー

文字ツールのオプションバー 04 で設定できるおもな項目は下記の通りです。文字パネル 05 や段落パネル 06 で設定できる項目もあります。

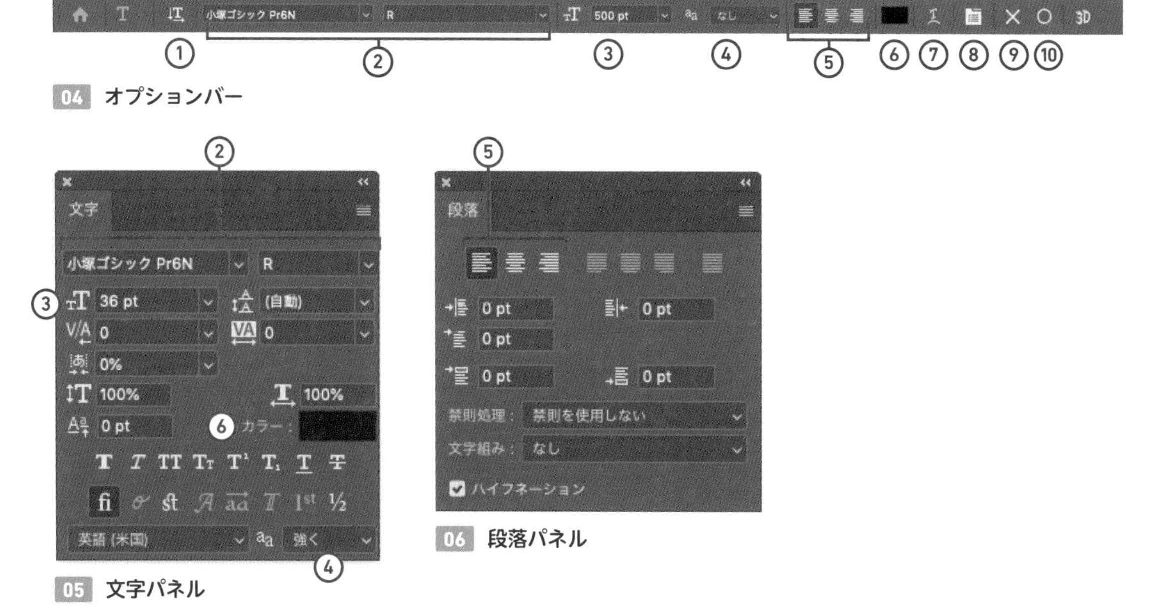

04 オプションバー

05 文字パネル

06 段落パネル

① テキスト方向の切り替え

横書き／縦書きを切り替えることができます。

② フォントとフォントスタイル

プルダウンメニューからフォントとフォントスタイル（異なる太さやイタリック体）をそれぞれ選択できます。

③ フォントサイズ

フォントのサイズを変更できます。

④ アンチエイリアスの種類

アンチエイリアスを、[なし][シャープ][鮮明][強く][滑らかに]の基本的な5種類と、そのほか[Mac（Windows）LCD][Mac（Windows）]から選択できます。

WORD アンチエイリアス
コンピューターで図や文字を表示する際に、「ジャギー」と呼ばれる線のギザギザを軽減して、滑らかに描画する処理のこと。

⑤ 文字揃え

[左揃え]、[中央揃え]、[右揃え]から選択できます。

⑥ 色

フォントカラーを変更できます。

⑦ ワープテキストの作成

文字列を円弧、旗、波形などに変形して、ワープテキストを作成できます。

⑧ 文字パネルと段落パネルの切り替え

文字パネルと段落パネルの表示・非表示を切り替えます。

⑨ 変更をキャンセル

変更した内容をキャンセルします。

⑩ 変更を確定

変更した内容を確定します。

> memo
>
> 文字パネルではフォントを設定できるほか、フォントサイズ(文字の大きさ)や行送り(1行の縦幅)を数値で設定できます。このほか、文字間のカーニング(特定の文字同士の間隔)やトラッキング(文字列全体での文字の間隔)、ベースラインシフト(文字の下端の位置を上下に調整すること)の設定が可能です。

> memo
>
> 段落パネルでは、段落内のテキストの配置を[左揃え][中央揃え][右揃え]から選べるほか、インデント(文字の開始位置や終了位置を調整する)や段落の前後の空き間隔を設定できます。

写真に文字を入れる

実際に、写真に文字を入れてみましょう。

① 画像を開く

Photoshopで素材画像「2-06_sozai1.jpg」を開きます 07 。

07 背景となる画像

> memo
>
> フォントサイズの単位にはpt(ポイント)、px(ピクセル)、mm(ミリメートル)を設定できます。メニュー→"Photoshop"→"環境設定"→"単位・"定規..."を選ぶと、環境設定ダイアログが開き、「単位」で文字の単位を変更できます。

② フォント、フォントスタイル、サイズを設定する

ツールパネルから横書き文字ツールを選択し、オプションバー(または文字パネル)でフォントを[Arial]、フォントスタイルを[Regular]、フォントサイズを[500px]に設定します 08 。

08 オプションバー

> POINT
>
> フォントサイズはオプションバーや文字パネルの[フォントサイズを設定]で数値を入力して設定できます。このほか、[フォントサイズを設定]アイコン(大小のTマーク)にマウスポイントを重ねると、ポインタの形状が左右矢印の付いた指差しマークに変わるので、その状態でポインタを左右に動かすと、フォントサイズを感覚的に大きくしたり小さくしたりできます。

③ フォントの色を設定する

オプションバー（または文字パネル）のカラーのサムネールをクリックすると、カラーピッカー（テキストカラー）」ダイアログが表示されます。ここでは [ffffff] と入力し、文字色を白に設定します 09 。

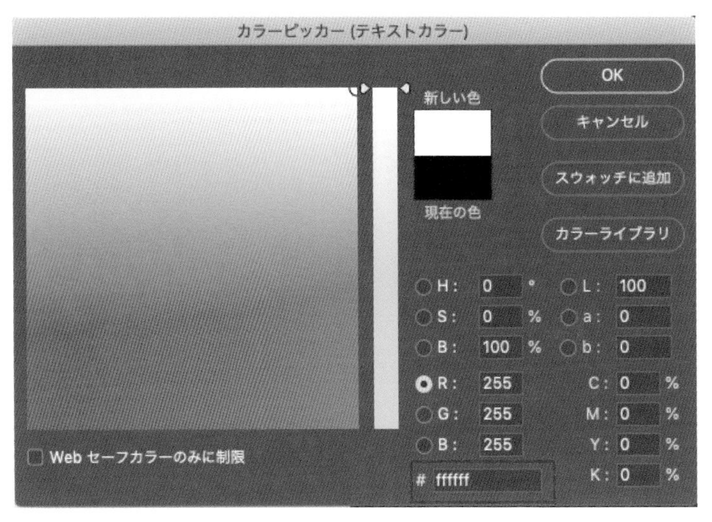

09 フォントの色を白（[#ffffff]）に設定

④ 文字揃え、アンチエイリアスを設定する

オプションバー（または段落パネル）で、[中央揃え] をクリックして設定します。続いてオプションバー（または文字パネル）で、アンチエイリアスの種類を [シャープ] に設定します 10 。

10 文字揃えを [中央揃え]、アンチエイリアスを [シャープ] に設定

⑤ タイトル文字を入力する

タイトルのような短いテキストは、ポイントテキストを使います。画像内の任意の箇所（ここでは左上）で1度クリックします。するとカーソル（|）が点滅表示され、レイヤーパネルに自動的にテキストレイヤーが追加されます。テキスト「Sunny Day」を入力しましょう 11 。入力を確定するには、⌘ [Ctrl] ＋ return [Esc] キーかオプションバーの [○] を押します。

POINT

ここで入力している「ffffff」という値は、16進数のカラーコードで「白」にあたるものです。16進数のカラーコードは「#」に続く6桁の数字とアルファベットで指定した色を、RGBに置き換えるしくみです。カラーコードがわからなくても、ダイアログ左側のグラデーションのエリアをクリックするか、RGBやCMYKに数値を入力すれば、色を設定できます。

memo

文字色は「カラーピッカー（テキストカラー）」ダイアログで数値入力したり、カラーピッカー（グラデーションのエリア）をクリックしたりして選ぶほか、色を変えたい文字を選択した状態でカラーパネルやスウォッチパネルからも設定できます。

memo

新しいテキストレイヤーの作成時、初期設定では自動的にサンプルテキストである「Lorem Ipsum」と入力されます。メニューの "Photoshop" → "環境設定" → "テキスト..." から表示されるダイアログで「新しいテキストレイヤーにサンプルテキストを表示する」のチェックを外すとサンプルテキストを消すことが可能です。

11 ポイントテキスト

全体図

⑥ 本文用のフォントサイズに変更する

次に、タイトル下に本文を追加してみましょう。長めの文は、段落テキストを使います。フォントはタイトルと同じ「Arial Regular」を使用しますが、サイズは「72px」に変更します。また、文字揃えを［左揃え］にします **12**。ここまでの流れは、ポイントテキストと同じですね。異なるのは、次のステップです。

12 フォントサイズ、文字揃えを変更

⑦ 本文を入力する

段落テキストにするには、まず、横書き文字ツールでクリック＆ドラッグして任意の範囲を指定します。範囲が設定できたら、文字を入力してください **13**。入力を確定するには、⌘［Ctrl］＋return［Esc］キーかオプションバーの［○］を押します。ポイントテキストでは自動では改行されませんでしたが、段落テキストでは指定した範囲内で自動的に改行されます。

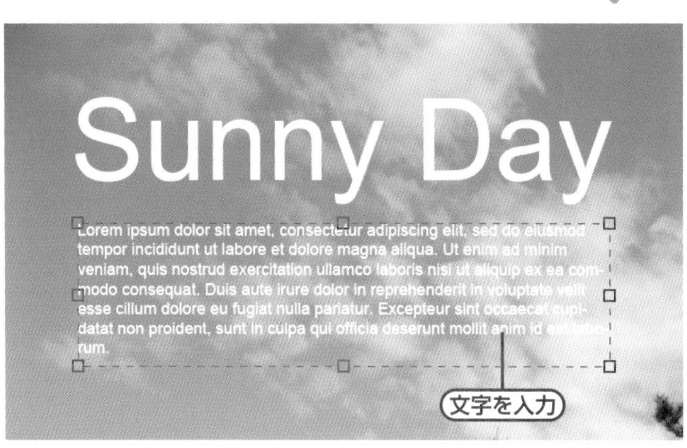

全体図

本文をキーボードで入力するか、別に用意したテキストデータをコピー&ペーストします(ここではダミーテキストを使用)

13 段落テキスト

テキストレイヤーを編集する

テキストレイヤーを編集したい場合は、ツールパネルから移動ツールを選択し、変更したい文字をダブルクリックするか、レイヤーパネルで該当するテキストレイヤーのサムネール（T）をダブルクリックしてください。文字が選択状態になり、文字内容やフォントの種類、サイズなどを編集できるようになります **14**。簡易な編集はオプションバーを利用すると便利です。

memo

テキストの位置を変更したい場合は、レイヤーパネルで該当するテキストレイヤーを選択した状態で、移動ツールを使って移動させます。

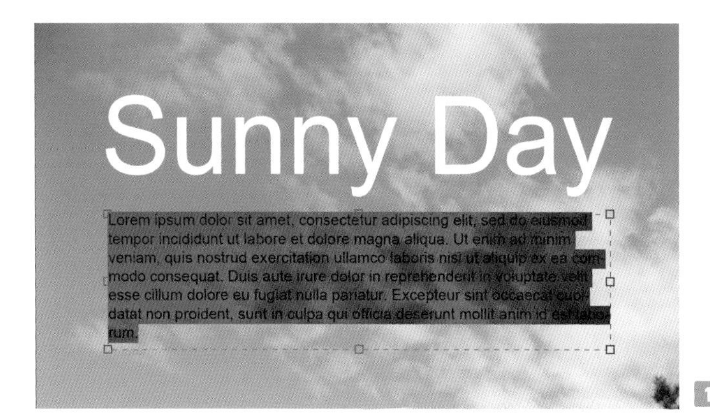

14 文字の選択状態

写真に2色カラーを合成する

Lesson2 > 2-07

THEME テーマ

「デュオトーン（Duo Tone）」とは、2色の色合いからなるデザイン表現のことです。画像をデュオトーン加工し、おしゃれなデザインに仕上げてみましょう。応用として、「アナグリフ」風デザインも紹介します。

デュオトーン画像でバナーを作る

デュオトーンに適しているのは、コントラストの高い（明るい部分と暗い部分の差がある）画像です。任意のカラーと補色（色相環で対面付近にあるカラー）の組み合わせでデュオトーン加工すると、バランスのよいデザインとなります。ここでは 01 のような**バナー**をデザインしてみましょう。

WORD バナー

Webサイト上やSNS上で、ほかのWebサイト・Webページを紹介するリンク付きの画像。横長、正方形など、大きさや形状はさまざまものがある。旗印を意味する「banner」が由来。

01 デュオトーンによるバナーデザイン

① 調整レイヤーを作成する

Photoshopで素材画像「2-07_sozai1.jpg」を開きます。レイヤーパネル下部の［塗りつぶしまたは調整レイヤーを新規作成］ボタンから**“グラデーションマップ...”**を作成してください 02。

44ページ、**Lesson2-01**参照。

02 「グラデーションマップ」調整レイヤーを追加

② 配色を決める

プロパティパネルに表示される「グラデーションマップ」で配色を設定していきます。まず**グラデーションバー**をクリックし、**「グラデーションエディター」ダイアログ**を表示しましょう。

次に、ダイアログ内のグラデーションバーの左下にある四角いアイコン（**カラーの分岐点**）をダブルクリックしてください。「カラーピッカー（ストップカラー）」が表示されますので、色を設定しましょう。ここでは、グリーン(#09464c)を設定しました **03**。

同様に右側のカラーの分岐点を設定します。ここではイエロー(#f2d64b)を設定しました **04**。[OK]を押してダイアログを閉じます。これでデュオトーンの完成です **05**。配色のパターンは無限にありますので、いろいろ試しながらお気に入りのデュオトーンを探してみましょう。

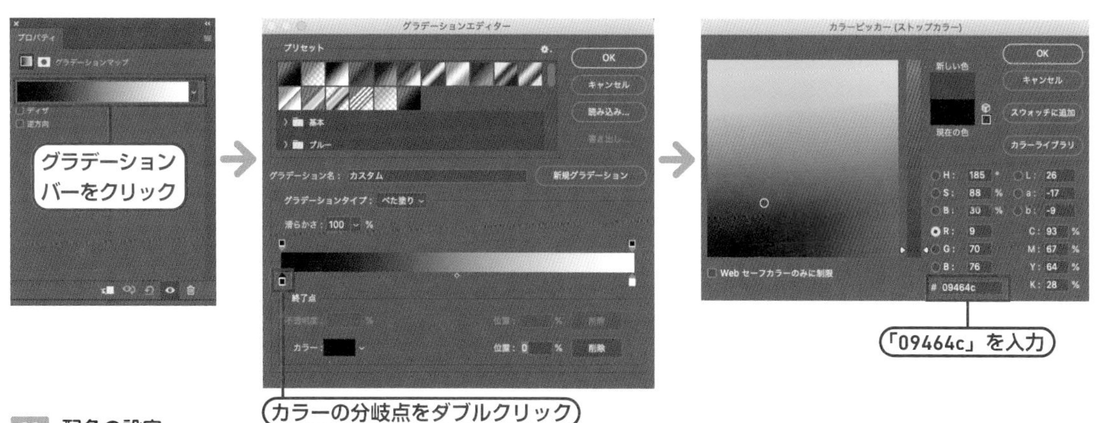

03 配色の設定

04 イエローを設定後のダイアログ

05 デュオトーンの完成

③ 塗りつぶしの色を設定する

この画像を使い、バナーをデザインしてみましょう。まずは、画像の左半分を塗りつぶします。レイヤーを塗りつぶす方法はいろいろありますが、ここでは長方形ツールで図形(シェイプ)を作って塗りつぶします。

159ページ、**Lesson4-02**参照。

長方形ツールを選び、オプションバーで[塗り]のサムネールをクリックします。画像内の色を拾いたいので、右上の[カラーピッカー]ボタンを押し、カラーピッカーを表示させます。この状態でデュオトーン画像にポインターを移動すると、ポインターがスポイトのアイコンになります。このスポイトで画像内の暗い部分をクリックして拾い、カラーを選択します。[OK]をクリックし、カラーピッカーを閉じます。オプションバーの[線]をクリックし、線の色を[カラーなし]に設定します 06。

memo

画面から色を拾う際、スポイトではなく、ターゲットのアイコンになっている場合があります。そのままでも作業できますが、スポイトにしたい場合は、Photoshopメニュー→"環境設定"で開く「環境設定」ダイアログの[カーソル]で、[その他のカーソル]→[標準]にすると変えられます。

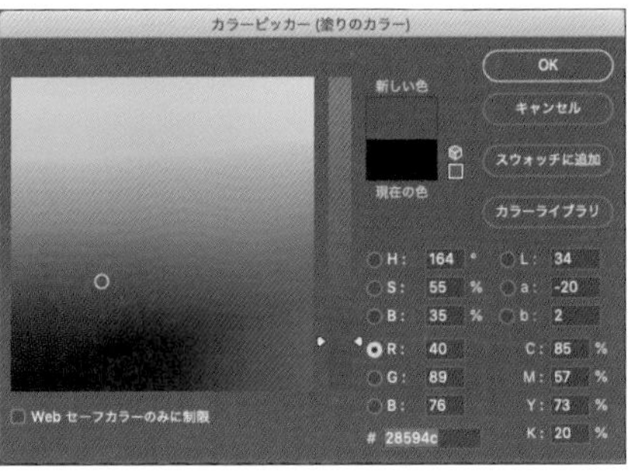

06 塗りつぶしの色を設定

④ 長方形を作成する

オプションバーで幅(W)と高さ(H)の値を指定します。幅は画像の半分としたいので、[W:960px] [H:1080px] と入力してください。画像の上にポインターを移動し、クリックしてください。すると「長方形を作成」ダイアログが表示されます。先ほどオプションバーで入力した幅と高さが入力されていますので、そのまま[OK]をクリックします 07。

> **memo**
> [W]はWidth(幅)で、[H]はHeight(高さ)を表します。オプションバーに幅と高さを入力する際、[シェイプの幅と高さをリンク]ボタン(鎖のアイコン)がオンになっていると、幅と高さの比率が固定されます。ここでは、このボタンがオフになっていることを確認しましょう。

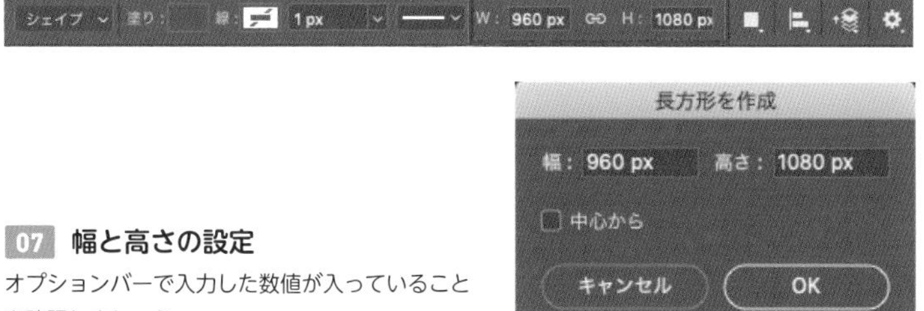

07 幅と高さの設定
オプションバーで入力した数値が入っていることを確認しましょう

⑤ 長方形を配置する

この時点では、画像上のクリックした場所に長方形が配置されているので、位置を整えていきます。まず、長方形の左上を基点に配置します。移動ツールで合わせてもよいのですが、ここはプロパティパネルの[ライブシェイプの属性]でX軸、Y軸の値を指定して移動させてみましょう。

レイヤーパネルで「長方形1」レイヤーが選択されていることを確認し、プロパティパネルで、[X:0px] [Y:0px] と入力しましょう。return (Enter) キーを押して確定します。長方形が画像の左半分の位置に移動しました 08。

08 長方形の配置

⑥ ラスタライズをする

シェイプレイヤーをラスタライズしておきましょう。レイヤーパネルで「長方形1」レイヤーが選択されていることを確認し、メニュー→“レイヤー”→“ラスタライズ”→“シェイプ”を選択します。これでラスタライズできました 09 。

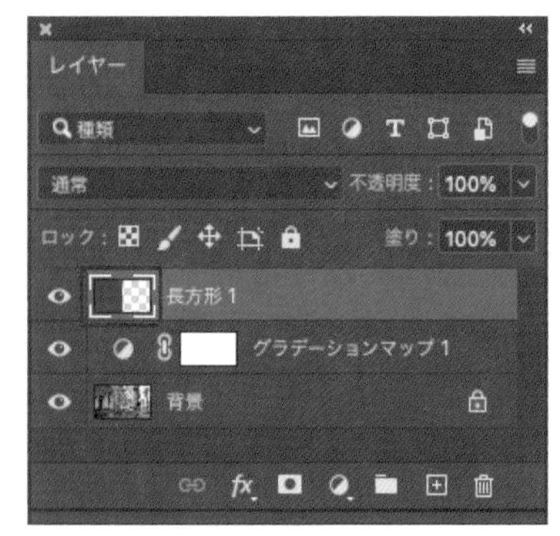

09 ラスタライズ

シェイプのアイコンが通常アイコンに戻りました

WORD ラスタライズ

JPEGなどに代表されるビットマップ（点の集まり）で構成された画像を「ラスター画像」と呼ぶ。これに対して、ベクターデータで構成された画像を「ベクター画像（ベクトル画像）」と呼ぶ。ベクター画像は拡大しても画像があらくならず、拡大・縮小を繰り返しても画像が劣化しない。このベクター画像をラスター画像に変換することがラスタライズ。

memo

ラスタライズをせずに進めることもできますが、後述の「⑦タイトルと文章を追加する」でテキストがシェイプレイヤーに沿って流し込まれてしまう場合があるため、ラスタライズを行っています。

⑦ タイトルと文章を追加する

Lesson2-06で学習した手順でタイトルと文章を作成しましょう。ツールパネルから横書き文字ツールを選択し、オプションバーで任意のフォントとフォントサイズを指定します（ここでは小塚ゴシックPr6N、128pxを使用）。

次に色ですが、ここでは画像内のいちばん明るいカラーを選択してみましょう。ステップ3と同様にカラーピッカーを表示させ、画像内の明るい部分からスポイトで色を選びます。画面左下にタイトル（ポイントテキスト）を入力します 10 。

同様にして、段落テキストで文章を入力します（ここでは小塚ゴシックPr6N、24pxを使用） 11 。これでバナーが完成です。

memo

タイトルと文章のどちらも、「小塚ゴシックPr6N」のフォントスタイル「EL」という太さを設定しています。「EL」がない場合は、代わりに「L」でもよいでしょう。

74ページ、**Lesson2-06**参照。

74ページ、**Lesson2-06**参照。

10 タイトルを入力

11 文章を入力

ここではダミーテキストを入れています

アナグリフ風デザインを作る

「アナグリフ」の技法をデザインにとり入れると、オールドスタイルな雰囲気に仕上がります。最近ではTikTokのロゴにも使われています。デュオトーンとは異なる手法ですが、同じように2色を合成することで、写真をアーティスティックなイメージに変えることができます 12。

WORD アナグリフ

映像や画像を立体的に見せる技術のひとつ。左目に赤、右目に青いフィルムを貼ったメガネで、角度を違えて重ねた画像を見ると、画像が立体的に見えるしくみ。

12 **アナグリフ風デザイン** モデル:アヤ(https://www.instagram.com/aya_portrait_red/)

①「背景」レイヤーを複製する

Photoshopで素材画像「2-07_sozai2.jpg」を開き、「背景」レイヤーのコピーを2つ作ります。レイヤーのコピーは、レイヤーを右クリック→“レイヤーの複製...” などから行います。あとでわかりやすいようにレイヤー名を「赤」「青」とそれぞれ変更しておきましょう 13。

memo

レイヤー名を変更するには、レイヤーパネルでレイヤー名のテキスト部分をダブルクリックし、現れたダイアログで名前を入力します。

13 **レイヤーのコピーを2つ作成**

② レイヤー効果を設定する（赤）

レイヤー効果を設定し、コピーしたレイヤーをそれぞれ赤色と青色にしていきます。まず「赤」レイヤーを選択し、そのほかは非表示にしましょう。

次にレイヤーパネル下部の［レイヤースタイルを追加］ボタン（「fx」アイコン）をクリックし、“レイヤー効果...”を選択してください。すると、**「レイヤースタイル」ダイアログ**が開きましたね。このダイアログの［高度な合成］で、［チャンネル］の［G］［B］のチェックボックスをはずしてください。すると、赤色のレイヤーとなります 14。

レイヤーに対して、ドロップシャドウ、光彩、境界線など、さまざまな効果を付ける機能のこと。画像は元のままの状態で、画像に立体感を出したり、レイヤー効果の設定をあとから変えたりすることもできる。レイヤー効果をまとめたものを「レイヤースタイル」という。

memo

レイヤーパネルでレイヤーの左側にある目のアイコン部分をクリックすることで、レイヤーの表示・非表示を切り替えることができます。

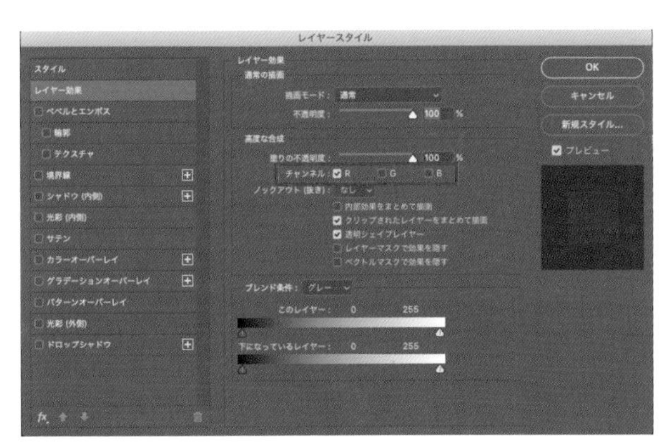

14 「赤」レイヤーの設定

③ レイヤー効果を設定する（青）

続いて「赤」レイヤーを非表示にして、「青」レイヤーを表示してください。「青」レイヤーも同様にレイヤー効果を設定しますが、［チャンネル］の［R］のチェックボックスだけをはずした状態にして、青色にします 15。

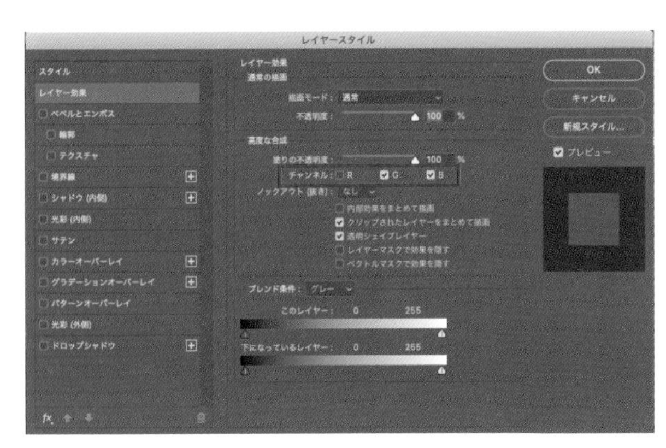

15 「青」レイヤーの設定

④ アナグリフ風にする

「赤」レイヤーと「青」レイヤーを表示しましょう。この時点では元画像と同じに見えますが、それぞれのレイヤーの位置をずらすことでアナグリフ風を表現できます 16 。「赤」レイヤーと「青」レイヤーをそれぞれ右や左に移動して、アナグリフ風デザインを完成させましょう 17 。

memo

レイヤーを移動するには、移動ツールを使います。ツールパネルから移動ツールを選び、任意のレイヤーを選択してから画像上でクリック&ドラッグして動かします。shift［Shift］キーを押しながらドラッグすると、平行・垂直に移動することができます。

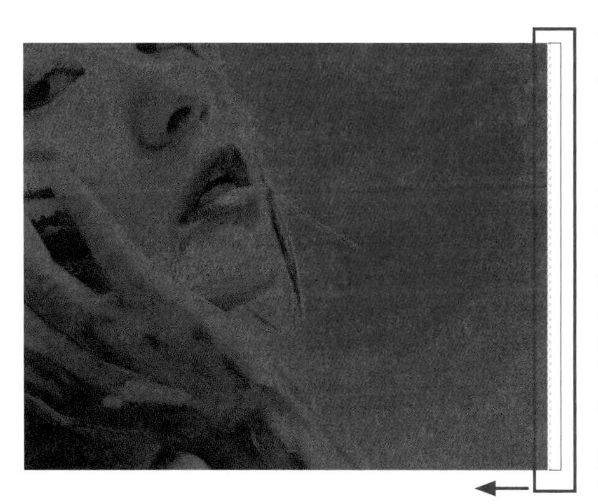

16 レイヤー位置をずらす

ここでは、「赤」レイヤーをやや左、「青」レイヤーをやや右に移動しています

17 完成

左右にできたレイヤーのはみだし部分は切り抜きツールでトリミングしてもよいでしょう

いろいろな描画モードを試してみよう

Lesson2 > 2-08

THEME テーマ

レイヤーパネルの「描画モード」を利用すると、画像を明るくする／暗くする、コントラストを高める／弱めるといった調整を行ったり、画像の見た目を大きく変えたりできます。

描画モードとは

各レイヤーには、「**描画モード**」を設定することができます 01。**描画モードを設定したレイヤー（合成色）が、さまざまな方法で下のレイヤー（基本色）に重なることで、合成結果（結果色）、つまりレイヤー画像の見た目が変わります。**

描画モードには、**27の種類**があります。はじめのうちは、すべてをおぼえる必要はなく、「この種類ならこういう結果になる」ということがイメージできればよいでしょう。

ここでは、おもな描画モードを3つのカテゴリーに分けて紹介します。基本色にはモザイク状に色がのったカラフルな画像、合成色には白、50％グレー、黒の色面と、花の画像を配置して、各種類の結果色を表示しています 02。

> **memo**
> ［不透明度］の数値を変えると描画モードの合成結果を調整できます。不透明度は「100%」で完全な不透明、「0%」で完全な透明となり、数値が低いほど透明度が高くます。［不透明度］の数値部分をダブルクリックして、数値を入力することもできますし、数値の右にある下向き矢印をクリックして表示されるスライダーを使って変更することも可能です。

> **memo**
> 「背景」レイヤーには描画モードは適用されません。レイヤーパネルで「背景」レイヤーが選択された状態だと、「描画モード」は設定できないので注意しましょう。

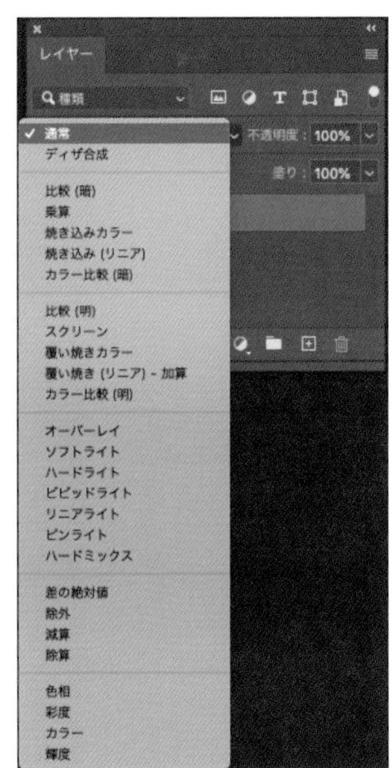

01 描画モード
レイヤーパネルで設定します

基本色(下のレイヤー)

合成色(上のレイヤー)

結果色(合成結果／［描画モード：通常］)

02 サンプル画像

ここに示す基本色、合成色の画像を使って、描画モードを紹介します

暗くする

○ 比較(暗)

各チャンネル(RGB)の色情報に基づいて、基本色または合成色の暗いほうを結果色として表示します 03。

たとえば、合成色が白(R：255／G：255／B：255)の場合、基本色のほうがRGBすべてで暗いため、結果色として基本色がそのまま表示されます。合成色が50%グレー(R：128／G：128／B：128)の場合は、基本色のピンク(R：243／G：33／B：136)の箇所では、RGBのそれぞれ暗いほうが選択されるため、結果色は紫(R：128／G：33／B：128)となります。合成色が黒(R：0／G：0／B：0)なら、RGBすべてが基本色より暗いため、結果色は黒となります。

合成の計算式は、描画モードごとに異なります。以下からは割愛しますが、描画モードを変えると、各チャンネル(RGB)の色情報に基づき、各計算式で演算された結果が表示されます。

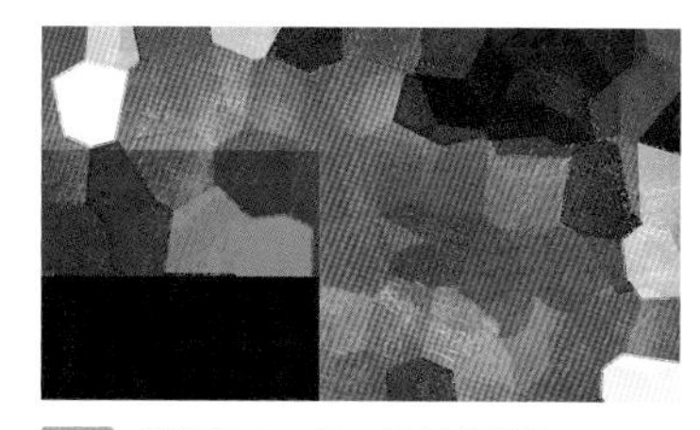

03 ［描画モード：比較(暗)］

○ 乗算

基本色と合成色をかけ合わせ、最大値で割った値が結果色となります 04。結果色は暗くなります。黒をかけ合わせた場合は結果色も黒となり、白をかけ合わせた場合は反映されません。

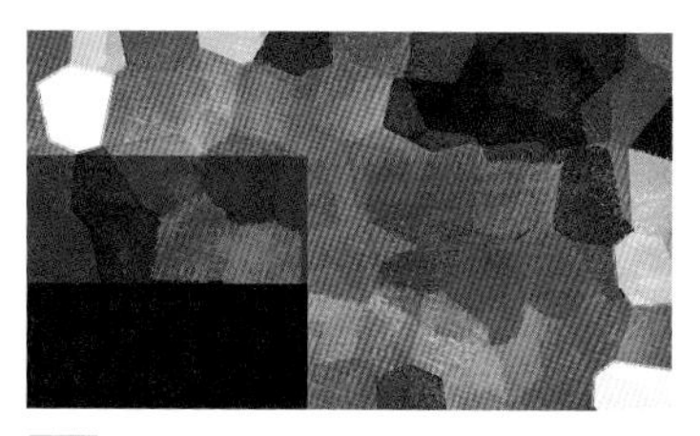

04 ［描画モード：乗算］

○ 焼き込みカラー

暗い部分はより暗くなり、コントラストの高い結果色となります 05 。

05 ［描画モード：焼き込みカラー］

○ 焼き込み（リニア）

焼き込みカラーよりも全体的に暗くなります 06 。

06 ［描画モード：焼き込み（リニア）］

○ カラー比較（暗）

全チャンネルの合計値の低い（暗い）ほうを表示します 07 。

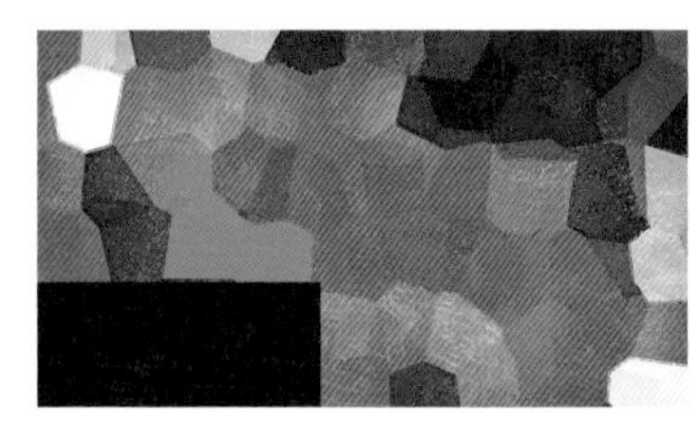

07 ［描画モード：カラー比較（暗）］

明るくする

○ 比較（明）

全チャンネルの合計値の高い（明るい）ほうを表示します 08 。

08 描画モード：比較（明）］

○ スクリーン

合成色と基本色を反転した色をかけ合わせて表示します 09 。より明るくなり、黒は反映されません。

09 ［描画モード：スクリーン］

○ 覆い焼きカラー

基本色を明るくして表示します。コントラストの低い結果色となります 10 。黒は反映されません。

10 ［描画モード：覆い焼きカラー］

○ 覆い焼き（リニア）- 加算

覆い焼きカラーよりも全体的に明るくなります 11 。

11 ［描画モード：覆い焼き（リニア）- 加算］

コントラストを高くする

○ オーバーレイ

暗い部分は暗く、明るい部分はより明るくなり、コントラストの高い結果色となります 12 。

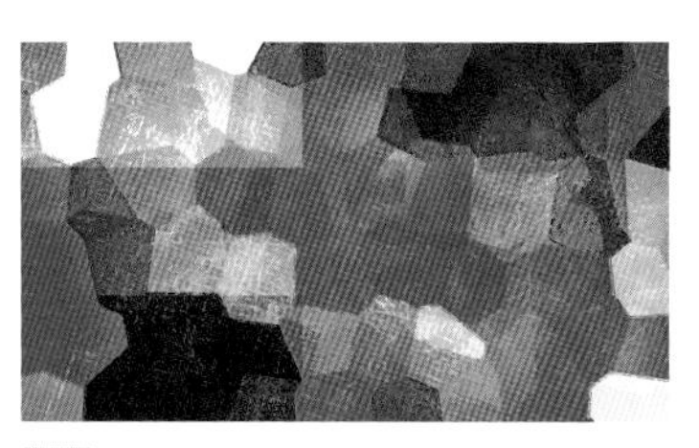

12 ［描画モード：オーバーレイ］

○ ソフトライト

暗い部分は暗く、明るい部分はより明るくなりますが、オーバーレイよりはコントラストの低い結果色となります 13 。

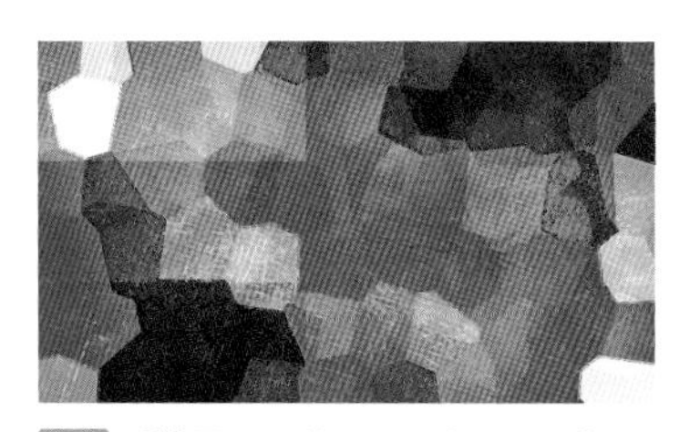

13 ［描画モード：ソフトライト］

○ ハードライト

オーバーレイよりもコントラストの高い結果色となります。合成色の白と黒は、そのまま結果色に反映されます 14 。

14 ［描画モード：ハードライト］

○ビビッドライト

合成色が50%グレーより明るい場合は、コントラストを下げて画像が明るくなり、暗い場合は、コントラストを上げて画像を暗くします 15 。

15 [描画モード：ビビッドライト]

○リニアライト

合成色が50%グレーより明るい場合は、明るさを増して画像が明るくなり、暗い場合は、明るさを落として画像を暗くします 16 。

16 [描画モード：リニアライト]

○ピンライト

合成色が50%グレーより明るい場合は、合成色より暗いピクセルは置換され、50%グレーより暗い場合は、合成色より明るいピクセルが置換されます 17 。

17 [描画モード：ピンライト]

○ハードミックス

合成色の各チャンネル値を基本色に追加し、合計値が255以上の場合は255となり、合計値が255未満の場合は0となります 18 。

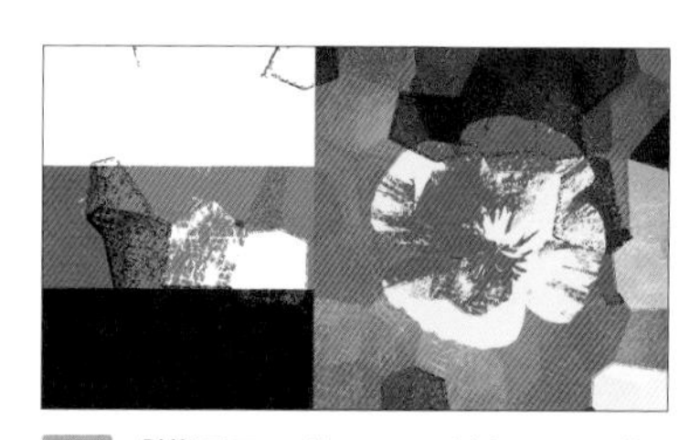

18 [描画モード：ハードミックス]

よく使う描画モード① [スクリーン]

Lesson2 > 2-09

THEME テーマ [スクリーン] は画像を明るく見せることができるため、よく使われる描画モードのひとつです。合成色の黒は反映されないため、この特徴を活かして効果的な合成を行うことができます。

写真にキラキラを入れてみよう

花の画像(基本色)に[**描画モード:スクリーン**]でキラキラ画像(合成色)を配置して、幻想的なイメージにしてみましょう。

① 花の画像にキラキラ画像を配置する

Photoshopで花の素材画像「2-09_sozai1.jpg」を開きます 01。次にキラキラ画像「2-09_sozai2.jpg」を開き 02、メニュー→"選択範囲"→"すべてを選択"をしてから(⌘[Ctrl]+A)、メニュー→"編集"→"コピー"を選びます(⌘[Ctrl]+C)。花の画像のファイルタブをクリックし、メニュー→"編集"→"ペースト"(⌘[Ctrl]+V)でキラキラ画像を花の画像の上に配置します 03。

01 花の画像

02 キラキラ画像

03 花の画像の上にキラキラ画像を配置

レイヤー名を「キラキラ画像」に変更しておきます

② [描画モード：スクリーン] にする

レイヤーパネルで「キラキラ画像」レイヤーを選択し、[描画モード] をクリックして、表示される項目から [スクリーン] を選びます。[スクリーン] は合成色の黒が反映されない特徴がありますので、このキラキラ画像の黒は反映されず、光の部分のみ合成されます 04。

04 キラキラの合成

青空に雲を合成してみよう

同じく[描画モード：スクリーン]を使って、空(基本色)に雲(合成色)を入れてみましょう。[スクリーン] の特徴を活かしてひと手間加えると、違和感の少ない合成ができます。

① 空の画像に雲の画像を配置する

Photoshopで空の画像「2-09_sozai3.jpg」を開きます 05。次に雲の画像「2-09_sozai4.jpg」を開き 06、キラキラ画像のときと同様にして、空の画像にコピー＆ペーストします。雲の画像は縦の長さがサンプル画像より短いので、移動ツールで上ぞろいになるよう移動させます 07。

05 空の画像

06 雲の画像

07 空の画像の上に雲の画像を上揃えで配置

レイヤー名を「雲」に変更しておきます

② [描画モード：スクリーン] にする

雲の画像レイヤーの [描画モード] を [スクリーン] にしてみましょう。すると、雲が合成されて明るい空になりました 08。

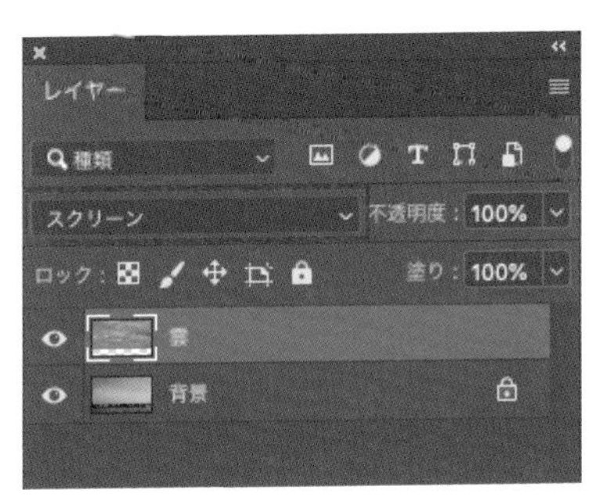

08 雲の合成

③ 雲の画像を調整する

問題ないようですが、よく見ると雲の画像の下部の境界線が目立ちますね 09。また、空の青さが薄くなってしまいました。これらを調整しましょう。[スクリーン] では合成色の黒は反映されないという特徴を利用することで、空の青さを残すことができます。雲の画像をいったん [描画モード：通常] に戻します。

雲の画像を白黒にしましょう。白黒にするには、さまざまな方法がありますが、今回は**「白黒」調整レイヤー**を利用します。雲のレイヤーを選択した状態で、レイヤーパネル下部の [塗りつぶしまたは調整レイヤーを新規作成] ボタンから“白黒...”を選択し、調整レイヤーを作成してください 10。

> memo
> 画像を白黒にする方法としては、ほかにも「色相・彩度」調整レイヤーを使い、プロパティパネルで[彩度]を「−100」に設定するなどがあります。

09 部分拡大

元の空の画像と雲の画像の境界が目立ちます

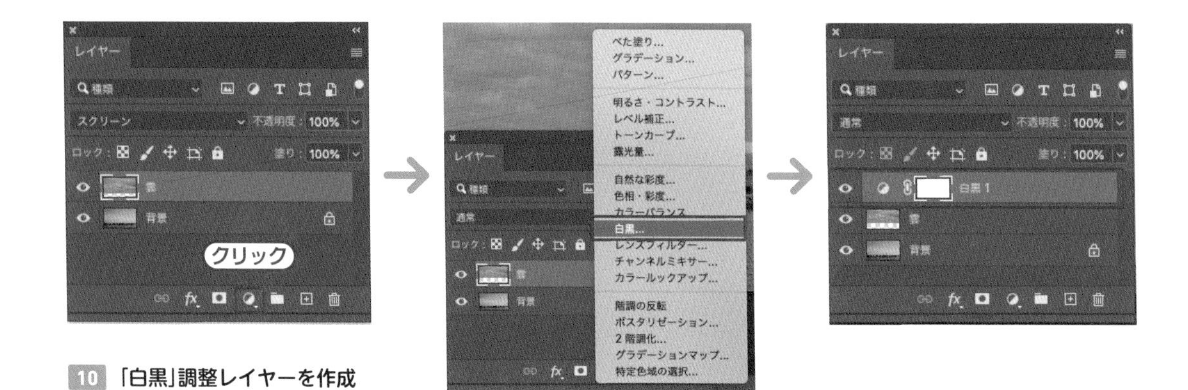

10 「白黒」調整レイヤーを作成

⑤ クリッピングマスクを作成する

画像全体が白黒になってしまいますので 11 、この「白黒」調整レイヤーを、雲画像にだけ適用させましょう。プロパティパネルの下部ボタンをクリックして、調整レイヤーのすぐ下の画像（雲の画像）のみに効果がかかるようにします 12 。これを、「**クリッピングマスクを作成する**」といいます。

WORD クリッピングマスク

Photoshopのマスクは、画像の表示したくない部分を「隠す」機能。表示しない部分を切りとるのと違い、マスクで隠す範囲の変更が容易に行える。レイヤーマスクが画像と同一のレイヤー上にマスクを作成するのに対して、クリッピングマスクは画像とマスクが別々のレイヤーに分かれている。

11 「白黒」調整レイヤー作成直後

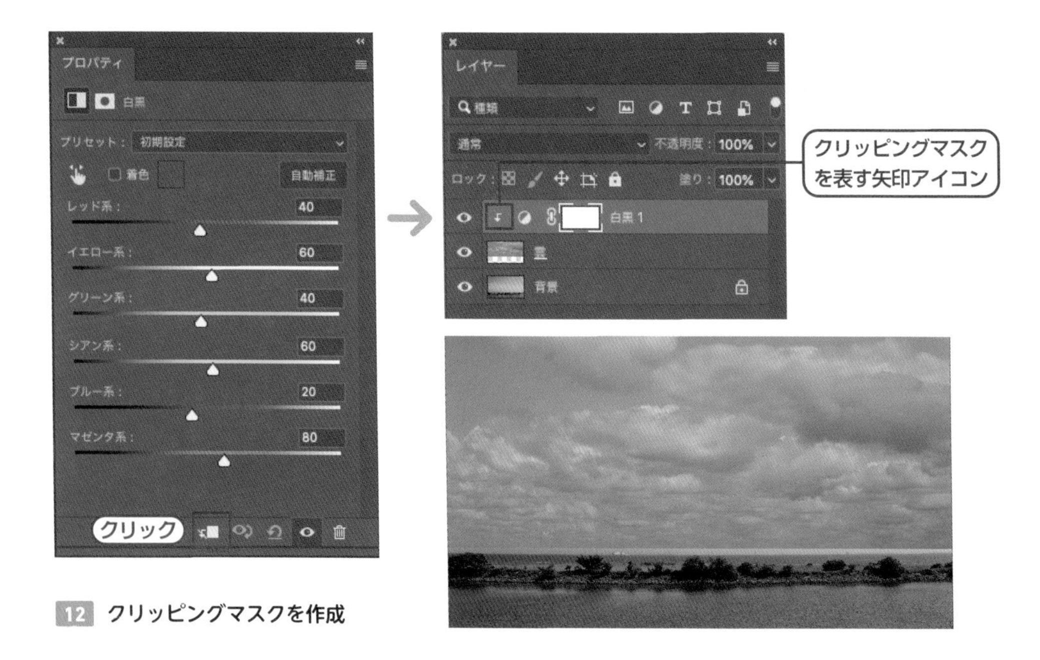

12 クリッピングマスクを作成

⑥ 白黒の濃さを調整する

続いて、プロパティパネルで各色のスライダーを動かして、グレー部分が黒に近くなるように濃さを調整します。今回は、各色のスライダーの値をすべて「ー200」にしました 13 。

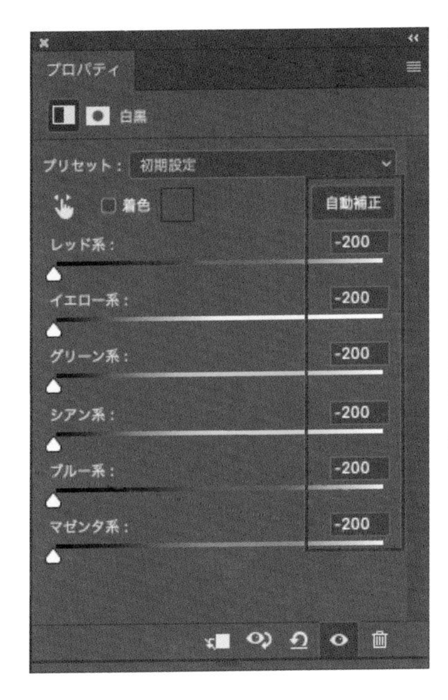

13 濃さを調整

⑦ [描画モード：スクリーン] に戻す

レイヤーパネルで雲のレイヤーを選択し、[描画モード：スクリーン]に戻します。すると、雲の画像の黒は反映されず、境界線が見えなくなりました。空の青さもきれいですね 14 。

[描画モード：スクリーン] は利用するシーンが多いので、特徴をよく理解して効率的に使ってみましょう。

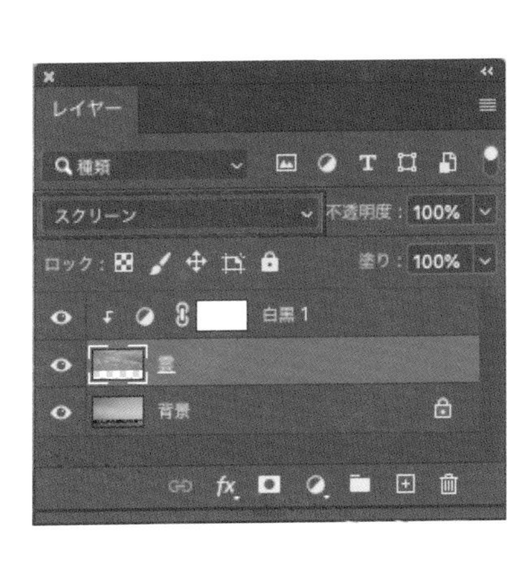

14 雲のレイヤーを[描画モード：スクリーン]に戻して完成

よく使う描画モード② [乗算]

Lesson2 > 2-10

THEME テーマ

[乗算]は、暗い部分を強調したり、自然な重なりを表現したいときなどに有効です。[スクリーン]と同様に利用するシーンが多い描画モードとなりますので、特徴をしっかり理解しておきましょう。

サテン生地に柄を入れてみよう

[**描画モード:乗算**]は、基本色と合成色をかけ合わせ、最大値で割った値が結果色となります。01のように、白は反映されず、黒は黒のままの結果色となります。グレーは少し暗くなり基本色が透けて見えます。ことばにすると難しいですが、「蛍光ペン」を頭に浮かべると理解しやすいかもしれません。

ここでは、無地のサテン生地の画像(基本色)に[乗算]で迷彩柄の画像(合成色)を配置し、迷彩柄のサテン生地にしてみましょう。

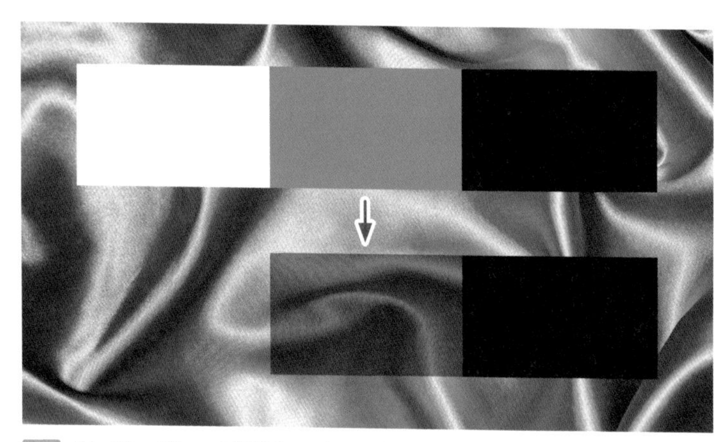

[描画モード：通常]

[描画モード：乗算]

01 白、黒、グレーを[描画モード：乗算]で重ねた結果

① 生地の画像の上に迷彩柄の画像を配置する

Photoshopでサテン生地の画像「2-10_sozai1.jpg」を開きます。迷彩柄の画像「2-10_sozai2.jpg」を開き、生地の画像(「背景」レイヤー)の上に配置しましょう ➡ 02。迷彩柄の画像はレイヤー名を「迷彩柄」に変更します。

93ページ、**Lesson2-09**参照。

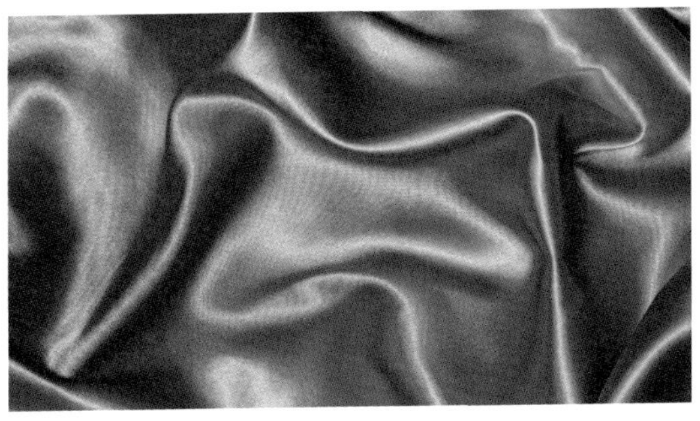

02 左：サテン生地の画像（基本色）　右：迷彩柄の画像（合成色）

② [描画モード：乗算] にする

レイヤーパネルで「迷彩柄」レイヤーを選択し、[描画モード：乗算]に設定します。これで完成です 03。違和感の少ない迷彩柄の生地ができましたね。

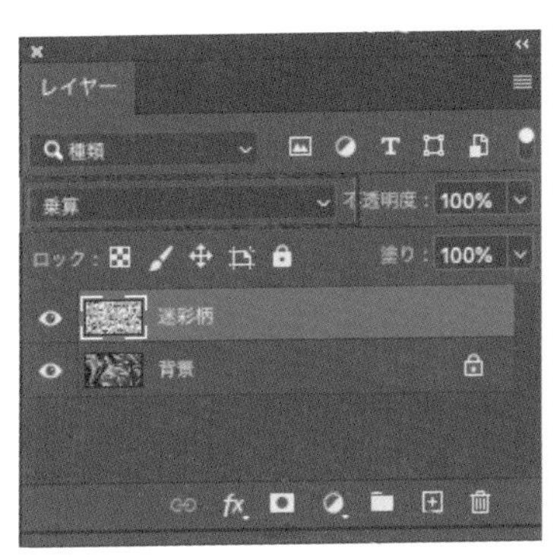

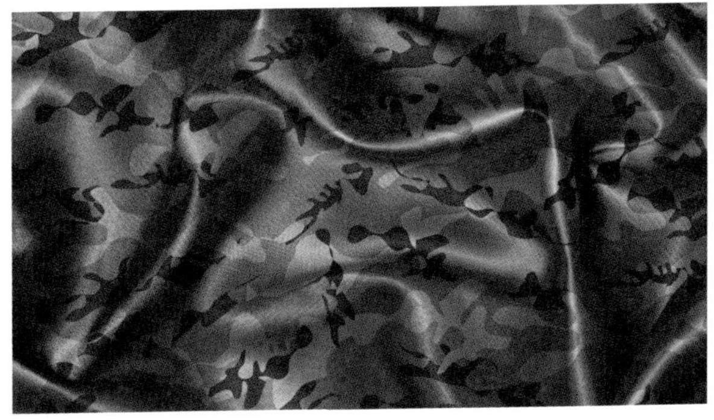

03 [描画モード：乗算]にして完成（結果色）

③ [不透明度] を変えてみる

レイヤーパネルで「不透明度」を変えると、描画モードの合成結果を調整できます。例えば、コントラストが強くなりすぎたときは、不透明度を80%や60%など、ほどよい加減に調整してみましょう。ここでは[不透明度：60%]に設定しました 04。

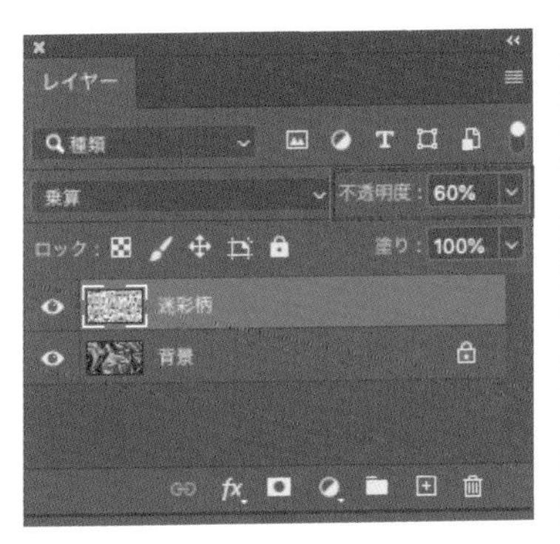

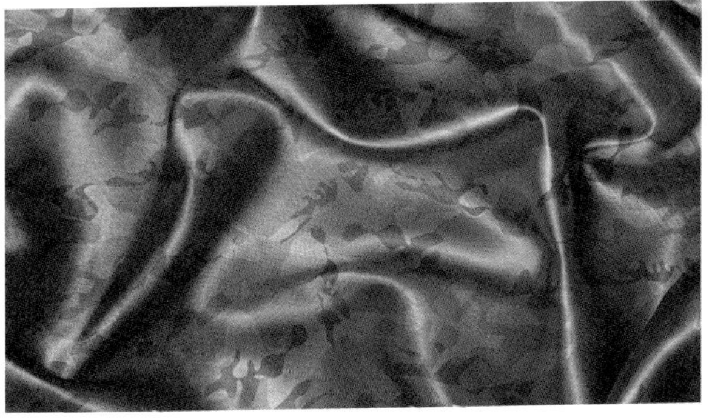

04 [不透明度：60%]に設定

選択ツールのオプションバー

切り抜きを行ううえで便利な、選択ツールのオプションバーにある項目を紹介します。

自動選択ツール、オブジェクト選択ツール、クイック選択ツールのオプションバーに表示される「被写体を選択」をクリックすると、メインの被写体が自動的に選択されます 01 。「被写体を選択」はメニュー→“選択範囲”→“被写体を選択”からも利用できます。

選択とマスク

ツールパネルで各種選択ツールを選び、オプションバーに表示される「選択とマスク」をクリックする、もしくはメニュー→“選択範囲”→“選択とマスク”を選ぶと、「選択とマスク」ワークスペースが開きます 02 。「選択とマスク」を利用すると、難しい被写体もすばやく正確に切り抜くことができます。

ワークスペースの左側には、クイック選択ツール、境界線調整ブラシツール、ブラシツールなどの利用できるツールが表示されます。右側には属性パネルが表示され、各項目の値を細かく調整できます。上部のオプションバーで「被写体を選択」をクリックすると、画像の中の目立つオブジェクトを自動で選択します。「髪の毛を調整」をクリックすると、選択範囲周辺の毛髪を検知して選択範囲を自動で調整できます。

編集後、属性パネルで出力先を「レイヤーマスク」として、[OK]を押すと、選択範囲からマスクが作成されるため、後から調整しやすくなります。ワークスペースの右下にある[OK]、もしくは[キャンセル]をクリックすると、元のPhotoshopのワークスペースに戻ります。

01 「被写体を選択」で選択範囲を作成

02 「選択とマスク」ワークスペース

選択範囲からマスクが作成されます

属性パネルの項目を細かく設定すると、高度な切り抜きを行えるようになります

Lesson 3

写真補正の応用

Lesson2で学んだことを生かしながら、もう少し難易度の高い写真補正にチャレンジしてみます。画像や写真全体を変えるのではなく、特定の部分だけを補正するには「選択範囲を作る」ことがポイントになります。

元画像を保持する「非破壊編集」

Lesson3 > 3-01

Photoshopによる画像編集では、元の画像データを保持することが基本となります。ここでは、その基本的な3つの方法「調整レイヤー」「スマートオブジェクト」「非破壊的レタッチ」をご紹介します。

「非破壊」編集とは

Photoshopで画像を編集する際は、さまざまな効果や修復機能を利用して調整していきます。その際、**元の画像データを保持していると、画質を劣化させずに簡単に復元することができます**。これを、「**非破壊編集**」と呼びます。非破壊編集の方法はいくつかありますが、ここでは、基本的な方法を3つ紹介します。

memo

非破壊編集には、ほかにCamera Rawによる編集や、画像データを保持した切り抜き、マスクなどがあります（111ページ、Lesson3-02を参照）。

調整レイヤー

「**調整レイヤー**」は元の画像データを損なうことなく、色調変更などの画像編集ができるレイヤーです。メニュー→“イメージ”→“色調補正”からよび出す通常の補正機能などとは違い、画像データを上書きしないため、元のデータをいつでも復元することができます。調整レイヤーには、「色相・彩度」のほか、「明るさ・コントラスト」「レベル補正」「トーンカーブ」など全部で**16種類**があります。

例えば青い花の色を別の色に変えたい場合、元画像レイヤーの上に「色相・彩度」調整レイヤーを作成して編集することで、花を別の色（ここではピンク）に変更できます。また、作成した調整レイヤーを非表示にすることで、元の青色に戻せます。表示・非表示を切り替えるだけで、青色からピンク色、ピンク色から青色へと自由に変更することができます 01 。

調整レイヤーは、レイヤーパネル下部のショートカットボタンにある「塗りつぶしまたは調整レイヤーを新規作成」から作成することができます 02 。

POINT

調整レイヤーは、その下にあるすべてのレイヤーに適用されます。直下のレイヤーだけに適用したい場合はクリッピングマスクを設定します（96ページ、Lesson2-09参照）。

memo

調整レイヤーは、メニュー→“レイヤー”→“新規調整レイヤー”からも作成できます。

調整レイヤーを非表示にすると
元の青色に戻せる

01 「色相・彩度」調整レイヤーによる色の変更

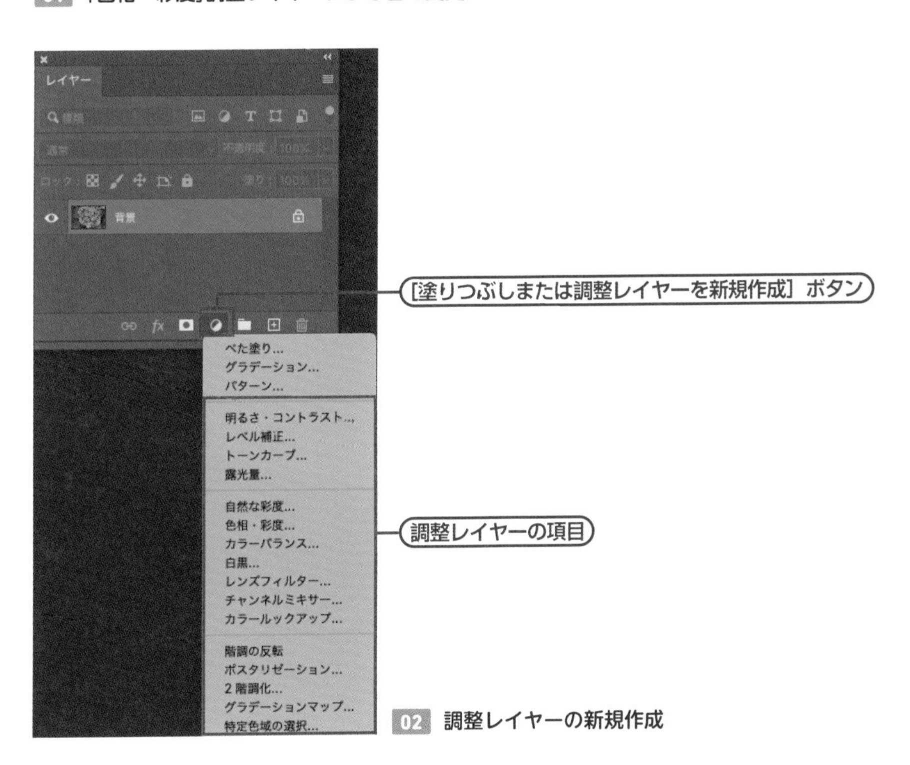

02 調整レイヤーの新規作成

スマートオブジェクト

「**スマートオブジェクト**」は、**元の画像データを劣化させずに画像編集ができる機能です**。たとえば通常の画像（ラスター画像）の場合、いったん縮小（リサイズ）したものを再度拡大すると、画像データは劣化してぼやけてしまいます。その場ですぐ「元に戻す」を実行すれ

memo
スマートオブジェクトに変換した場合も、元の画像サイズより大きく拡大すると劣化するので注意が必要です。

ば復元することはできますが、制作を進めたあとでは復元が難しくなりますので 03 、元の画像データを保持したい場合は、スマートオブジェクトに変換しておきましましょう。

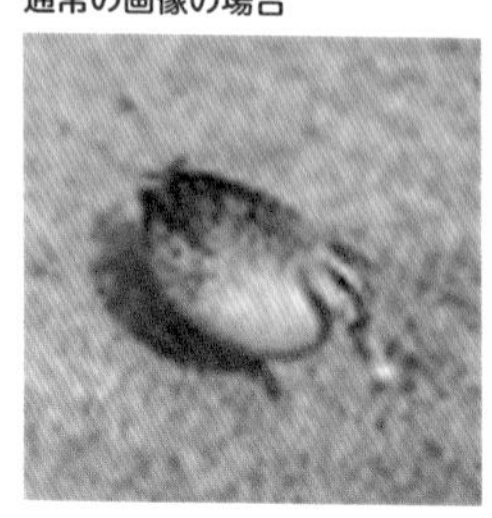

通常の画像は、いったん縮小してから元のサイズに拡大し直すと、画像が劣化します。あらかじめ画像をスマートオブジェクトに変換しておけば、元のサイズに戻しても画像が劣化しません

03 スマートオブジェクトの利用

スマートオブジェクトに変換する

スマートオブジェクトへの変換はとても簡単です。変換したいレイヤーを選択して右クリックし、表示されたメニューより"スマートオブジェクトに変換"を選択するだけです 04 。スマートオブジェクトに変換しても画像の見かけに変化はありませんが、レイヤーパネルのサムネールにスマートオブジェクトのアイコンが表示されます 05 。

memo

スマートオブジェクトへの変換は、変換したいレイヤーを選択し、メニュー→"レイヤー"→"スマートオブジェクト"→"スマートオブジェクトに変換"を選ぶか、メニュー→"フィルター"→"スマートフィルター用に変換"を選び、現れるダイアログボックスで [OK] することでも行えます。

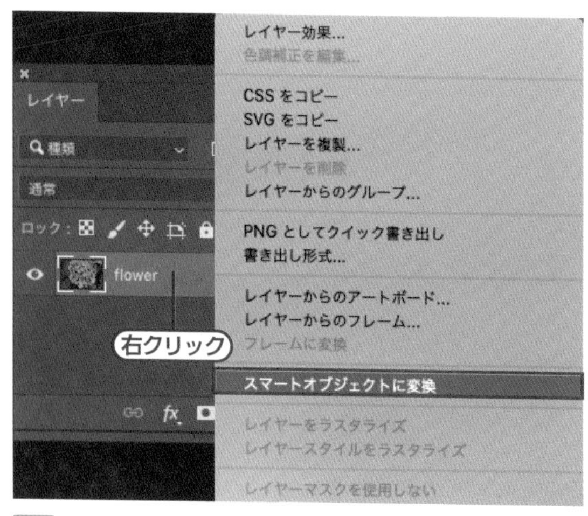

04 スマートオブジェクトに変換

変換したいレイヤーのレイヤーアイコン以外を右クリックします
レイヤーアイコンをクリックしてしまうと項目が現れません

05 スマートオブジェクトのアイコン

スマートフィルターについて

スマートオブジェクトには、フィルターを適用することが可能です。これを「**スマートフィルター**」と呼びます。**スマートフィルターは、いつでも自由に編集・破棄ができます。**これがスマートオブジェクトに変換する大きなメリットの1つです。

例えば、画像レイヤーに直接「ぼかし」フィルターを適用した場合、データが上書きされてしまうため、あとからぼかし具合を変えたり、あるいは効果を破棄したいと思ってもできません 06 。しかし、スマートオブジェクトにスマートフィルターとして適用すると、元の画像データを保持したまま効果がかけられるため、いつでも自由に復元・編集できます 07 。

元の画像レイヤーを復元するには、スマートフィルターを非表示にするか、削除するだけです。複数のフィルターを適用している場合、任意のフィルターだけを非表示にしたり削除したりすることもできます。スマートフィルターを編集するには、レイヤーパネルでフィルター名をダブルクリックし、表示されるダイアログで再設定します。

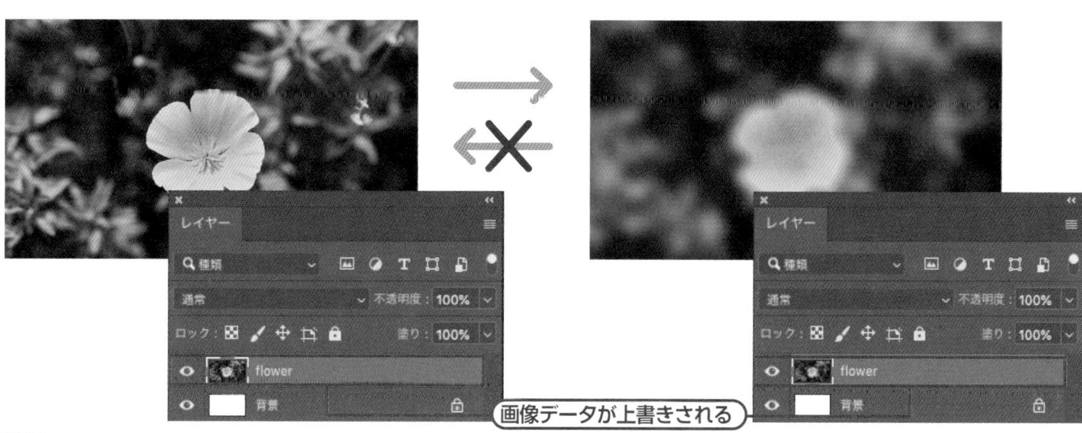

06 通常の画像レイヤーの場合

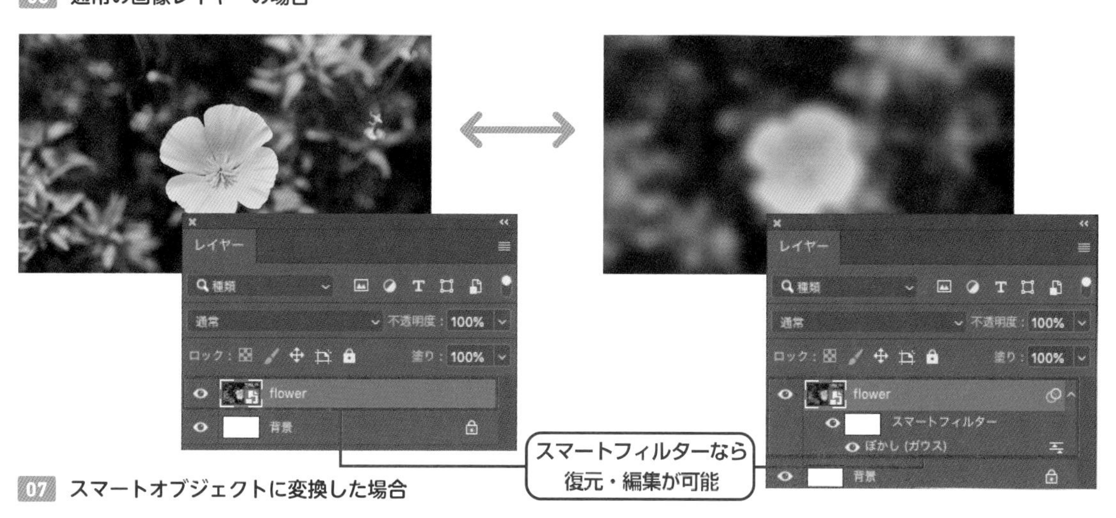

07 スマートオブジェクトに変換した場合

非破壊的レタッチ

画像に写り込んだ不要なものを除去するといったレタッチの場合、スポット修復ブラシツールやコピースタンプツールなどを用います。その際、元画像を直接編集してしまうとあとからの復元が困難です。**「非破壊的レタッチ」**とは、**修復作業などを新規レイヤー上で行うことで、元の画像データを保持しながら画像編集する手法です。**

下図は、スポット修復ブラシツールを用い、人物を除去したレタッチ例です。元の画像データには手を加えず、新規レイヤーにレタッチ結果を作成しています 08。

レタッチのレイヤーを非表示

レタッチのレイヤーを表示

08 非破壊的レタッチ例(人物を除去)

選択範囲の作成とマスク

Lesson3 > 3-02

画像に選択範囲を作ることで、必要な部分だけを編集することができます。また、マスクを利用すれば、画像レイヤーを直接編集することなく、不要な部分を隠しながら効果を与えることができます。どちらもPhotoshopの重要な機能です。

選択範囲の作成とツール

画像を編集する際、あらかじめ「**選択範囲**」を作っておくことで、**選択範囲外を保持しながら修正したり、フィルターなどの効果を与えたりすることができます**。Potoshopには選択範囲を作成する方法が数多く用意されていますが、最終的に意図する範囲が選択できれば、どの方法を用いてもかまいません。ここでは、ツールパネル内の基本的な選択ツールを紹介します 01 02 03。

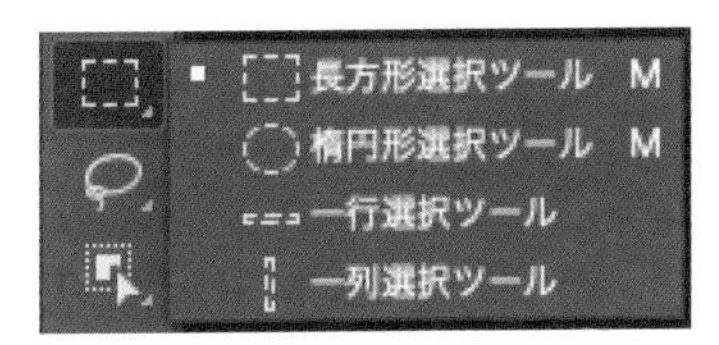

01 選択範囲を作成するツール1

○ 長方形選択ツール

ドラッグをすると、長方形の選択範囲を作成できます。shift [Shift] キーを押しながらドラッグすると、正方形の選択範囲となります。

○ 楕円形選択ツール

ドラッグをすると、楕円形の選択範囲を作成できます。shift [Shift] キーを押しながらドラッグすると、正円の選択範囲となります。

○ 一行選択ツール

任意の箇所でクリックすると、高さ1pxの行の選択範囲を作成できます。

○ 一列選択ツール

任意の箇所でクリックすると、幅1pxの列の選択範囲を作成できます。

02 選択範囲を作成するツール2

○ なげなわツール

ドラッグをして自由な選択範囲を作成できます。直感的に操作ができるため、利用頻度の高いツールです。

○ 多角形選択ツール

クリックしていくことで、多角形の選択範囲を作成できます。建物など直線的な選択範囲を作成するのに適しています。

○ マグネット選択ツール

始点をクリックしたあと、オブジェクトのエッジをなぞるようにマウスを動かすと、自動的にオブジェクトにスナップした選択範囲を作成できます。オブジェクトと背景の境界が明確な場合に適しています。

03 選択範囲を作成するツール3

○ オブジェクト選択ツール

ドラッグした範囲のオブジェクト、またはオブジェクトの一部分を自動的に選択できます。オブジェクトと背景の境界が明確な場合に適しています。

○ クイック選択ツール

ブラシでクリックまたはドラッグした範囲から自動的に境界を判断し、選択範囲を作成します。ブラシでなぞるようにドラッグすると、選択範囲が拡張されていきます。

○ 自動選択ツール

クリックした位置の色と似た色の選択範囲を作成します。オプションバーで［許容値］を低く設定すると、クリックした位置の色に近い範囲を選択し、高く設定すると色の範囲が広がります。

選択範囲作成ツールの基本的な操作方法

選択範囲を作成する場合、オプションバーで［**新規選択**］［**選択範囲に追加**］［**現在の選択範囲から一部削除**］［**現在の選択範囲との共通範囲**］のいずれかを設定し、用途によって使い分けることで、複雑なオブジェクトも簡単に選択することができます。以下は長方形選択ツールを用いた例ですが、ほかのツールの場合も基本的に同様の作業となります。

新規選択

基本的な操作方法は、選択したい対象をドラッグして囲む方法です。あらかじめ、オプションバーで［新規作成］が選ばれていることを確認しておきましょう。破線で囲まれたエリアが選択範囲となります 04 。選択範囲を解除する場合は、⌘［Ctrl］＋D、または右クリックして“選択を解除”を選びます。

> **memo**
> 長方形選択ツールでドラッグを開始後にoption［Alt］キーを押すと、左上からではなく、中心から選択範囲を作成できます。基準となる中心点が決まっている場合に使うと便利です。楕円形選択ツールも同様です。

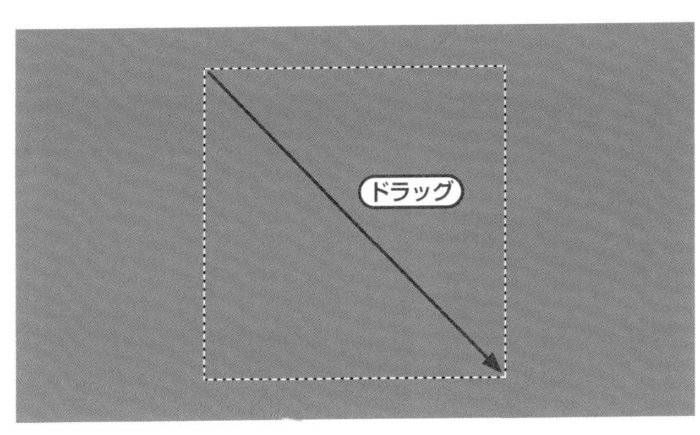

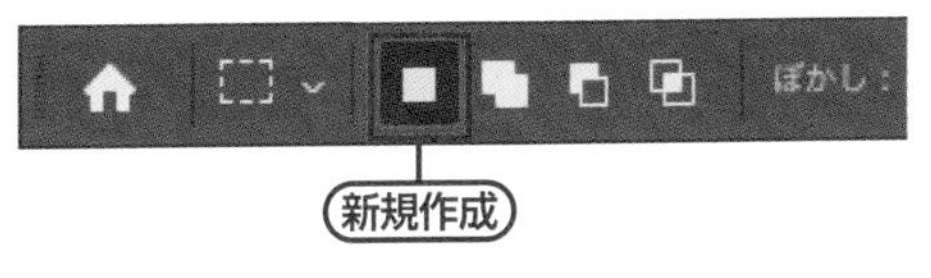

04 新規選択

選択範囲に追加

オプションバーで［選択範囲に追加］を選ぶと、選択範囲を追加することができます。離れた別の場所を選択範囲にしたり、図のように選択範囲を結合することもできます 05 。なお、［新規選択］のままshift［Shift］キーを押しながら範囲指定した場合も、同様の効果となります。

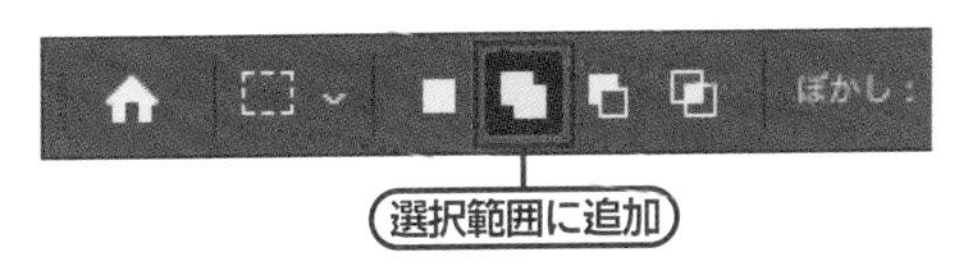

選択範囲が結合する

05 選択範囲に追加

現在の選択範囲から一部削除

オプションバーで［現在の選択範囲から一部削除］を選ぶと、既存の選択範囲から一部を削除できます 06 。なお、［新規選択］のままoption［Alt］キーを押しながら範囲指定した場合も、同様の効果となります。

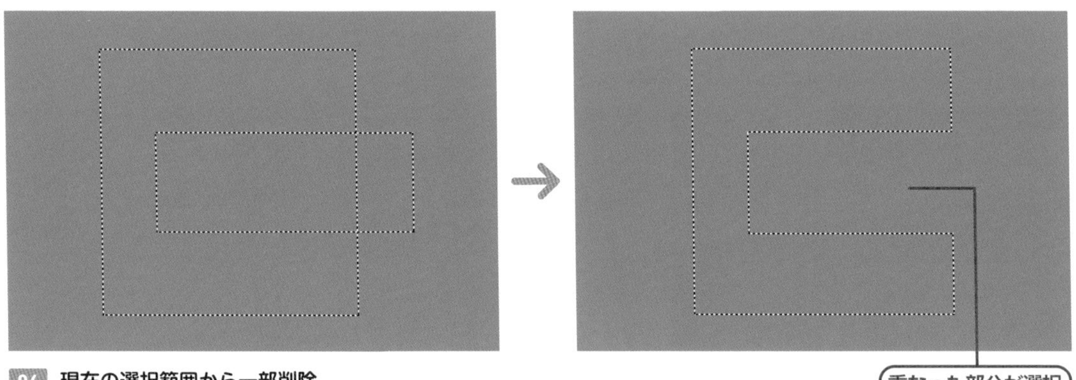

06 現在の選択範囲から一部削除

現在の選択範囲との共通範囲

一度選択範囲を作り、そのあと重ねて選択範囲を作ると、重なりあった範囲だけが選択範囲となります 07 。なお、［新規選択］のままshift［Shift］＋option［Alt］キーを押しながら範囲指定した場合も、同様の効果となります。

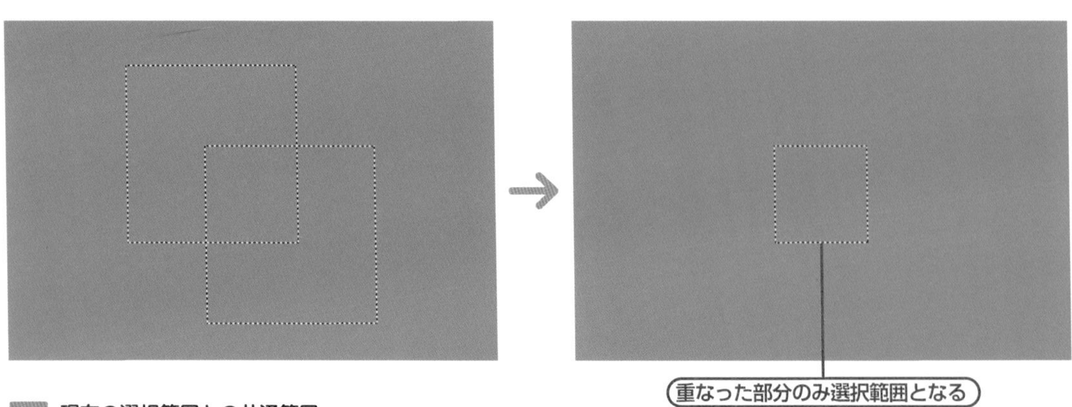

07 現在の選択範囲との共通範囲

マスクについて

「**マスク**」は、**レイヤーを直接編集せずに不要な部分を隠すことができる非常に便利な機能です。**削除するのではなく、「隠す」というところが大きな特徴です。これにより非破壊編集が可能となります。

102ページ、Lesson3-01参照。

マスクは大きく分けて「**レイヤーマスク**」「**ベクトルマスク**」「**クリッピングマスク**」の3種類があります。この基本的な3種類について紹介していきましょう。

レイヤーマスク

「**レイヤーマスク**」は、レイヤーの一部分を隠すマスクです。レイヤーマスクには、黒、白、グレーの色を追加でき、黒が隠されて表示されない部分、白が表示される部分となります。グレーは濃度に応じて透過する部分となります。

レイヤーマスクを作成するには、マスクするレイヤーを選択し、レイヤーパネル下部の［レイヤーマスクを追加］ボタンを押します。または、メニュー→"レイヤー"→"レイヤーマスク"からマスクの方法を適宜選んで作成することもできます。

それでは、実際の流れに沿ってレイヤーマスクを作成してみましょう。ここでは、花の写真の花部分をレイヤーマスクで切り抜きます。

① 選択範囲を作成する

素材画像「3-02_sozai1.psd」を開き、花部分の選択範囲を作成します 08 。作例ではクイック選択ツールを使用していますが、ほかの選択ツールを使用しても問題ありません。

08 選択範囲を作成

② レイヤーマスクを作成する

選択範囲を作成した状態で、マスクしたいレイヤー（ここでは「flower」レイヤー）を選びます。レイヤーパネル下部の［**レイヤーマスクを追加**］ボタンをクリックすると、レイヤーマスクが作成されます。すると、レイヤーサムネールの右側に、白（選択範囲）と黒（選択範囲外）の**レイヤーマスクサムネール**が作成され、**リンクアイコン**がつきます 09。白い部分が表示、黒い部分が非表示で、ドキュメント上では、選択範囲部分が切り抜かれた表示になります 10。

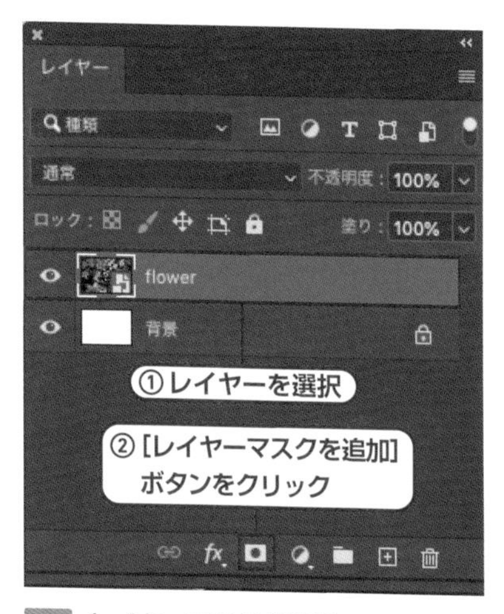

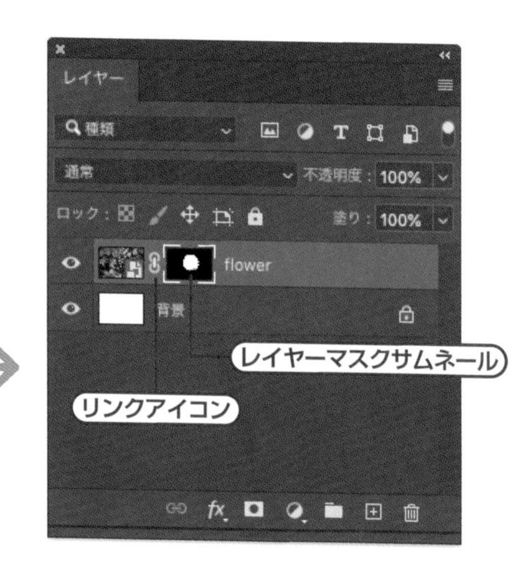

09 レイヤーマスクを追加

10 ドキュメント上の表示

> **memo**
> レイヤーマスクには、レイヤーサムネール（09 では花のサムネール）とレイヤーマスクサムネールの2つが並びます。2つのサムネールのどちらかをクリックすると、レイヤーそのものとレイヤーマスクの選択が切り替わります。選択されているほうのサムネールには四方の角に白い線が表示されます。

試しにレイヤーマスクの白または黒の部分をグレーにすると、濃度に応じた透過の表示となります。11 は、レイヤーマスクに長方形の選択範囲を作成し、それぞれ50%、25%のグレーで塗りつぶした例です。右側がドキュメント上の表示になり、グレーの部分が濃度に応じて画像が表示されていることがわかります。

> **memo**
> 長方形の選択範囲を作る際、レイヤーパネルでレイヤーマスクサムネールが選択されていることを確認しましょう。レイヤーサムネールが選択されていると、グレーに塗りつぶしたときの結果が 11 のようになりません。

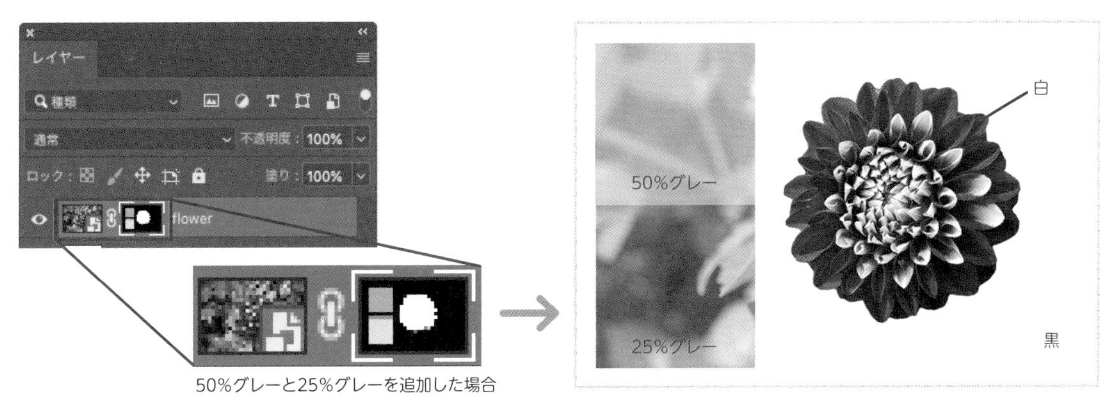

11 レイヤーマスクをグレーにした場合

③ レイヤーマスクを非表示にする／削除する

レイヤーマスクを非表示にする場合は、shift［Shift］キーを押しながらレイヤーマスクサムネールをクリックします。すると、赤い×印がつき、レイヤーマスクを非表示にできます 12。

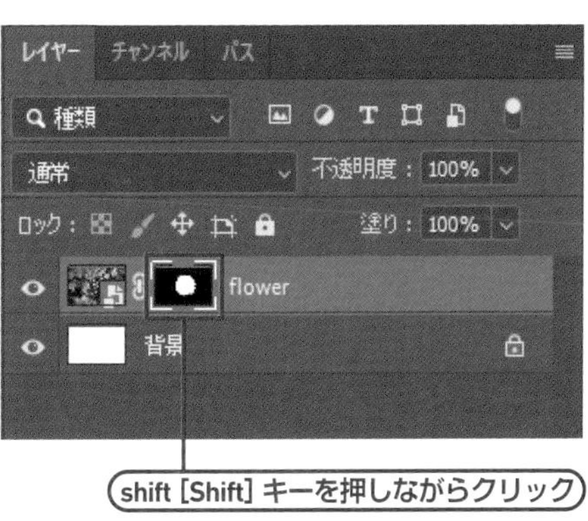

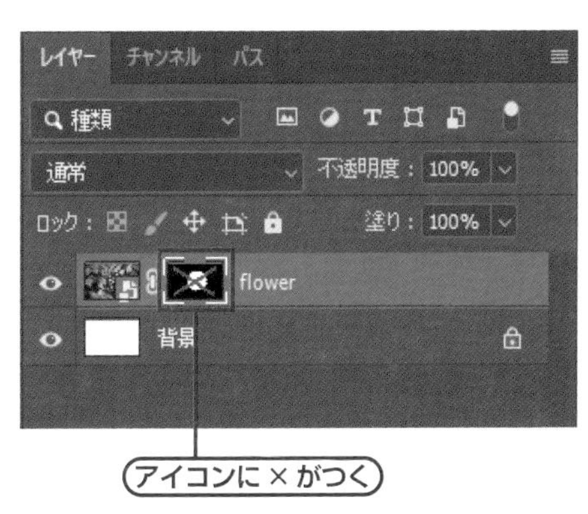

12 レイヤーマスクを非表示

レイヤーマスクを削除する場合は、レイヤーマスクサムネールを右クリックし、表示されたメニューから“レイヤーマスクを削除”を選びます。または、レイヤーパネル右下のゴミ箱アイコンにドラッグ&ドロップすることでも削除できます 13 。

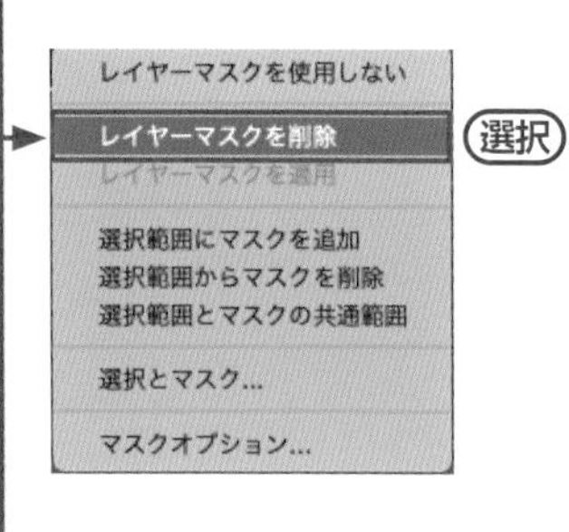

レイヤーマスクを削除する

13 レイヤーマスクを削除

ベクトルマスク

「**ベクトルマスク**」は、**シェイプ**⊃**やペンツールで作成した図形（ベクターデータ）を用いて選択範囲を作成し、マスクします。**レイヤーマスクと似ていますが、パスで作成するため、あとで微調整や追加などがしやすく、レイヤーマスクよりも柔軟に編集することができます。それでは、ペンツールを使ってベクトルマスクを作成してみましょう。

159ページ、**Lesson4-02**参照。

① パスを作成する

素材画像「3-02_sozai2.psd」を開き、ツールパネルでペンツールを選択します 14 。オプションバーの［ツールモードを選択］を［パス］に設定し、［パスの操作］で［シェイプが重なる領域を中マド］を選択します 15 。

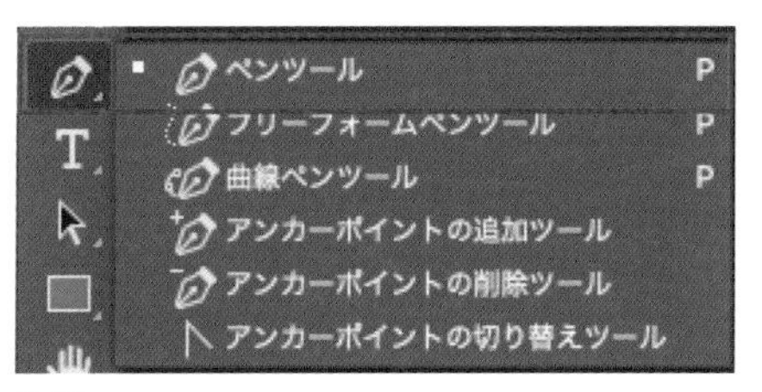

14 ペンツール

パス 作成： 選択... マスク シェイプ

[シェイプが重なる領域を中マド]

15 ペンツールのオプションバーの設定

memo
「前面シェイプを削除」以外を選択してください。「前面シェイプを削除」でクローズパスを作成すると、後述するベクトルマスクで範囲が反転します。

画像のフォトフレーム部分をペンツールでクリックし、パスを作成します 16 。ここではシンプルに、点（アンカーポイント）と点をつないだ線（セグメント）を描いてパスを作成していきます。フォトフレームの四隅を順にクリックし、最後に開始点と終了点を連結させて四角形にしてください（ 16 水色の線の部分）。なお、このような開始点と終了点を連結させた閉じたパスを「**クローズパス（クローズドパス）**」と呼びます。

126ページ、**Lesson3-05**参照。

memo
ペンツールについてはLesson3-05で詳しく解説しています。

16 フレームをパスで囲む

② ベクトルマスクを作成する

次に、マスクをかけたいレイヤー（ここでは「photo_frame」レイヤー）を選び、 17 のようにオプションバーで[マスク]をクリックするか、レイヤーパネル下部の［レイヤーマスクを追加］ボタンを⌘［Ctrl］キーを押しながらクリックすると［**ベクトルマスクを作成**］ボタンになり、ベクトルマスクが作成されます 18 。

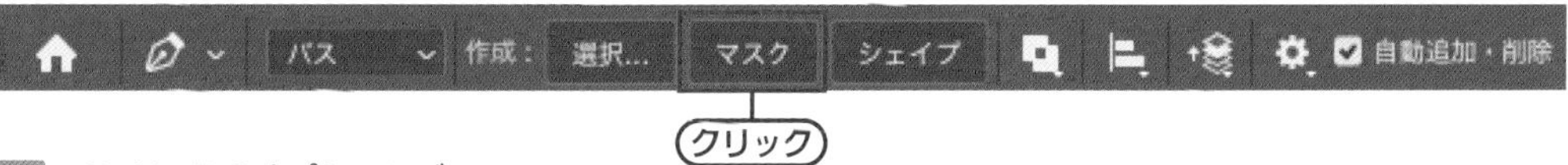

17 ペンツールのオプションバー

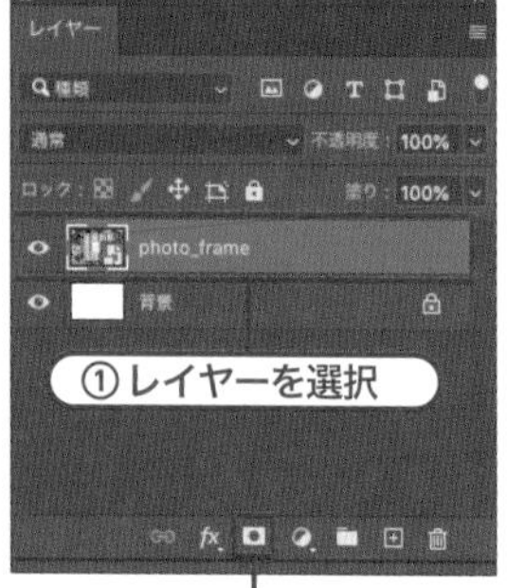

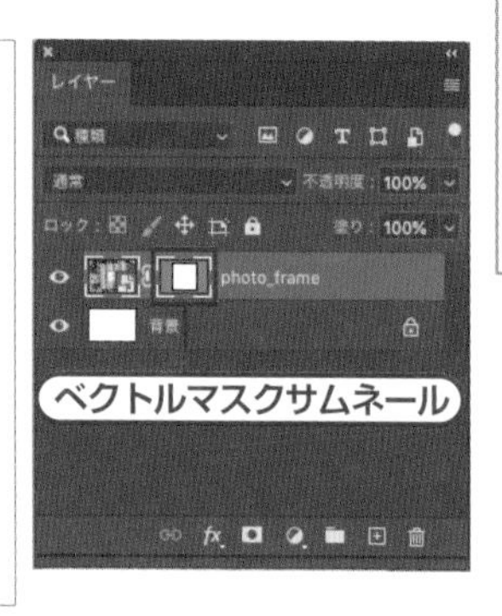

18 ベクトルマスクの作成

> **memo**
> 表示・非表示が反転してフォトフレームが非表示になってしまった場合は、ペンツールのオプションバーで、[パスの操作] を [シェイプが重なる領域を中マド] に設定してください。表示・非表示が反転します。

> **memo**
> パスを、ペンツールではなく、長方形ツールを使ってシェイプで作成してしまった場合は、レイヤーパネル内でシェイプを⌘ [Ctrl] +Cでコピーし、マスクをかけたいレイヤーを選んで、⌘ [Ctrl] +Vでペーストすることでベクトルマスクを作成することができます。

③ ベクトルマスクを編集する

ベクトルマスクはパスで作成されているため、簡単に編集できます。作例ではパスが少しずれていましたので、これを調整しましょう。

レイヤーパネルでベクトルマスクサムネールを選択し、ツールパネルでパス選択ツールを選びます **19**。

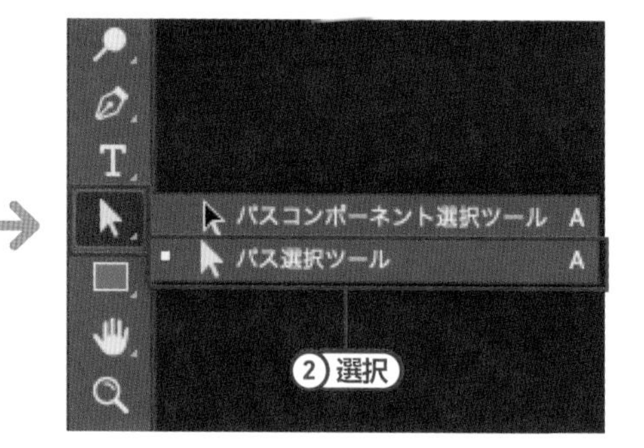

19 ベクトルマスクサムネールとパス選択ツールを選択

作成済みのパスをクリックして選択します。選択するとすべてのアンカーポイントが表示されますので、編集したいアンカーポイントをクリックして選びます。選択されたアンカーポイントをドラッグし、位置を修正します 20 。

memo

アンカーポイントは、選択されている場合は黒く塗りつぶされた四角形、選択されていない場合は塗りつぶされていない四角形となります。

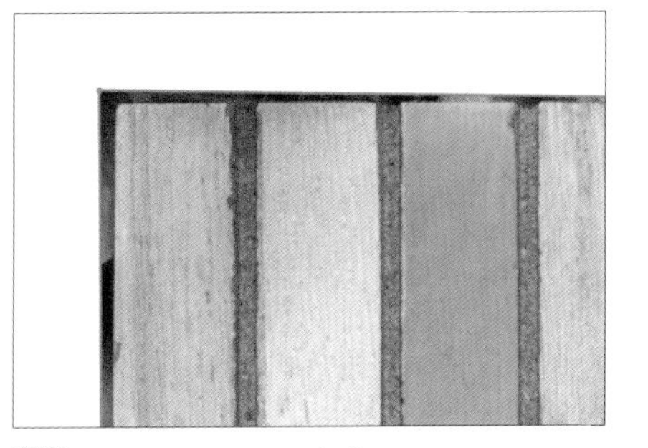

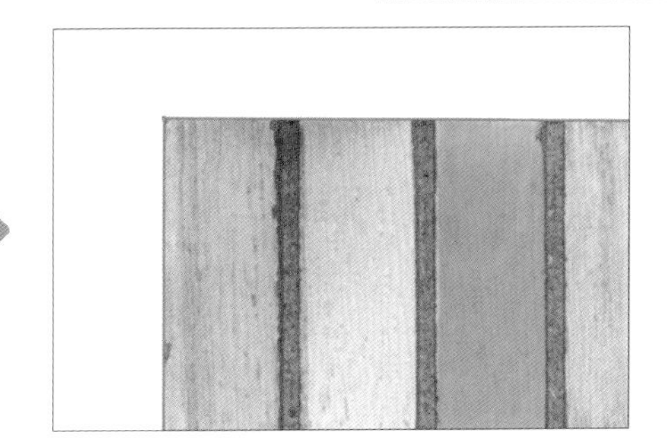

20 ベクトルマスクの編集

クリッピングマスク

「**クリッピングマスク**」は、**下側のレイヤーの透明部分を使い、上側のレイヤーをマスクする機能です**。ことばでは難しいですね、素材画像「3-02_sozai3.psd」 21 を開いて確認しましょう。

素材画像では、画像レイヤー（「夜景」レイヤー）を上に、透明部分を含んだテキストレイヤー（文字部分以外が透明のレイヤー／「NIGHT」レイヤー）を下に配置しています。上に画像レイヤーが表示されているため、テキストはいまは隠れて見えません。この状態でクリッピングマスクをすると、テキストで画像が切り抜かれたようになります。つまり、「NIGHT」レイヤーの透明部分（文字以外）がマスクとして機能し、上の「夜景」レイヤーを隠すことになります。

21 素材画像の確認

クリッピングマスクを作成する

「夜景」レイヤーを選択した状態で、レイヤー名部分を右クリックし、表示された項目から“クリッピングマスクを作成”を選択します 22。作成すると、レイヤーにはクリッピングマスクのリンクアイコン（下矢印）が追加され、ベースとなったレイヤー名には下線が表示されます 23。画像にはマスクが適用され、テキストで切り抜かれたような状態となります 24。

POINT

必ずレイヤー名をクリックしましょう。サムネイル部分を右クリックしても項目は表示されません。

memo

クリッピングマスクは、レイヤーパネル右上のオプションメニューから“クリッピングマスクを作成”や、メニュー→“レイヤー”→“クリッピングマスクを作成”でも作成できます。

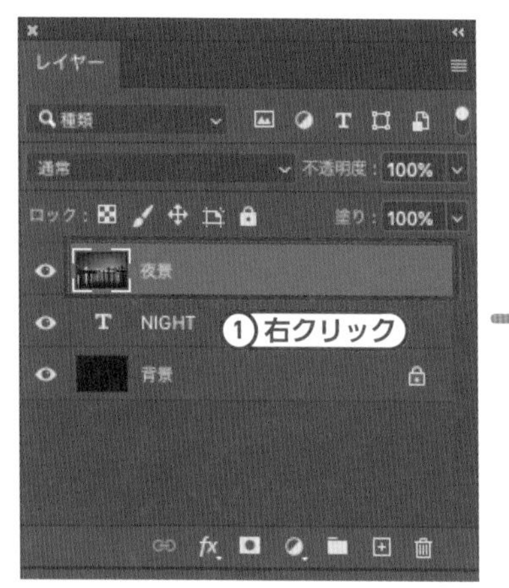

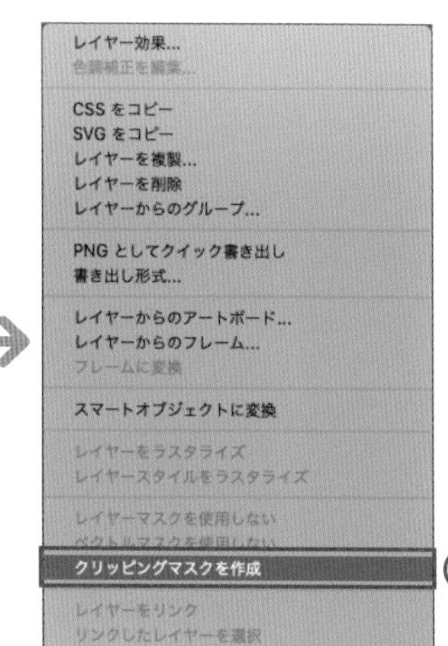

22 クリッピングマスクを作成

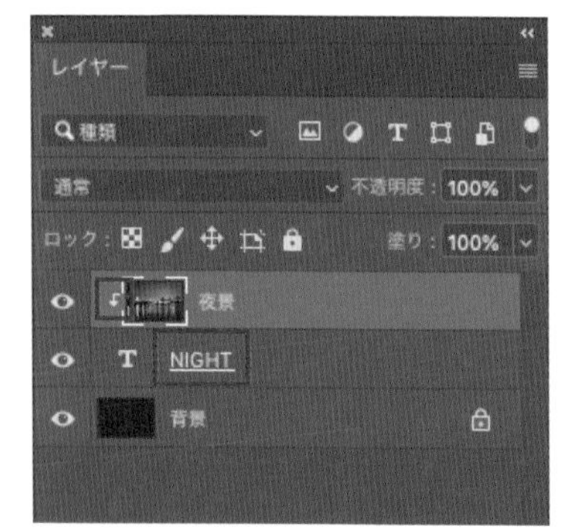

23 クリッピングマスク作成後のレイヤーパネル

24 完成

なお、隠れた画像部分は削除されたわけではありませんので、いつでも復元・編集が可能です。たとえば「NIGHT」を「MIDNIGHT」に変更する場合、テキストレイヤーを編集するだけでOKです。クリッピングマスクを利用せずに「NIGHT」の選択範囲で画像レイヤーを切り抜いてしまっていたら、変更には手間がかかってしまいます。

レイヤーマスクで花の色を変える

Lesson3 > 3-03

調整レイヤーとレイヤーマスクを使った応用的な画像編集を試してみましょう。調整レイヤーにマスクを適用することで、画像の一部分のみに効果を与えることができます。画像編集でよく使われるテクニックです。

ピンク色の花を青色に変える

Photoshopで花の素材画像「3-03_sozai1.jpg」を開きます。調整レイヤーとレイヤーマスクを使ってピンクの花の色を青に変えてみましょう 01。**調整レイヤーを使用することで、非破壊編集になり、いつでも復元・編集することができます。**

102ページ、**Lesson3-01**参照。

補正前

補正後

01 色を変更

① 花を選択する

中央の花の選択範囲を作成します 02。作例ではクイック選択ツールを使用していますが、ほかの選択ツールを使用しても問題ありません。

02 花の選択範囲を作成

② 調整レイヤーを作成する

選択範囲が作成された状態で、レイヤーパネル下部のボタンから「色相・彩度」調整レイヤーを作成します。すると、選択範囲がマスクとして適用されます。選択範囲が白（調整が適用）で塗りつぶされ、選択範囲外が黒（調整が非適用）で塗りつぶされていることを確認しましょう 03。

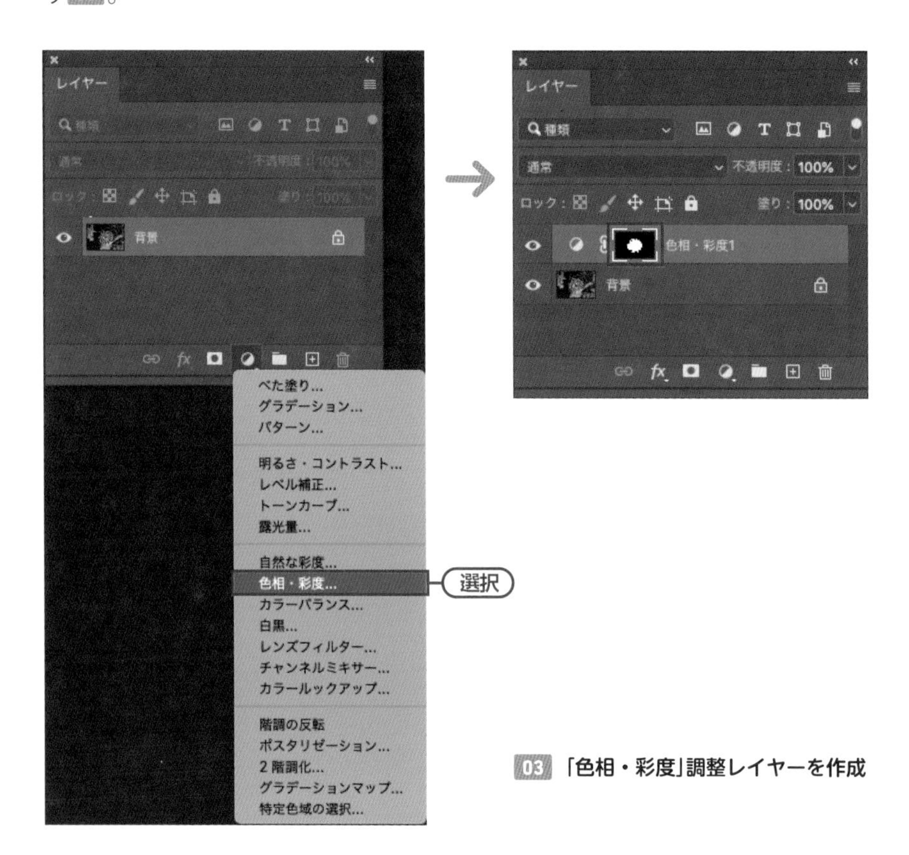

03 「色相・彩度」調整レイヤーを作成

なお、調整レイヤーを作成したあとに選択範囲を作成しても作業できます。この場合、調整レイヤーのレイヤーマスクが全体に白で塗りつぶされているので、選択範囲外を黒で塗りつぶすことで、選択範囲内のみを調整が適用される白にすることができます。

選択範囲外を黒で塗りつぶすには、いずれかの選択ツールを選んだ状態でドキュメント上を右クリックし、表示された項目から“選択範囲を反転”を選びます。選択範囲が反転されたら、レイヤーパネルで調整レイヤーのレイヤーマスクサムネールを選び、ドキュメント上で右クリックし、“塗りつぶし...”を選んでください。「塗りつぶし」ウィンドウで［内容：ブラック］に設定し、［OK］すれば、反転した選択範囲が黒で塗りつぶされます。あるいは、最初に黒で全体を塗りつぶしてから、選択範囲を白で塗りつぶしてもよいでしょう。結果的に選択範囲が白になり、選択範囲外が黒になればOKです。

memo

選択範囲は、メニュー→“選択範囲”→“選択範囲を反転”でも反転できます。

③「色相・彩度」調整レイヤーを編集する

レイヤーパネルで、「色相・彩度」調整レイヤーの左側にあるレイヤーサムネールを選択します。すると、図のようにプロパティパネルに[色相・彩度]が表示されます 04。

> **memo**
> プロパティパネルが表示されていない場合は、レイヤーサムネールをダブルクリックするか、メニュー→"ウィンドウ"→"プロパティ"を選択してください。

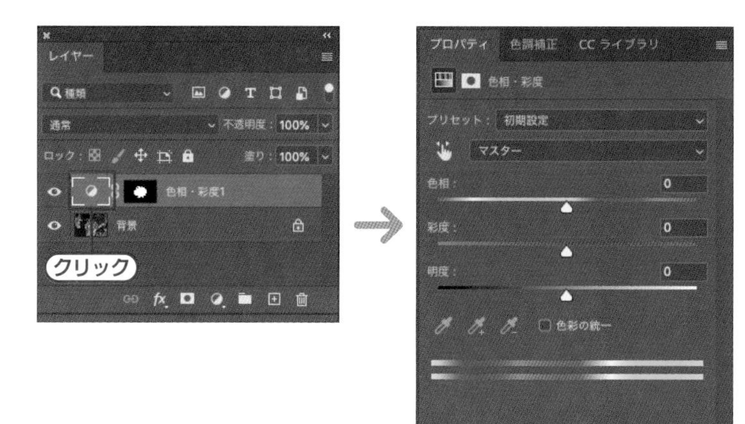

04 プロパティパネル

「色相・彩度」のスライダー項目には、[**色相**][**彩度**][**明度**]とあります。それぞれスライダーを右や左にドラッグしてみましょう。すると、マスクした範囲のみ色相・彩度・明度が調整されることがわかります。ここでは、色相を調整して青色にしています 05。ほかの色にしたり、彩度や明度を調整したりすることもできます。

調整レイヤーは非破壊編集になりますので、元に戻したり、マスクの範囲を拡大・縮小することも簡単にできます。元の画像に戻す場合は、調整レイヤーを非表示にするか、削除します（削除した場合はレイヤーマスクも削除されます）。マスクの範囲を拡大したい場合は、レイヤーマスクを任意の選択範囲で白に塗りつぶします。逆に黒で塗りつぶすと、範囲を縮小できます。

05 青色に変更

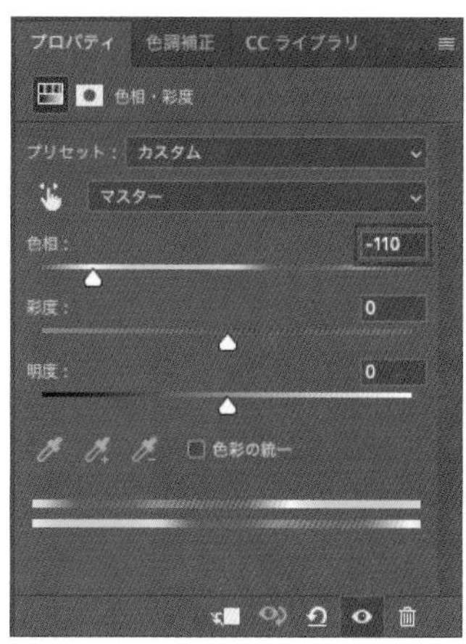

[色相：－110]に設定

切り抜き① オブジェクト選択ツール

Lesson3 > 3-04

Lesson3-02で選択範囲を作成する選択ツールについて紹介しました。ここではその中から、「adobe sensei」というAIの機能を使用した比較的新しいツール「オブジェクト選択ツール」を紹介します。

特定のオブジェクトの選択

複数のオブジェクトの中から特定のオブジェクトをいくつか切り抜きたいなどといった場合には 01 、**オブジェクト選択ツール**で選択範囲を作成すると便利です。

01 切り抜きたいオブジェクトを選択

① オブジェクト選択ツールを選ぶ

Photoshopで素材画像「3-04_sozai1.jpg」を開き、ツールパネルからオブジェクト選択ツールを選びます 02 。

02 オブジェクト選択ツール

memo

ツールパネルでオブジェクト選択ツールが見当たらない場合は、クイック選択ツールまたは自動選択ツールのアイコンを長押ししてください。表示された項目から、オブジェクト選択ツールを選びましょう。

② [モード：長方形] でオブジェクトを選択する

オプションバーで [モード：長方形] に設定します。ドキュメント上で特定のオブジェクトを長方形の選択範囲で囲んでみましょう。選択範囲が自動で判断され、簡単にオブジェクトの形の選択範囲を作成することができます 03。ほかのオブジェクトを選択範囲に追加したい場合は、shift [Shif] キーを押しながら追加したいオブジェクトを囲むと、追加できます。

なお、指定した範囲に複数のオブジェクトがある場合は、それぞれを判断して選択範囲が個別に作成されます 04。

POINT

うまく選択範囲が作成されず、余分なものが選択範囲に含まれてしまった場合は、option [Alt] キーを押しながら余分な部分を囲むと、選択範囲から削除できます。

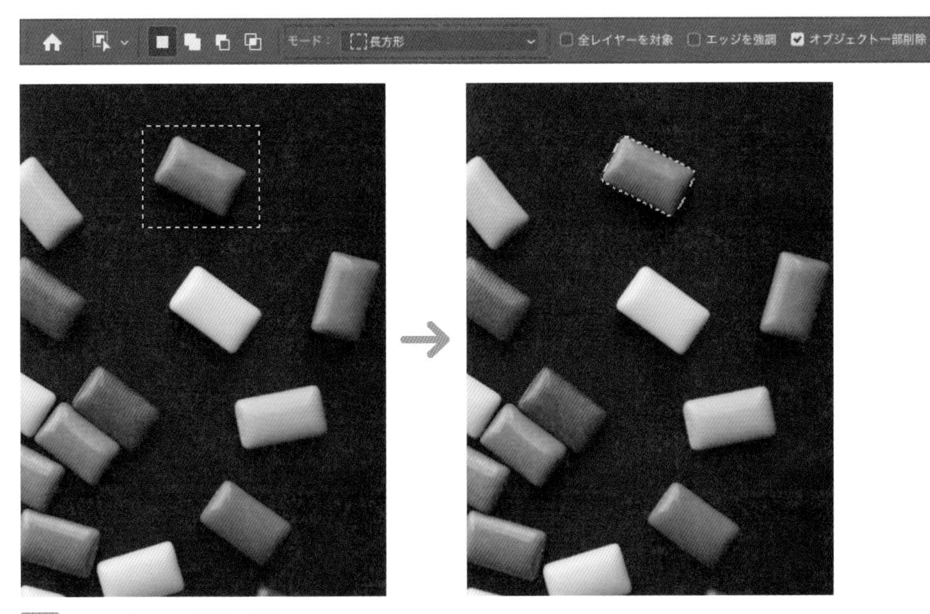

03 [モード：長方形] で選択

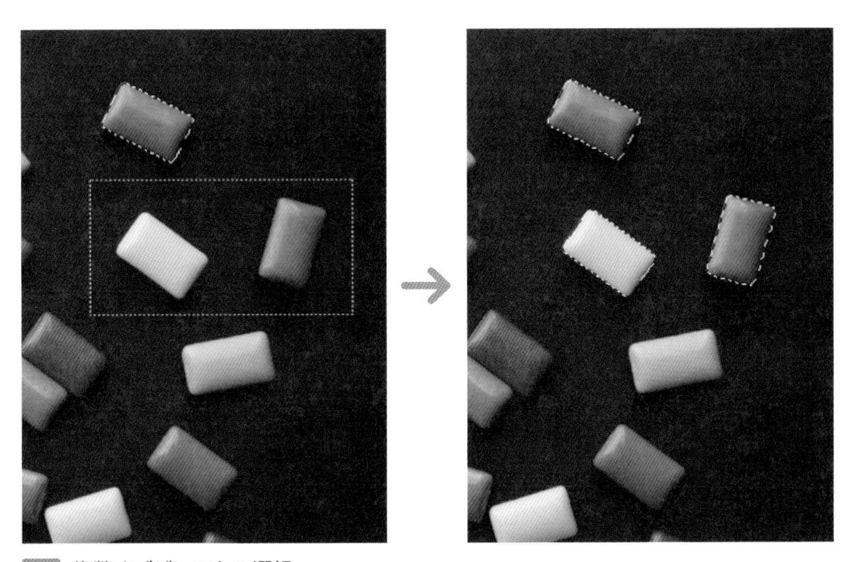

04 複数オブジェクトの選択

③［モード：なげなわ］でオブジェクトを選択する

次に、［モード：なげなわ］を選んで試してみましょう。「なげなわ」のほうが、選択したい部分を鉛筆で描くような感覚で選べるので、より直感的に選択範囲を作成することができます 05 。

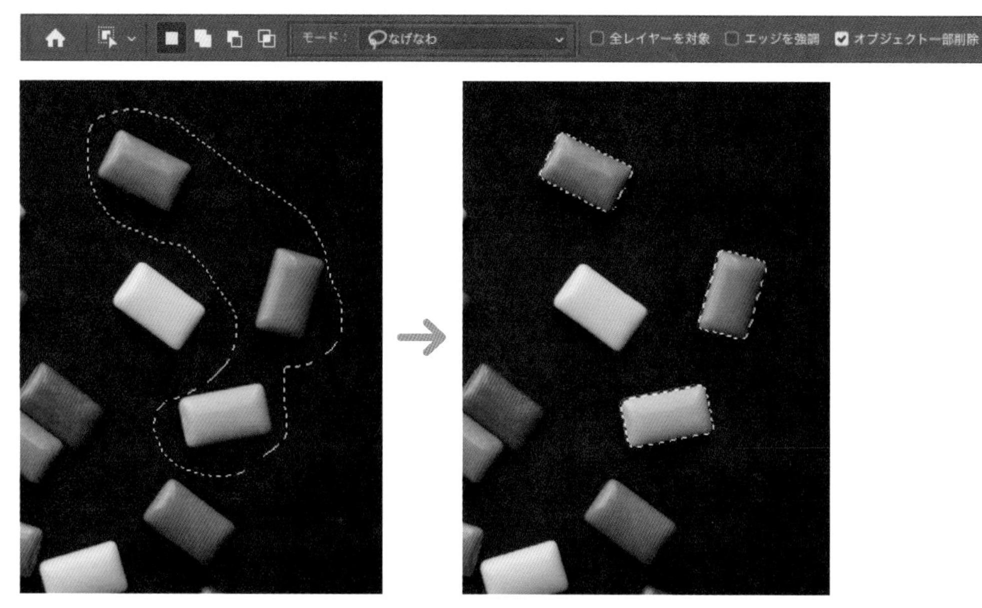

05 ［モード：なげなわ］で選択

このように、オブジェクト選択ツールを使うと、複数のオブジェクトが混在していても簡単に選択範囲を作成することができます。特定のオブジェクトを選択して切り抜いたり、マスクにしたりといった作業に最適です。じょうずに使って効率よく作業を進めましょう。

切り抜き②
パスの作成とベクトルマスク

Lesson3 > 3-05

THEME テーマ

Lesson3-02で紹介した「ベクトルマスク」を本格的に使ってみましょう。ペンツールを使うと、複雑なオブジェクト、背景とのコントラストが低い画像などでもきれいに切り抜くことができます。

ペンツールとベジェ曲線

ペンツールが使いこなせるようになると、さまざまな形の選択範囲が作成できるようになります。ペンツールははじめて使うと難しく感じますが、作成したパスをあとから微調整したり範囲を追加したりと柔軟に対応でき、とても便利な機能です。積極的に使ってみましょう。

ベクトルマスクの応用に入る前に、ペンツールでパスを描く練習をします。Lesson3-02では、点と点をつないだ直線によるパスで長方形を作成しましたが、ここでは一歩踏み込んで「**ベジェ曲線**」について学びます。まずは基本的な用語と操作をおぼえていきましょう。

15ページ、**Column**参照。

アンカーポイント

新規ドキュメントを作成し、ツールパネルからペンツールを選択します 01 。どこでもよいので1回クリックしてみましょう。図のように四角のアイコンが表示されます。この点を「**アンカーポイント**」と呼びます 02 。

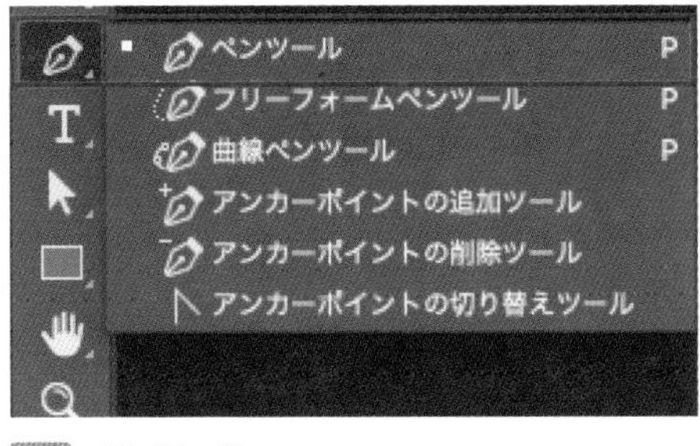

01 ペンツール

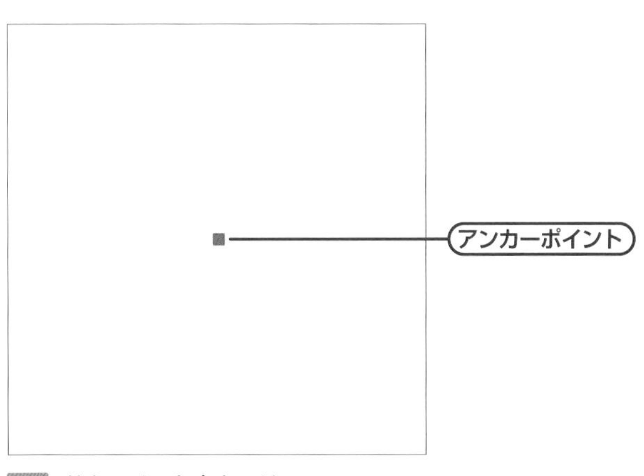

02 ドキュメント上をクリック

セグメント

続いて、先ほどとは違う位置にアンカーポイントを追加してください。すると、アンカーポイントとアンカーポイントがつながって線になりました。この線を「**セグメント**」と呼びます。さらにアンカーポイントを追加していくと、セグメントが増えていきます。

この状態で描画を終わらせるには、ツールパネルでペンツールをクリックするか、⌘［Ctrl］キーを押しながらあいたところでクリックしましょう。描いたアンカーポイントのうち、最初のアンカーポイントを「**開始点（始点）**」、最後のアンカーポイントを「**終了点（終点）**」と呼びます 03。

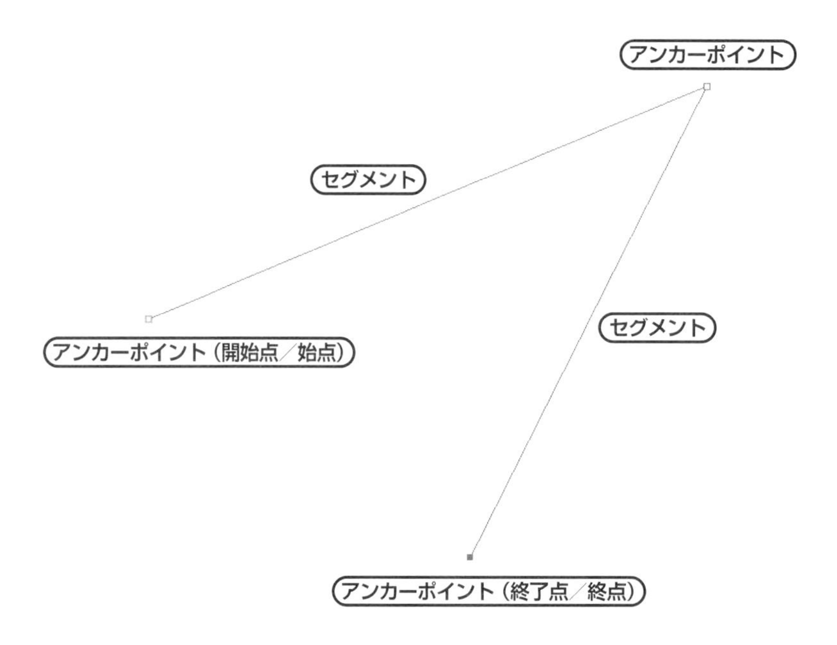

03 アンカーポイントとセグメント

パス

アンカーポイントとセグメントを合わせて「**パス**」と呼びます。なお、パスからなる形全体（オブジェクト）を「**パスコンポーネント**」と呼びます。

また、終了点が独立し囲われていない形のパスを「**オープンパス**」と呼び、開始点と終了点が重なったパス（閉じたパス）のことを「**クローズパス（クローズドパス）**」と呼びます 04。基本的にはクローズパスで作成することが多くなります。開始点と終了点を重ねてクローズパスを作成してみましょう。開始点と終了点が重なると、ペンツールアイコンの右下に○が表示されます。

memo

パスは、連結された1つの形とは限らず、分散した複数の形からなる場合もあります。

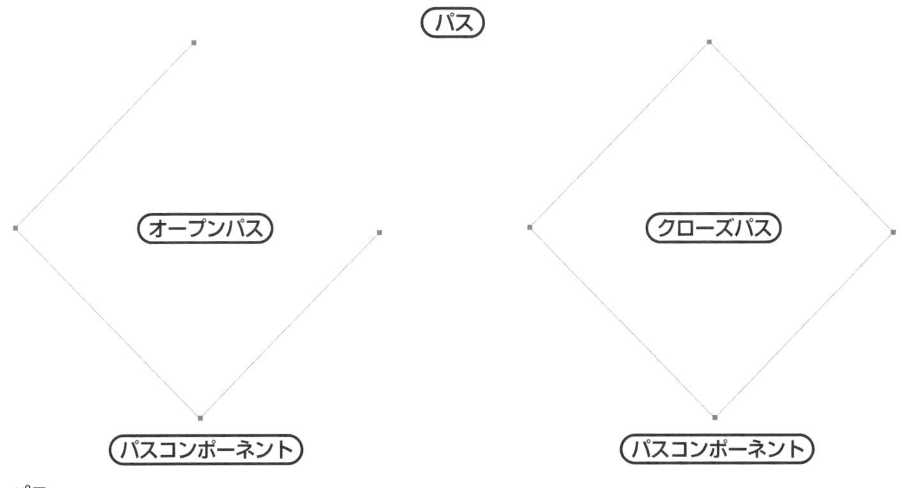

04 パス

アンカーポイントの追加

アンカーポイントを追加したり移動したりすると、パスコンポーネントの形を変えることができます。**アンカーポイントの追加ツール**を選び、アンカーポイントを追加したいセグメント上にカーソルを置いてクリックしてください。これでアンカーポイントが追加されます。アンカーポイントの追加ツールは、セグメント上にないときはパス選択ツール（白抜き矢印。次ページ参照）になり、アンカーポイントをクリックして移動することができます 05。

memo
アンカーポイントの追加ツールは、ペンツールを長押しすると現れる項目から選びます（125ページ 01 参照）。

memo
ペンツールを選択した状態でセグメント上をクリックすることでも、アンカーポイントを追加できます。

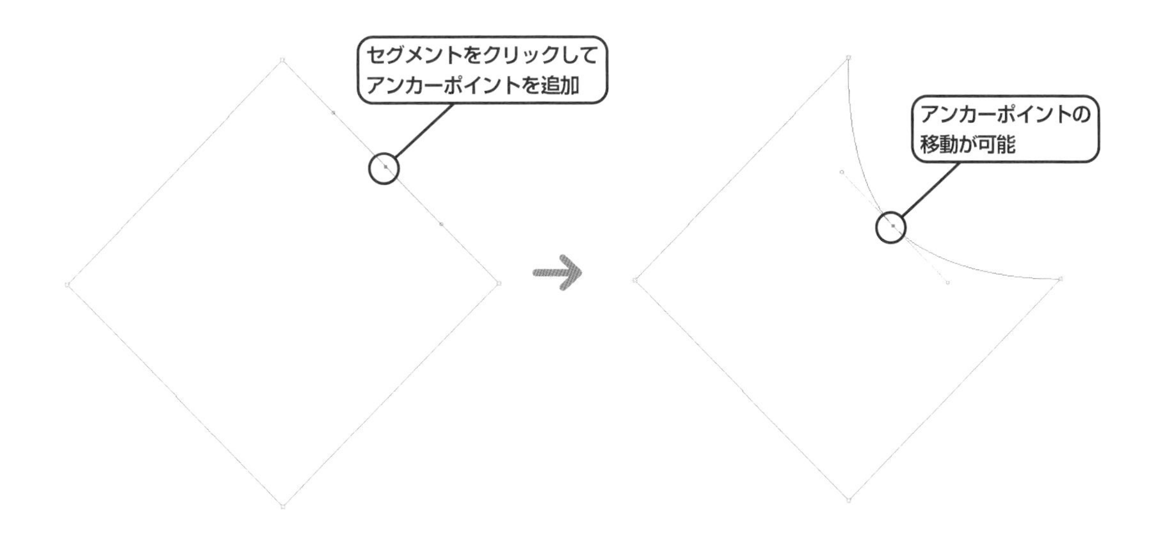

05 アンカーポイントの追加ツール

アンカーポイントの削除

パスコンポーネント選択ツールでパスコンポーネントを選択します。**アンカーポイントの削除ツール**を選び、削除したいアンカーポイントにカーソルを合わせてクリックすると、削除できます 06 。

> memo
> アンカーポイントの削除ツールは、ペンツールを長押しすると現れる項目から選びます(125ページ 01 参照)。

> memo
> ペンツールを選択した状態でアンカーポイントをクリックすることでも、アンカーポイントを削除できます。

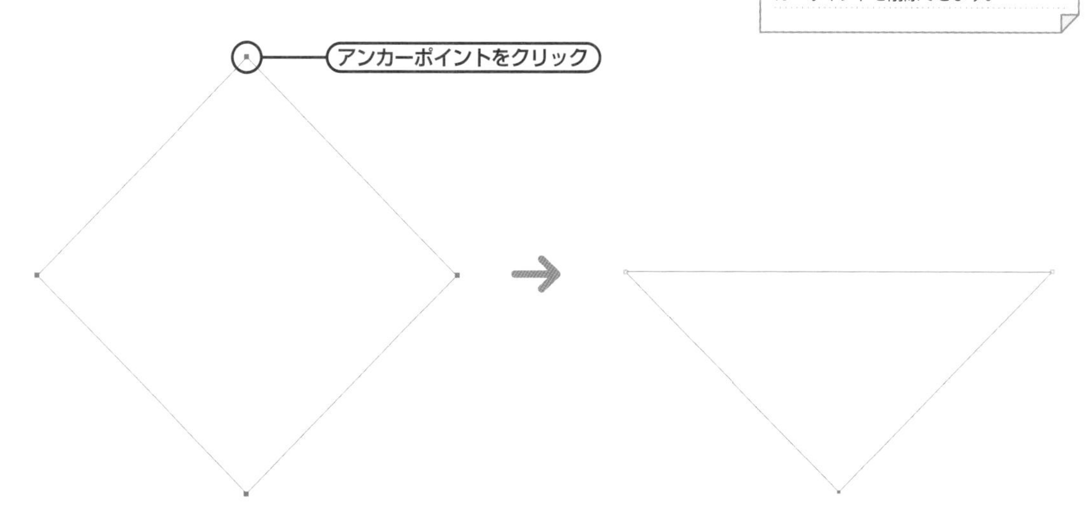

06 アンカーポイントの削除ツール

セグメントの削除

パス選択ツールを選びます。パスコンポーネントが選択されていない状態で削除したいセグメントをクリックし、delete（DeleteまたはBackspace）キーを押すと、削除できます 07 。

> memo
> パス選択ツールは、パスコンポーネント選択ツールを長押しすると表示されるリストから選べます(06 参照)。

07 パス選択ツール

パスの削除

削除したいパスコンポーネントをパスコンポーネント選択ツールで選び、delete（DeleteまたはBackspace）キーを押すと削除できます 08 。

なお、パス選択ツールやペンツールを選んだ状態でドキュメント上で右クリックし、表示された項目から“パスを削除”を選ぶことで、ドキュメント上のすべてのパス（パスコンポーネント）を削除することもできます。

> **memo**
> パスコンポーネント選択ツールが見当たらない場合は、パス選択ツールを長押しして現れる項目から選びます（128ページ 06 参照）。

> **memo**
> パスコンポーネントは、パスコンポーネント選択ツールでクリックして選ぶ代わりに、パス選択ツールでパスコンポーネント全体をドラッグして囲むことでも選べます。

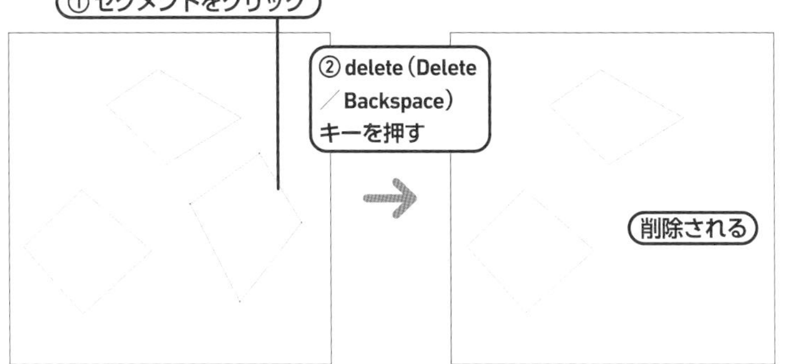

①右クリックしてメニューを出す

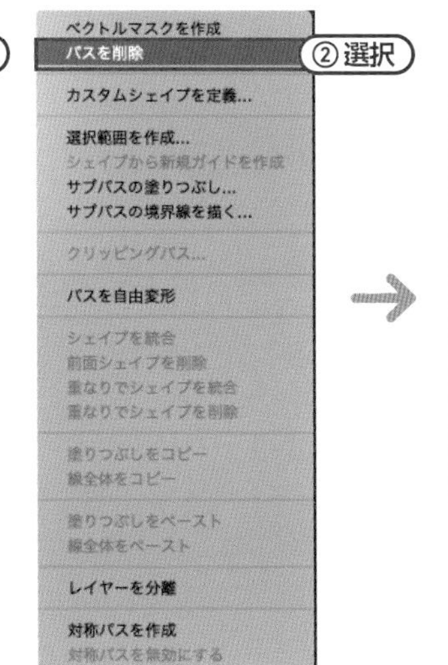

すべて削除される

08 パスの削除

ハンドル

アンカーポイントを追加するときに、クリックしながら任意の方向へドラッグしてみましょう。すると、 09 のような直線が新たに表示され、曲線のセグメントを描くことができます。この曲線を調節する直線部分を「**ハンドル（方向線）**」と呼び、描かれた曲線を「**ベジェ曲線**」と呼びます。ふだん鉛筆などで描く方法とは異なり、最初はハンドルをうまく使いこなせないかもしれませんが、曲線を描くとても便利な方法になりますので、練習して慣れていきましょう。

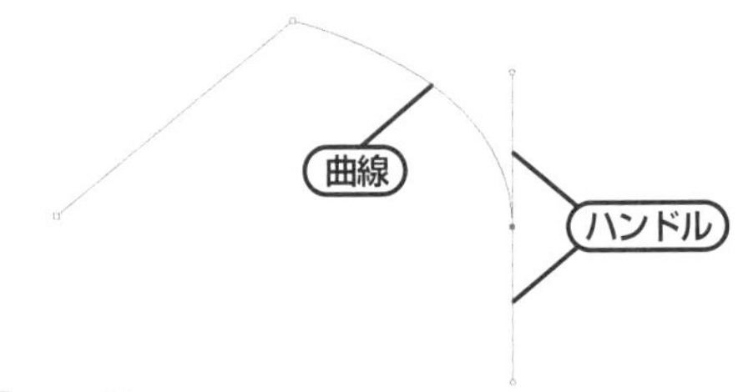

09 ハンドル

曲線を描いてみよう

曲線のパスを描いてみましょう。 まず開始点を下へドラッグします。少し離れた位置でクリックし、上へドラッグすると下側にふくらんだ曲線になります **10**。

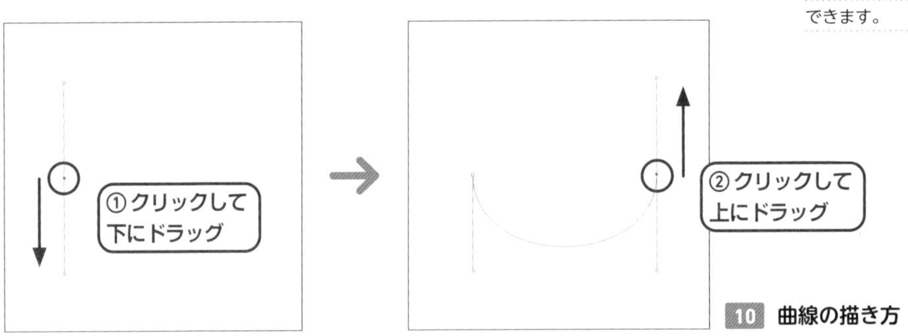

10 曲線の描き方

次は、直線－曲線－曲線－直線となるパスです。直線と曲線のあいだのアンカーポイントをoption［Alt］キーを押しながらクリックすることで、直線と曲線を切りかえることができます **11**。

直線セグメントはアンカーポイントをつなぐだけで、曲線セグメントはアンカーポイントをドラッグすることで描きます。

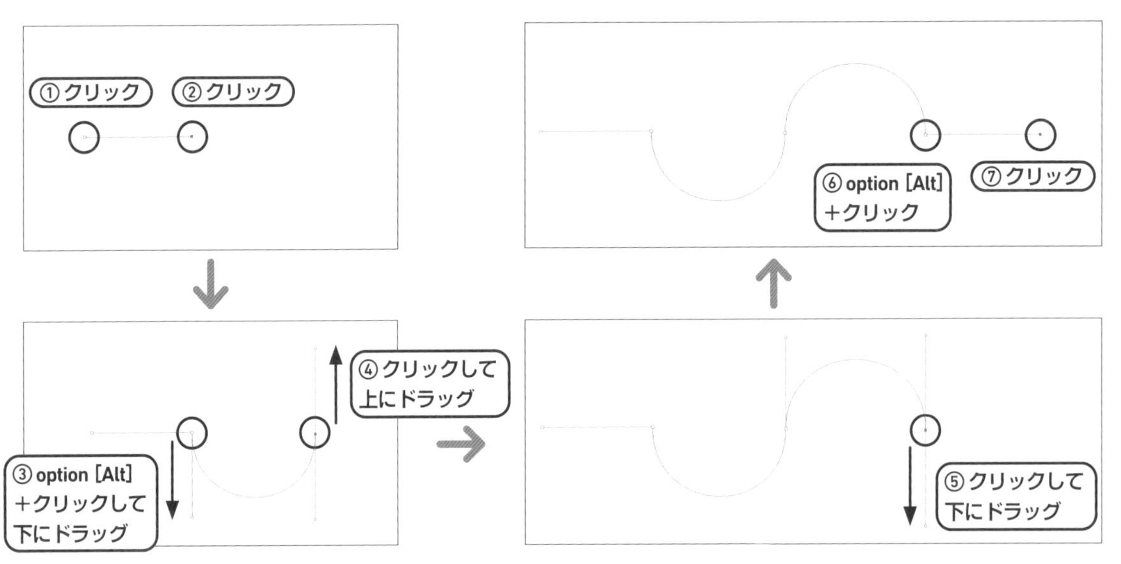

11 直線＋曲線の描き方

memo

「曲線ペンツール」を使って、直感的に曲線を描くこともできます。また直線も描くことが可能です。開始点をクリックし、2つ目のアンカーポイントをクリックすると、直線で結ばれます。そのまま3つ目のアンカーポイントをクリックすると、パスが曲線となります。曲線ペンツールではハンドルが表示されず、アンカーポイントの移動で操作します。

POINT

shift［Shift］キーを押しながらドラッグすると、ハンドルを45°単位で固定できます。

ベクトルマスクのパス抜きに挑戦しよう

画像をパスで切り抜くと、境界線がなめらかになり、きれいに切り抜くことができます。また、ベクトルマスクに変換することであとから調整できるようになるため、この「**パス抜き**」はとても便利な切り抜き方法です。ここでは素材画像を使い、トマトを切り抜いてみましょう。

114ページ、**Lesson3-02**参照。

① パスを作成する

素材画像「3-05_sozai1.jpg」12 を開きます。ツールパネルからペンツールを選び、オプションバーで［ツールモード：パス］にしましょう。パスでトマトを囲んでいきます 13。

POINT

きれいに切り抜くポイントは、境界線ギリギリでパスを描くのではなく、被写体のほんの少し内側でパスを描くことです。こうすることで、背景が入り込まずきれいに切り抜くことができます。

12 素材画像

13 ペンツールでパスを描く

②ベクトルマスクに変換する

パスが作成できたら、画像のレイヤーを選択した状態でオプションバーから［マスク］を選ぶか 14 、レイヤーパネル下部の［マスクを追加］ボタンを⌘［Ctrl］キーを押しながら選ぶと、ベクトルマスクに変換することができます 15 。

ペンツールを使ったパス抜きは慣れるまで少し苦労しますが、境界線がなめらか、あとから調整可能と、とても便利な方法になりますので、練習してペンツールに慣れていきましょう。

14 オプションバー

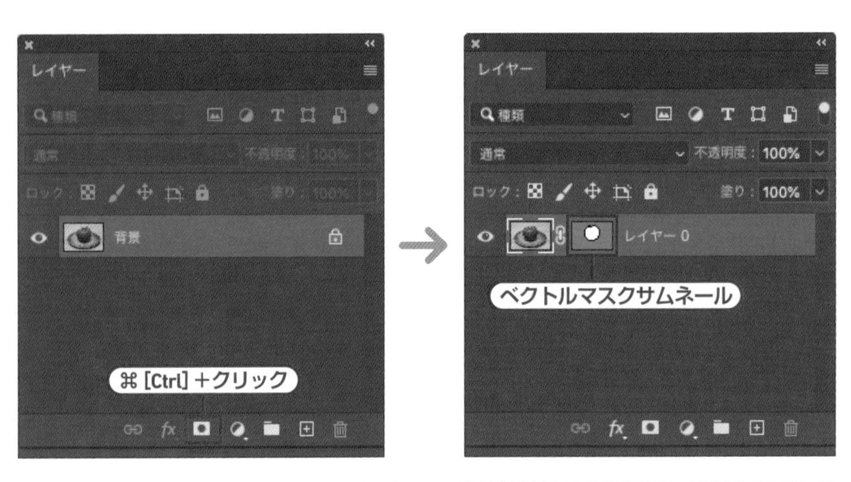

15 ベクトルマスクに変換

Lesson3 06 マスクを使って車の色を変える

Lesson3 > 3-06

THEME テーマ

レイヤーマスクとクリッピングマスクを使ったレタッチを解説します。車体の色変更を行ってみましょう。変更したい部分をレイヤーマスクにして、調整レイヤーで色変更と明るさ調整を行います。

完成形の確認

車体の色を青からピンクへ変更してみましょう 01。車体部分のレイヤーマスクを作成し、「色相・彩度」調整レイヤーをクリッピングマスクして色を変更します。色を変更後、さらに、「トーンカーブ」調整レイヤーで明るさを調整しますが、調整レイヤーのレイヤーマスクで効果の範囲を指定することで、車体の一部分のみを明るくします。

補正前

補正後

01 車体の色変更 (撮影：Ueda Reiko)

クリッピングマスクの作成

① 車体をパスで囲む

Photoshopで素材画像「3-06_sozai1.jpg」を開きましょう。車体の青色を変更し、トーンカーブで明るさの調整をしていきます。まずは「背景」レイヤーをコピーしたレイヤーを使いましょう。コピーしたら、レイヤー名を「車」などわかりやすい名前に変えておきます。ペンツールを選び、車体の青い部分を囲うようにパスを作成します 01。

memo

ここでは、元画像はそのままの状態で残しておくために、「背景」レイヤーをコピーしています。コピーしたレイヤーで、補正を行っていきます。

02 選択範囲を作成

POINT

この作例では、パス内の青色を変更するため、大まかに囲んで問題ありません。変更したい部分ギリギリを囲むと、パスからはみ出た部分の色が変更されません。変更したい部分がパス内におさまるよう少し大きめにパスで囲みましょう。

② 選択範囲をレイヤーマスクにする

パスが作成できたら、[パス] パネルで「作業用パス」が選択された状態で、パネル下部の [パスを選択範囲として読む込む] ボタンをクリックして、パスを選択範囲に変えます。レイヤーパネルに戻り、「車」レイヤーが選択された状態でパネル下部の [レイヤーマスクを追加] ボタンをクリックし、レイヤーマスクを作成します 03 。

memo

選択範囲を作成しないで後述する色の変更を行うと、画像内の奥にある青いドラム缶や青い旗にも影響が出るため、色を変更したい部分のみを選択範囲に指定し、レイヤーマスクをしています。

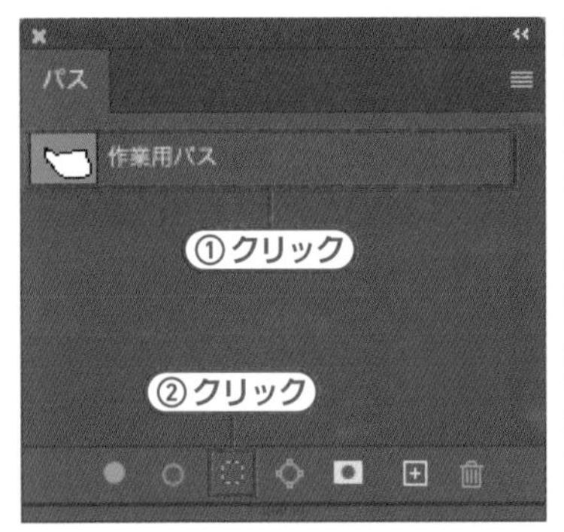

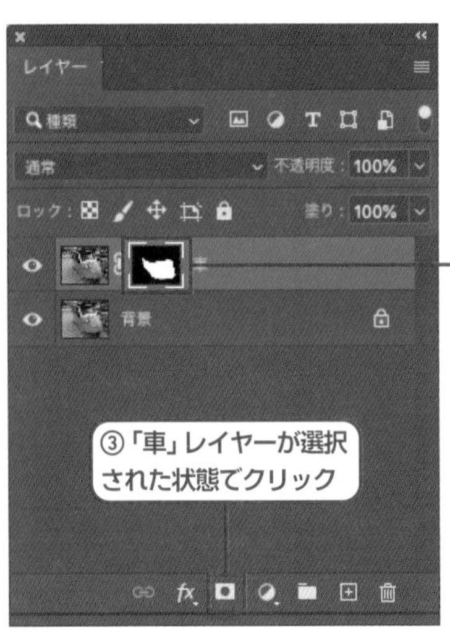

03 レイヤーマスクを作成

車体の色変更

①「色相・彩度」調整レイヤーを作成する

色の変更方法はさまざまですが、ここでは「色相･彩度」調整レイヤーを利用します。レイヤーパネル下部の[塗りつぶしまたは調整レイヤーを新規作成] ボタンから "色相・彩度…" を選択し、調整レイヤーを作成しましょう。「色相・彩度」調整レイヤー上で右クリックし、表示された項目から "クリッピングマスクを作成" を選びます 04。こうすることで、すぐ下のレイヤー(「車」レイヤー)だけに調整レイヤーの効果が適用されるようになります。

46 ページ、Lesson2-01参照。

POINT

クリッピングマスクにしないと、下のすべてのレイヤーに調整結果が適用されるため、車体以外の箇所の色にも影響が出てしまいます。クリッピングマスクにすると、調整結果は直下のレイヤーだけに適用されるので、車体の色だけ変えることができます。

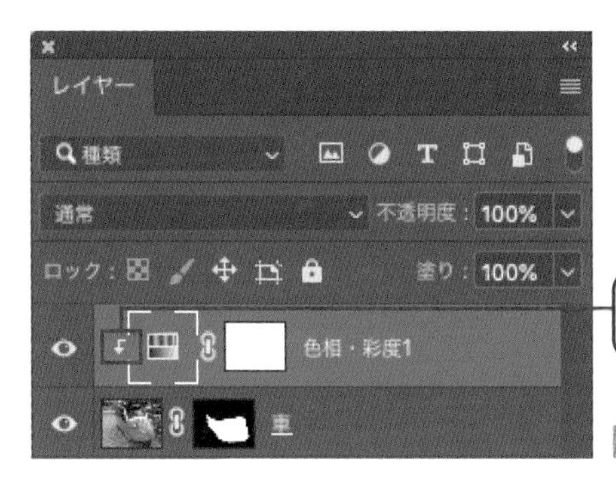

04 「色相・調整」レイヤーを作成

memo

プロパティパネルが「色相・彩度」以外になってしまっている場合は、「色相・彩度」調整レイヤーのレイヤーサムネール(左側のサムネール)か名前部分をクリックします。

② 色を変更する

「色相・彩度」調整レイヤーのプロパティパネルを編集して色を変えていきます。プロパティパネル左上の指アイコンを選択します。⌘ [Ctrl] キーを押しながら画像の青い車体部分をドラッグすると、色相を変更できます。ピンク色になるように調整しましょう 05。⌘ [Ctrl] キーを押さずにドラッグした場合は、彩度の変更になります。マウスを離すと色相が確定します。

POINT

画像上のドラッグする場所によっては、うまくピンクに変わらないことがあります。この場合は、プロパティパネルの [色相] スライダーで調整したり、直接数値を入力してもかまいません。05 では [シアン系] を [色相：＋150] 程度に調整しています。このあと、さらに調整していきますので、この時点で青い部分がおおよそピンクに変わる程度の調整でかまいません。

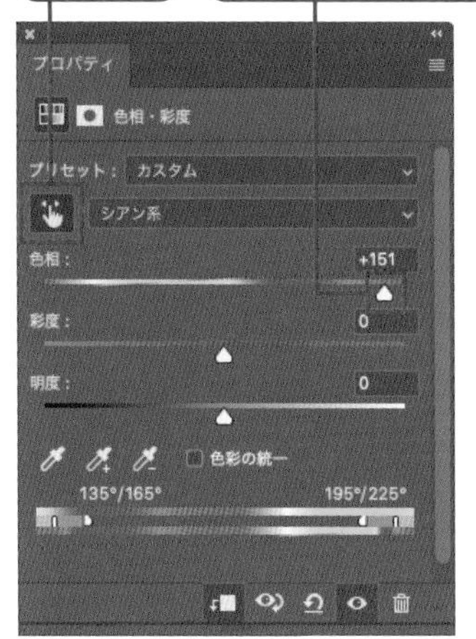

05 色の変更

③ 色を調整する

色を変更後、元の青色が残ってしまった箇所がある場合は調整が可能です。調整するには、「色相・彩度」プロパティパネルの左下にある3つのスポイトアイコンのうち真ん中の［サンプルに追加］を選び、画像の調整したい箇所をクリックします 06。すると調整範囲が追加されますが、いったん別の色に変更されてしまうので、再度ピンク色になるよう、プロパティパネルの［色相］スライダーで調整します 07。

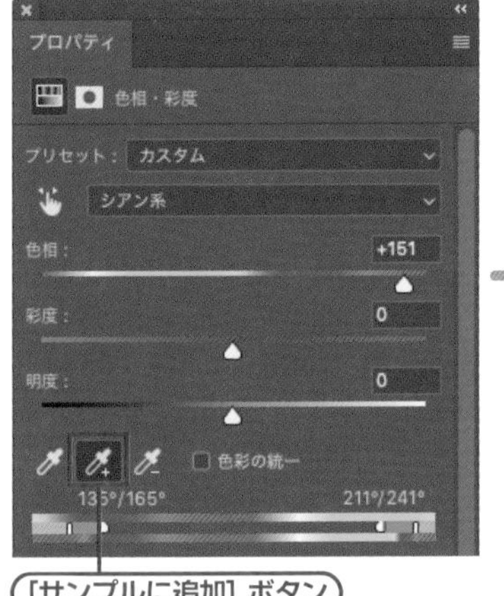

06 色の調整範囲の追加

［サンプルに追加］ボタン

07 ピンク色に再調整

車体の輝きを強調

①「トーンカーブ」調整レイヤーを作成する

車体の明るい箇所をより明るくして、輝きを強調してみましょう。「トーンカーブ」調整レイヤーを使って明るくし、マスクをかけて部分的に明るくなるようにします。まずは、先ほど作成した「色相・彩度」調整レイヤーの上に、「トーンカーブ」調整レイヤーを作成しましょう 08。

08 「トーンカーブ」調整レイヤーの作成

② 明るく調整する

「トーンカーブ」調整レイヤーのレイヤーサムネールを選択します。プロパティパネル内のトーンカーブの中央付近を上にドラッグし、図のような形にしてください。いまはレイヤーマスク全体が白で塗りつぶされている（全体が表示になっている）ため、画像全体が明るくなります 09 。いったんこの状態で明るさのバランスを確認します。白飛びしない程度にトーンカーブを調整しましょう。

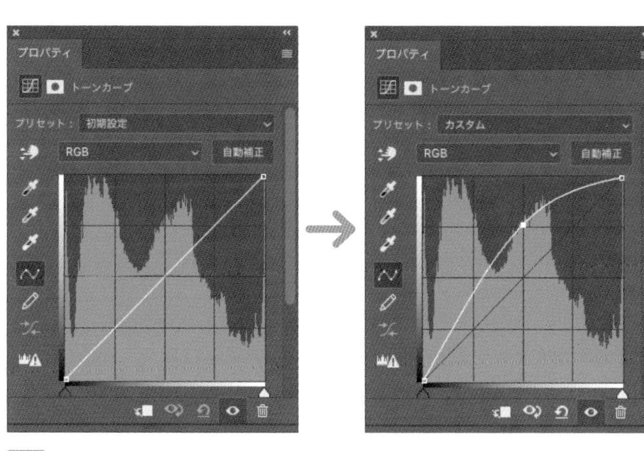

09 トーンカーブによる調整

③ マスクを黒で塗りつぶす

続いて調整レイヤーのレイヤーマスクを一度黒で塗りつぶして非表示にし、明るくしたい部分のみ白で塗って表示させます。**レイヤーマスクはさまざまな透明度で表示できるため、明るさの調整に適しています。**

レイヤーマスクを黒にする方法はいくつかありますが、いちばん簡単な方法は、白黒を反転させることです。「トーンカーブ」調整レイヤーのレイヤーマスクサムネールをクリックし、メニュー→“イメージ”→“色調補正”→“階調の反転”を選びます。反転して黒で塗りつぶされた状態になると、先ほど明るさを調整した「トーンカーブ調整」レイヤーの効果が非表示になります 10 。

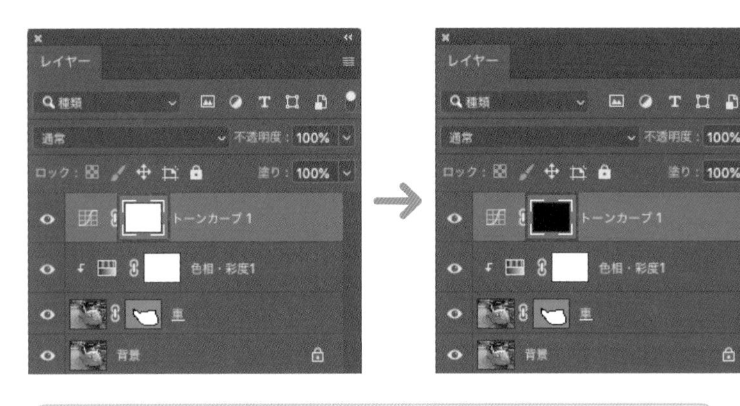

10 マスクの塗りつぶし

④ レイヤーマスクを調整して完成

調整レイヤーのレイヤーマスクを調整し、必要な箇所のみ明るくなるようにしていきましょう。ツールパネルからブラシを選んでオプションバーで図のように設定し **11**、描画色を白にします。「トーンカーブ」調整レイヤーのレイヤーマスクサムネールが選択された状態で、車体の明るくしたい部分（光っている部分）をブラシでなぞって塗ってみましょう。すると、塗った部分にだけ、先ほどトーンカーブで調整した明るさが表示されます **12**。これで完成です。

> **memo**
> ここで紹介した方法は一例です。これが正解というのではなく、Photoshopのさまざまな機能の特徴を理解し、上手に組み合わせることで、同様のレタッチを別の方法で行うことも可能です。

11 オプションバーの設定

ここでは直径：50～100px、硬さ：0%、不透明度：25%、滑らかさ：25%に設定。
ブラシの硬さを調整することで境界線を自然にぼかすことができます

補正前

補正後

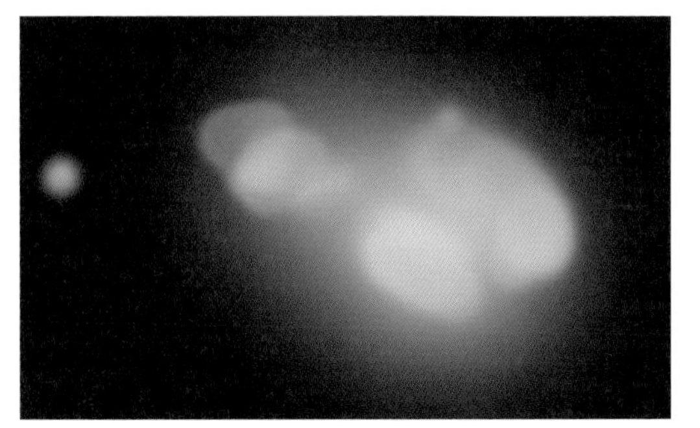

マスクのみ表示

12 必要な部分のみ明るくして完成

肌の色を自然に美しく整える

Lesson3 > 3-07

肌のレタッチテクニックはいろいろありますが、その中から、おすすめの美肌のレタッチ方法を紹介します。少し複雑になりますが、方程式のようなイメージで、このようにやると肌を最もきれいにできるとおぼえてみてください。

完成形の確認

肌をきれいに見せるためのレタッチには、ぼかしツールでなぞるだけの簡易な方法からスポット修復ブラシを利用する方法、焼き込みツールと覆い焼きツールで明暗を調整する方法など、さまざまな方法があります。ここで紹介する方法もその中の1つになります。まずは完成形を確認しておきましょう 01 。

補正前

補正後

01 肌をきれいにする

肌をなめらかにする

① 階調を反転する

Photoshopで素材画像「3-07_sozai1.jpg」を開きます。「背景」レイヤーをコピーし、コピーしたレイヤーは、わかりやすいように「Skin」と名前を変えておきます 02 。

133ページ、Lesson3-06 memo参照。

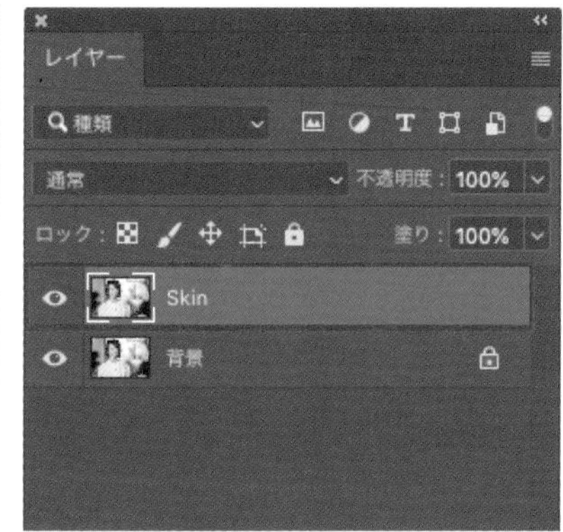

02 元画像をコピー

「Skin」レイヤーを選択し、メニュー→“イメージ”→“色調補正”→“階調の反転”（⌘［Ctrl］+i）で階調を反転します。ここで階調を反転するのは、あとのステップで適用するフィルターが、効果的にかかるようにするためです。理由は後述します。

続いてレイヤーを右クリックし、“スマートオブジェクトに変換”を選びます。スマートオブジェクトに変換することで、各種フィルターがスマートフィルターとして適用できるようになり、フィルター効果をあとから編集し直すことができるようになります 03。

105ページ、**Lesson3-01**参照。

03 階調を反転

②「ぼかし（表面）」フィルターをかける

「Skin」レイヤーの［描画モード］を［ビビッドライト］に変更します 04。［ビビッドライト］にする理由も後述します。

続いてメニュー→“フィルター”→“ぼかし”→“ぼかし（表面）...”を図の設定で適用します 05。**「ぼかし（表面）」フィルター**は、**［半径］と［しきい値］の値を参考に色調が同じ部分をぼかす機能です**。エッジを保持して画像をぼかすことができます。［半径］の値を大きくすると対象となる色調が広くなり、ぼかしが強くなります。［しきい値］は、色調の値をもとにぼかしのかかる範囲をコントロールします。［半径］

と[しきい値]のバランスをうまくとりながら利用しましょう。

ここでは、ぼかしを適用することで、肌の色の変化を少なくしています。ぼかすことで凸凹をなめらかにしているということですね。

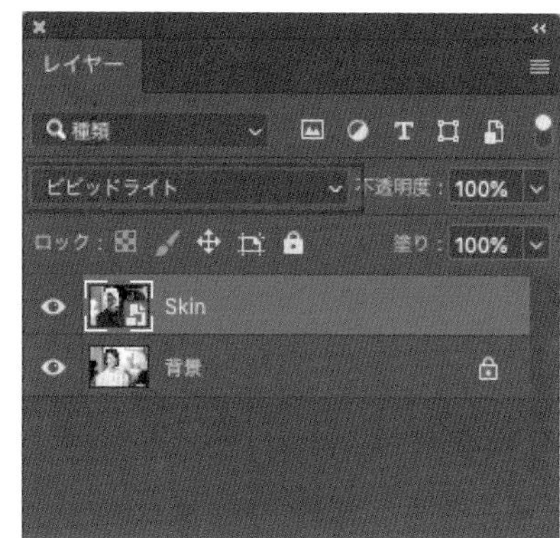

04 [描画モード：ビビッドライト]に設定

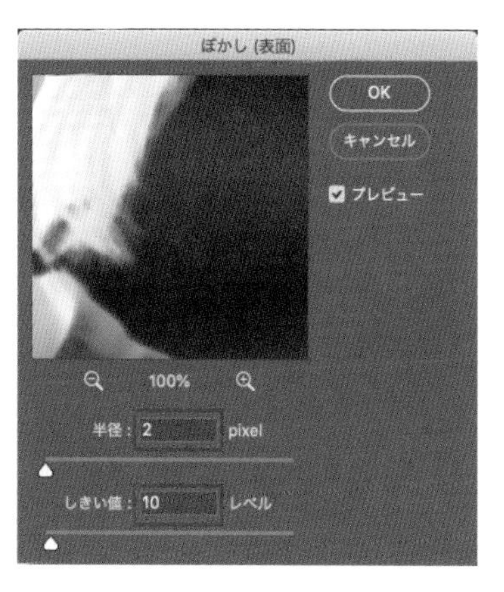

05 「ぼかし(表面)」フィルターを適用

ぼかしがかかりすぎないよう肌が少しなめらかな程度で設定します。ここでは、ぼかし：2px、しきい値：10pxとしました

③「ハイパス」フィルターをかける

ぼかしをかけただけではのっぺりした人形のような顔になってしまいますので、**「ハイパス」フィルター**で輪郭部分を強調します。メニュー→“フィルター”→“その他”→“ハイパス...”を、[半径]の値をぼかしと同じ程度の[2px]に設定して適用しましょう 06 。

「ハイパス」フィルターは、色の変化が少ない部分は50%グレーとなりますが、色が極端に変化している部分のディテールは保持します。顔を例にすると、肌のような変化が少ない部分は50%グレーになり、目や口、鼻やシワ、肌の質感など輪郭部分で変化がある箇所についてはディテールが保持され、輪郭が浮き上がるような表示になります。

「ハイパス」フィルターを使うことで、毛穴などのディテールをつぶすことなく自然な肌の質感を残すことができます。

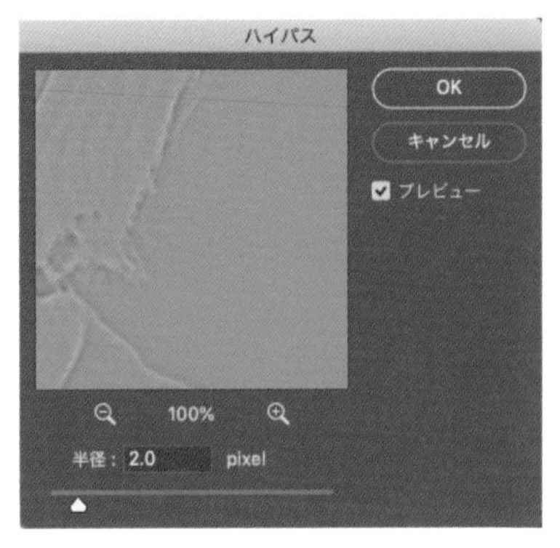

06 「ハイパス」フィルターを適用

ここで、先のステップで［描画モード：ビビッドライト］にしたことが生きてきます。［ビビッドライト］にしておくと、「ハイパス」フィルターによって50%グレーになった画像部分は変化しませんが、50%グレーより明るい輪郭部分はコントラストが落ちて明るくなり、50%グレーより暗い場合はコントラストが上がって画像が暗くなります。結果、**輪郭が強調されたシャープな印象の画像となります**。

ただ、この過程を元の画像にそのまま適用すると、肌の凸凹が強調されすぎてしまいます。そこで、先のステップのようにあらかじめ画像の階調を反転しておきます。**反転することで、凸凹の暗の部分を明るく、明の部分を暗くして、肌のコントラストを均一化し、なめらかで自然な肌が表現されます。**

この手法では輪郭を残すことができるため、肌の質感を大きく損なわずに、実物との違和感が少ないナチュラルな美肌が表現できます。

実際に、肌の質感を確認してみましょう 07。もし、効果を感じられず編集し直したい場合は、「Skin」レイヤーのスマートフィルターに表示されている各フィルター名をダブルクリックすると再編集することができます。

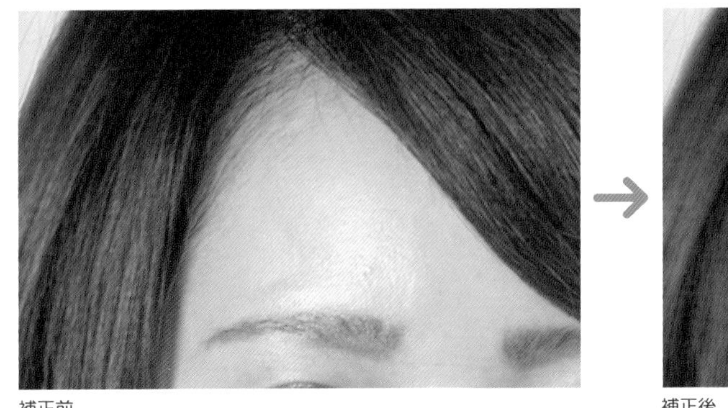
補正前

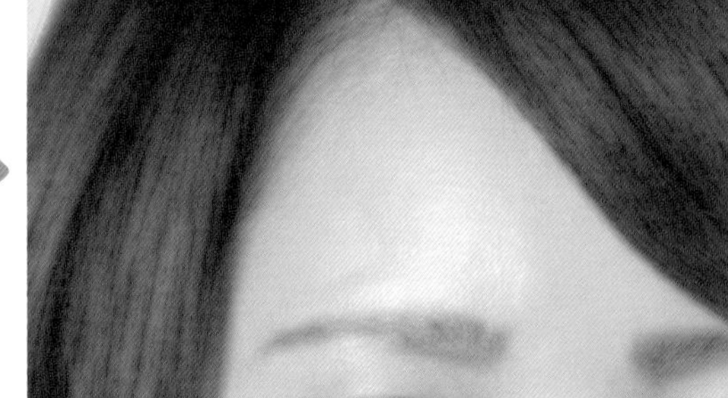
補正後

07 レタッチの確認

レイヤーマスクを作成する

作成した「Skin」レイヤーはフィルター効果が画像全体にかかっているので、レイヤーマスクを利用して適用させたい肌部分だけを表示するようにします。「Skin」レイヤーを選択し、レイヤーパネル下部の［レイヤーマスクを作成］ボタンをoption［Alt］キーを押しながらクリックしてください。**option［Alt］キーを押しながらレイヤーマスクを作成すると、非表示（黒で塗りつぶした状態）でレイヤーマスクが作成できます** 08。

ツールパネルからブラシツールを選択し、描画色を白にします。「Skin」レイヤーのレイヤーマスクを選択してから、肌（顔と首）をなぞってください。白で塗りつぶした範囲が表示され、肌部分のみにフィルター効果がかけられます 09。

memo

通常の白で塗りつぶされたレイヤーマスクで作成した場合は、メニュー→"色調補正"→"階調の反転"またはレイヤーマスク全体を黒で塗りつぶして非表示にしてください。

POINT

目や口、眉毛、髪部分や背景との境界にはブラシで塗らないようにすると、違和感なく補正できます。

08 非表示でレイヤーマスクを作成

マスクのみ表示

マスク適用前

マスク適用後

09 レイヤーマスクの調整

ブラシの設定は、ここでは硬さ：0%、直径：50px、不透明度：100%としていますが、描きやすいよう任意に調整してください

肌のテカリをおさえる

光の加減で顔のテカリが目立っているので、これをおさえていきましょう。新規レイヤーを作成し、わかりやすくレイヤー名を変更します（ここでは「Shine」）10。このレイヤーに、肌のテカリをおさえる描画をしていきます。

10 「Shine」レイヤーを追加

① テカリのない部分をコピーする

「Shine」レイヤーを選び、ツールパネルからコピースタンプツールを選択してください。オプションバーで 11 のように設定します。画像を拡大表示し、肌のテカリが目立つ部分の近くで、テカリのない部分をoption［Alt］キーを押しながらクリックします。ここがサンプルポイントとなります。続いて肌のテカリのある部分をドラッグしていきましょう 12。このとき多少の色ムラが出ますが、あとでならすので問題ありません。

11 スタンプツールのオプションバーの設定

直径：30px、硬さ：0%、モード：比較(暗)、不透明度：20〜50%、サンプル：すべてのレイヤーに設定
ブラシのサイズや不透明度などは適宜使いやすいよう調節しましょう

補正前

補正後

12 コピースタンプツールによるレタッチ

② 色ムラをなくす

「Shine」レイヤーで描画した色ムラを、ぼかしてならします。「Shine」レイヤーを選択し、メニュー→“フィルター”→“ぼかし”→“ぼかし（ガウス）...”を選び、［半径：5px］で効果を適用させましょう。すると色ムラが平均化され、自然になります。

さらに、「Shine」レイヤーの不透明度を調整し、「自然なツヤ」が出るようにしましょう。ここでは[不透明度：70%]としています。これで、額、ほお、鼻などにやわらかなツヤを残しつつ、肌のテカリをおさえることができました 13。

13 ぼかしをかけて色ムラをなくす

目と口元を調整する

memo

選択範囲を細かく設定できると、きめ細かな調整が可能になりますので、マグネット選択ツールやなげなわツールで選択範囲を作成するとよいでしょう。shift［Shift］キーを押しながら選択したい範囲を選んでいくと、複数箇所の選択範囲を作成できます。

① 白目を明るくする

目はおもに白目部分の補正になります。白目部分で選択範囲を作成してください。「トーンカーブ」調整レイヤーを作成し、図のように明るくなるよう調整します 14。

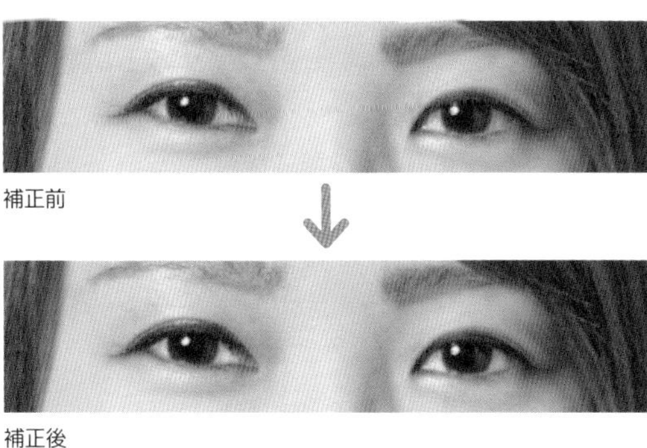

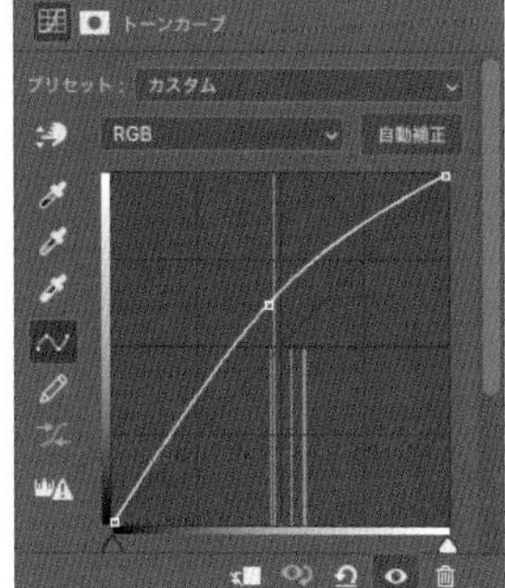

14 白目の補正

② 歯を白くする

次に口元です。まず、歯の選択範囲を作成してください。白目と同様に、「トーンカーブ」調整レイヤーで明るくなるよう調整します。さらに、歯の美白を行うために、歯の選択範囲が読み込まれた状態で「色相・彩度」調整レイヤーも作成し、白くなるよう調整します 15。

POINT

選択範囲を作成した状態で調整レイヤーを作成すると、14 中央の図のように自動的に選択範囲がレイヤーマスクになります。

補正前

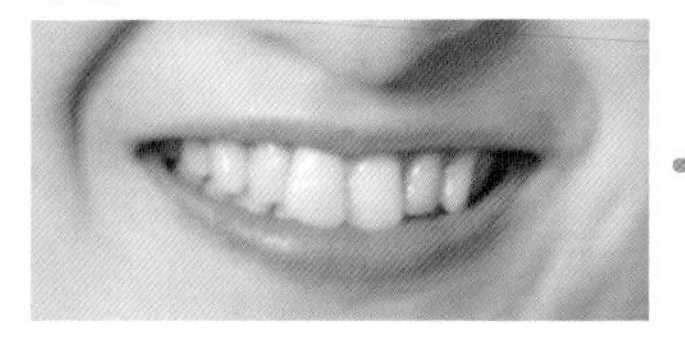

明るさ補正後

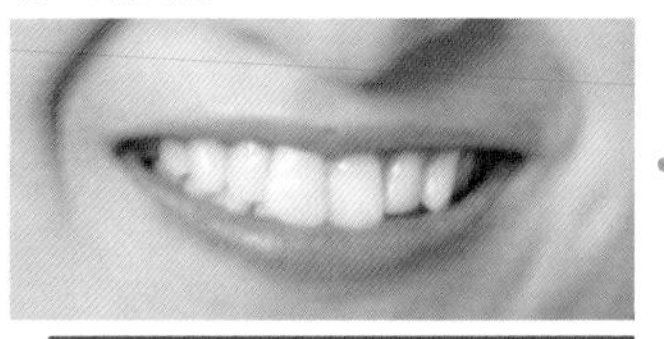

色補正後

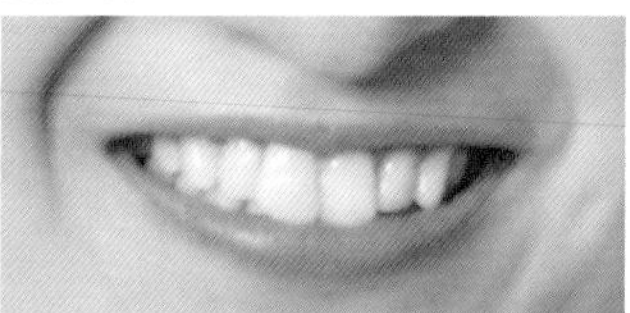

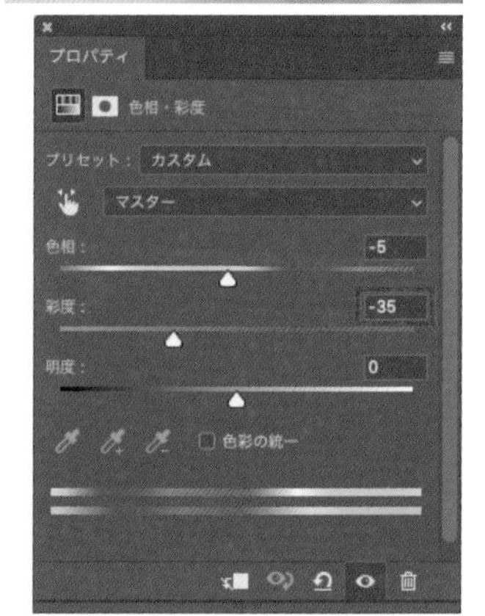

15 歯の補正

「色相･彩度」調整レイヤーの設定は、彩度を−35程度に設定することで白い歯に調整することができます

唇と肌の色を調整して仕上げる

最後に、「色相・彩度」調整レイヤーを作成し、唇と肌の色調整をします。少し彩度を上げることで、血色のよいやわらかな印象になります。ブラシなどを使って肌と唇のレイヤーマスクを作って適用しましょう 16。これで完成です。

補正前

補正後

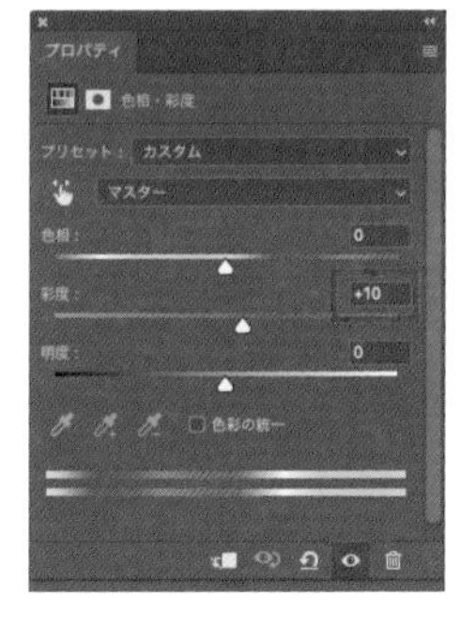

16 唇と肌の色を調整

ここでは彩度：10にしました

memo

肌のレタッチは、やりすぎると質感をなくしてしまい、人形のような違和感が出てきてしまいます。Photoshopを使いはじめのころはこうした違和感に気づきにくく、また、便利な機能で簡単に処理できるため、つい多用しがちです。そこで本書では、機能に頼ったレタッチではなく、失敗を少なくすることができるレタッチを紹介しました。手間も難度も上がりますが、初心者の方でも手順通りに作業していただければ、美肌レタッチが実感できると思います。

最終的なレイヤー構造

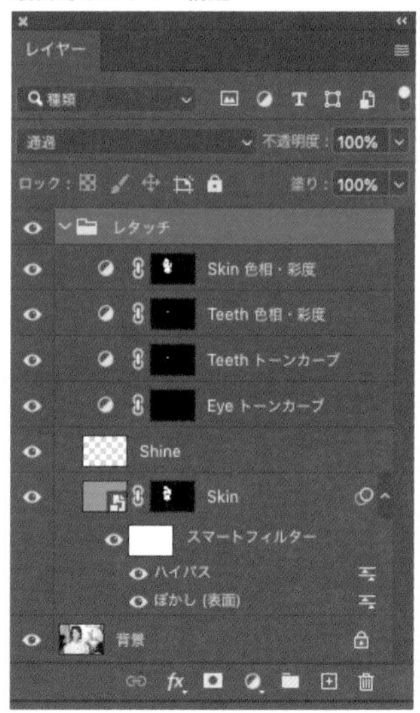

髪の毛の色を変える

Lesson3 > 3-08

THEME テーマ

ヘアカラーの変更に挑戦してみましょう。ブラウン、ブロンド、黒、グレーなど、元の髪の色によってレタッチの難易度も変わります。ここでは、比較的簡単にできるレタッチ方法を紹介します。

完成形の確認

ヘアカラーの変更で比較的簡単にできるのは、元画像がブラウンやブロンドのような色彩のあるカラー（有彩色）になります。一方、黒・白・グレーなどのモノトーン色（無彩色）から別のカラーに変更するレタッチは難度が上がり、特に黒を別のカラーに変更するレタッチは難しくなります。レタッチも難度に合わせ多様な方法をとりますが、ここではその中から、有彩色にも無彩色にも使えるレタッチ方法をご紹介します 01。

補正前

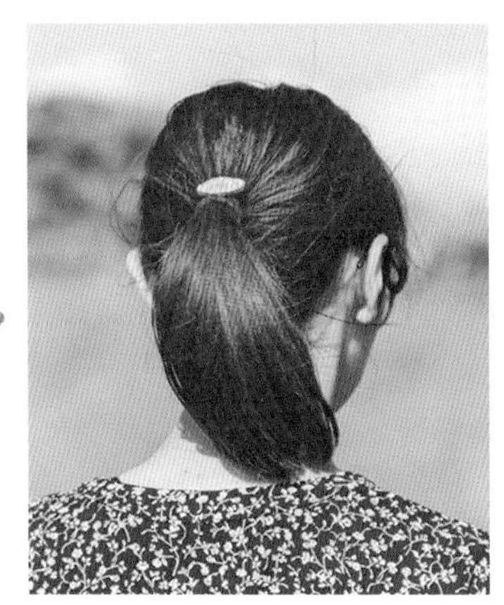

補正後

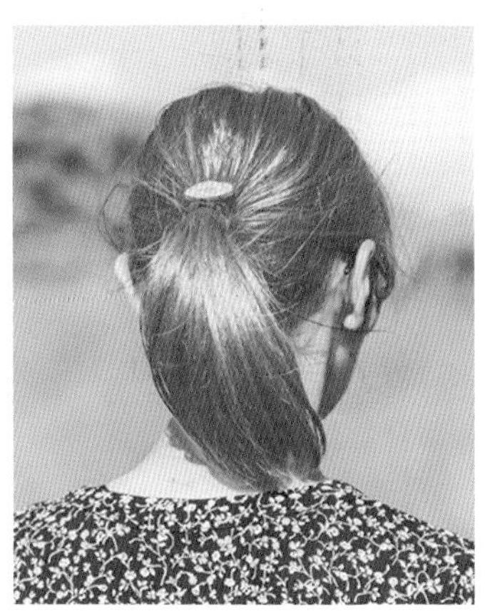

バリエーション

01 ヘアカラーの変更

色彩のあるカラーの変更

素材画像「3-08_sozai1.jpg」を開きます 02。ヘアカラーは暗いブラウンです。色彩のあるカラーですので、比較的簡単にカラーを変更することができます。それでは、ブラウンをレッドにしてみましょう。

02 素材画像
（モデル：NAOKO）

① 選択範囲を作成する

髪部分の選択範囲を作成しましょう 03 。選択範囲の作成にはどの方法を用いてもOKですが、ここではAdobe Sensei（AI）の技術を使った「**被写体を選択**」機能を利用します。この機能を利用すると、人物の輪郭をAIが判断し自動的に選択範囲を作成できます。あとは、不要な箇所を適した選択ツールで削除すると髪部分のみが選択範囲となります。

memo
髪の毛の1本1本まで選択範囲にする必要はなく、おおまかでかまいません。調整は後述するレイヤーマスクで行います。

03 髪の選択範囲を作成

② 調整レイヤーを作成する

続いて「背景」レイヤーの上に**「特定色域の選択」調整レイヤー**を作成します。調整レイヤーのレイヤーマスクには、先ほど作成した髪の部分の選択範囲が適用されます 04 。

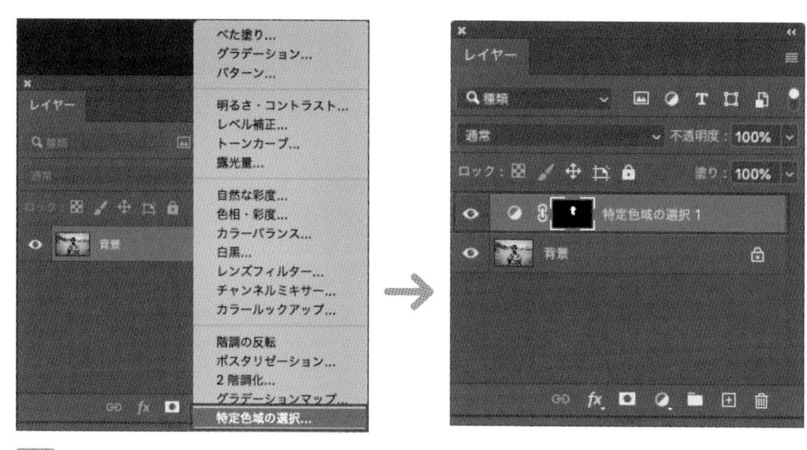

04 「特定色域の選択」調整レイヤーを作成

レイヤーパネル下部の［塗りつぶしまたは調整レイヤーを新規作成］ボタンを押して現れるメニューのいちばん下にあります

③ ヘアカラーを変更する

プロパティパネルに「特定色域の選択」の項目が表示されていることを確認しましょう。ここでヘアカラーを変更していきます。

［カラー：中間色系］を選びます。これにより中間色系のシアン、マゼンタ、イエロー、ブラックの調整が可能となります 05。

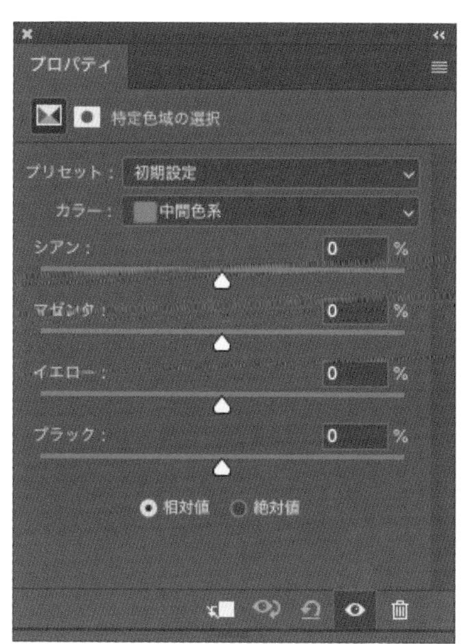

05 プロパティパネル

それでは実際に、各色のスライダーを動かしてみましょう。もともとCMYKの画像の場合は、各スライダーの項目名がイメージしやすいのですが、作例はWeb用でRGB画像です。RGB画像でもスライダーの項目名はCMYKのため混乱しやすいのですが、操作は簡単ですので、各スライダーを動かしながら目的の色となるよう調整しましょう。RGB画像で色を調整する場合の基本的な考え方は次の通りです。

memo

プロパティパネルに「特定色域の選択」の項目が表示されていない場合は、レイヤーパネルで「特定色域の選択」調整レイヤーのレイヤーサムネールか、調整レイヤーの名前部分を選択します。レイヤーマスクサムネールをクリックしても表示されませんので注意しましょう。

memo

色域の選択にはレッド系、イエロー系、グリーン系、マゼンタ系、白色系、中間色系、ブラック系とあり、今回は中間色系を選択しましたが、対象が赤色であれば赤色系、黄色であればイエロー系を選択して調整をしましょう。中間色系の対象は、RGBのいずれかの値が127（中間）になっている箇所を中心に変化します。

- **シアン**：マイナスにするとレッドチャンネルが明るくなり赤色を帯び、プラスにするとレッドチャンネルが暗くなりシアンの色に近づく。
- **マゼンタ**：マイナスにするとグリーンチャンネルが明るくなり緑色へ、プラスにするとマゼンタの色に近づく。
- **イエロー**：マイナスにするとブルーチャンネルが明るくなり青色へ、プラスにするとイエローの色に近づく。
- **ブラック**：明度の調整とおぼえておく。マイナスにすると明るく、プラスにすると暗くなる。

今回は、レッドのヘアカラーに変更したいので、シアンをマイナスにしてレッドチャンネルを明るくし、マゼンタをプラスにしてグリーンチャンネルを暗くし、マゼンタ色を強くしてみましょう。

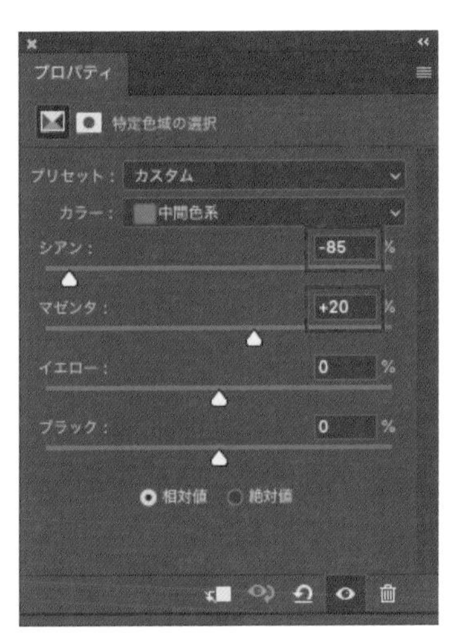

06 ヘアカラーをレッドに変更
ここではシアン：−85、マゼンタ：+20に設定しました

④ 選択範囲を調整して完成

ヘアカラーは赤色になりましたが、選択範囲の境界線がくっきりし過ぎて違和感がありますね。境界線の不透明度を変更し、周囲となじむよう調整してみましょう。

「特定色域の選択」調整レイヤーのレイヤーマスクを選び、ブラシツールを選択してください。ブラシの設定は[描画色：黒][硬さ：0%][不透明度：25%]程度にして、境界線をなぞり、周りになじむようにしましょう。これで完成です 07。

なお、この「特定色域の選択」調整レイヤーをコピーして各スライダーの値を変更すると、ほかの色へも変更することができますので、ぜひ試してみてください 08。

POINT

首の影の部分など、場所によってブラシの不透明度を変えることで、より自然な仕上がりになります。なお、大きく飛び出した細かい髪の毛については、無理に選択範囲を作成し調整すると背景との差に違和感が生じます。細かい髪の毛についてはそのままの方が自然な仕上がりになります。もし、気になる場合は新規レイヤーを作成し髪の毛1本1本を描画していくとよいでしょう。

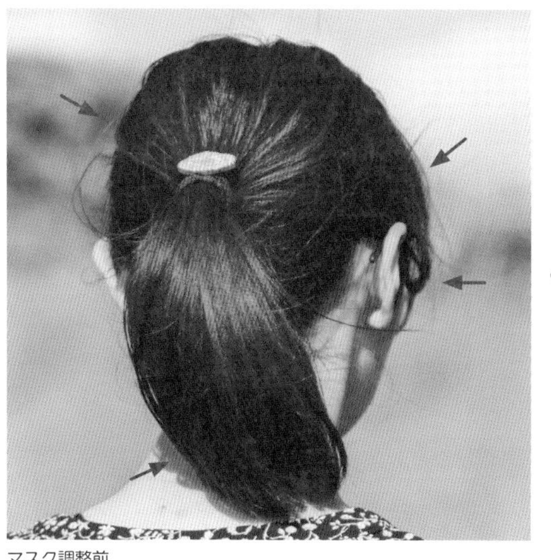

マスク調整前

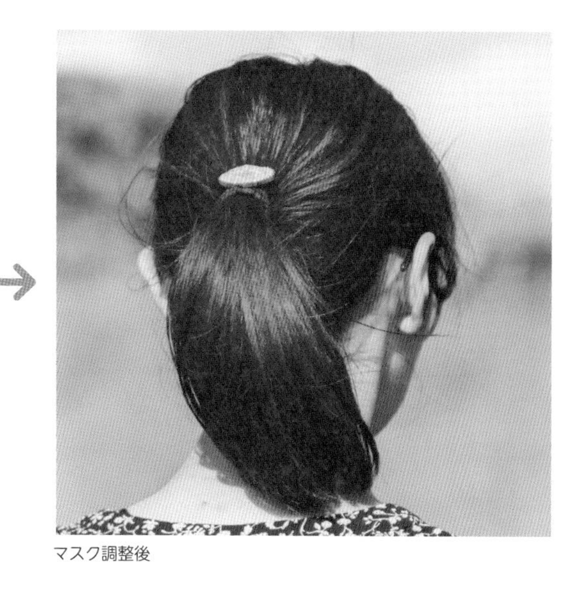

マスク調整後

07 レイヤーマスクの調整

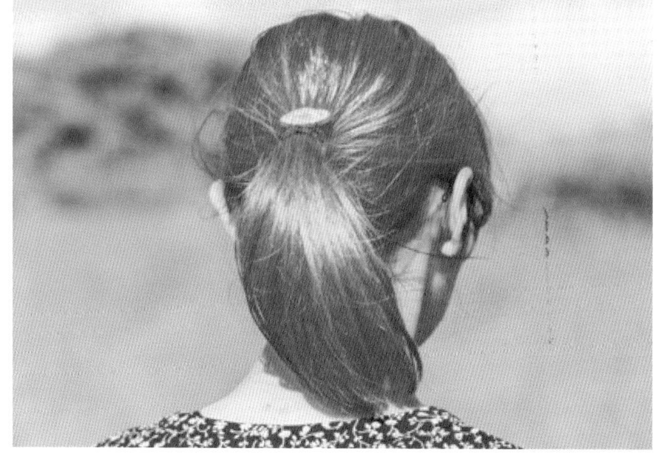

08 ブロンドに変更

黒色をほかのカラーに変更

上記で紹介した方法は、黒や白、グレーなどからの変更にも対応できます。今度は、黒髪を別の色に変更してみましょう。

素材画像「3-08_sozai2.jpg」を開きます **09**。「色彩のあるカラーの変更」の手順と同様の作業になりますので、前述した①から④までやってみましょう。今回はピンク色に変更しています **10**。

もう少し彩度を上げて明るくしたい場合は、ブラックのスライダーをマイナスにして明るくしたあと、ほかのスライダーで再調整してもよいですが、別の方法もあります。作成した「特定色域の選択」調整レ

memo

色を変更する方法は複数ありますが、利用頻度が高い方法の1つは「色相・彩度」調整レイヤーです。ただ、「色相・彩度」調整レイヤーを使う方法ですと、無彩色の黒などは色があまり変化しません。髪の毛が暗い色だと明るい部分だけが多少変化し、それがノイズのような結果となります。このノイズを除去となると難易度の高い調整が必要となります。

イヤーをコピーし、コピーしたほうのレイヤーを[描画モード:カラー]にします。このレイヤーの[不透明度]を調整することで直感的に作業できますのでおすすめです 11 。

09 **素材画像**　撮影：三村育子　モデル：加藤亜弓
(https://www.foriio.com/yellowhappeicco)

10 **ヘアカラーをピンクに変更**

11 **彩度を上げる**

> **memo**
> 「[描画モード：カラー] は基本色の輝度と、合成色の色相・彩度を使って、結果色を作成します。画像内のグレーレベルを保持したまま、モノクロ画像のカラー化およびカラー画像の階調化に役立ちます。」
> 引用元：
> Adobe Photoshop での描画モード
> https://helpx.adobe.com/jp/photoshop/using/blending-modes.html

> **memo**
> 誌面では違いがわかりづらいですが、11 では彩度の高い明るめのピンクに変わります。

Lesson 4

テキストやオブジェクトの加工

Photoshopは画像や写真の編集だけでなく、文字（テキスト）や図形（シェイプ）に色や形を変えたり影をつけて立体的に見せたりといったことも可能です。実際にどんなことができるのかを、見ていきましょう。

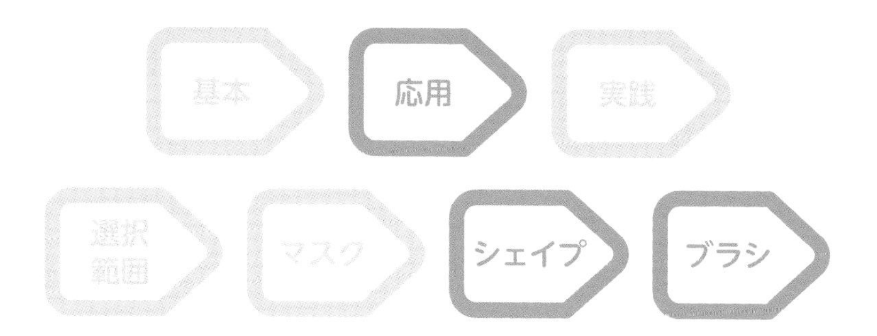

レイヤースタイルで影や境界線をつける

Lesson4 > 4-01

「レイヤースタイル」を使うと、手軽に境界線や影をつけることができます。レイヤースタイルを使って写真や図形をスタイリングしていきましょう。

レイヤースタイルとは

「**レイヤースタイル**」は、**レイヤーに境界線や影を追加したり、色やパターンを重ねたりといった加工が手軽にできる機能です。** レイヤースタイルの設定画面である「レイヤースタイル」ダイアログ 01 を開くには、3通りの方法があります。

memo
レイヤーは英語の「layer」(層・積み重ね)に語源があります。Photoshopのレイヤーも何層も積み重ねていくことができます。

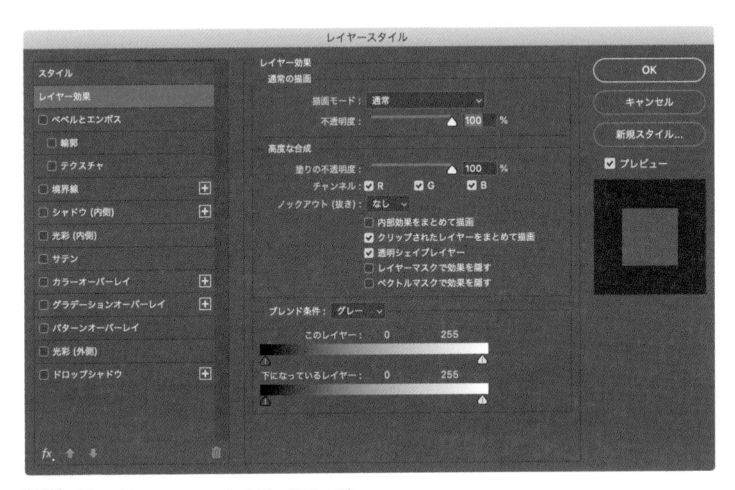

01 「レイヤースタイル」ダイアログ

1つ目は、レイヤーパネルで対象レイヤーを選択した状態で、メニュー→“レイヤー”→“レイヤースタイル”からスタイル項目を選択する方法 02。2つ目は同じくレイヤーを選択した状態でレイヤーパネル下部の fx ([レイヤースタイルを追加] ボタン) をクリックし、スタイル項目を選択する方法 03。3つ目が最も簡単で、レイヤーパネルで該当のレイヤーをダブルクリックします 04。レイヤー名をダブルクリックすると、レイヤー名の編集になってしまうので、レイヤー名でない余白部分をダブルクリックしましょう。

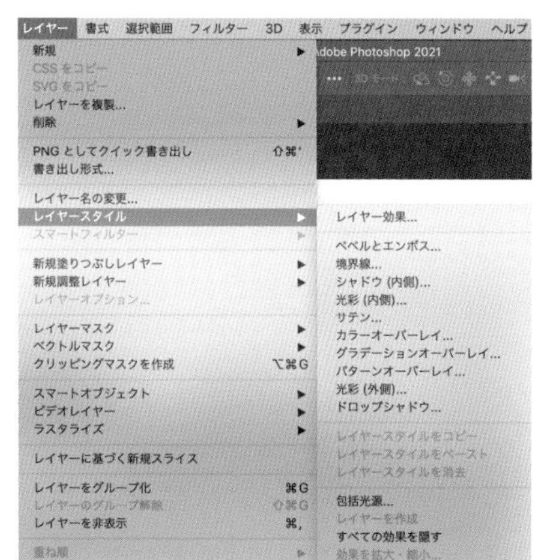

02 レイヤーメニュー→"レイヤースタイル"を選択

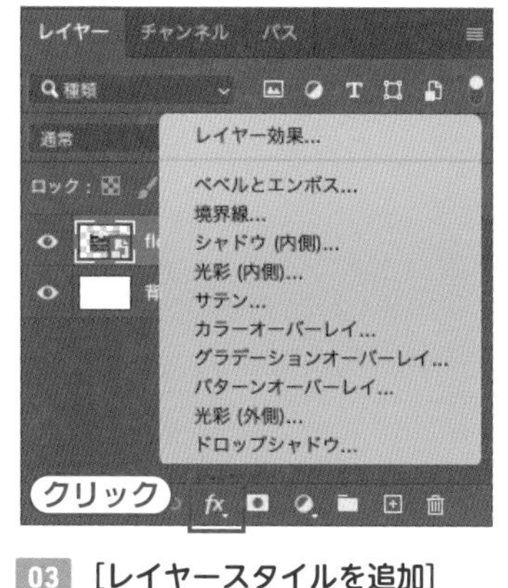

03 ［レイヤースタイルを追加］ボタンをクリック

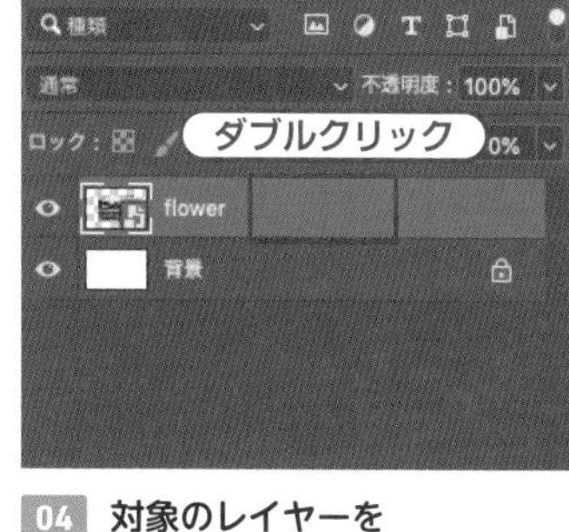

04 対象のレイヤーをダブルクリック

写真にフレームと影をつけよう

素材画像「4-01_before.psd」を開くと、中心に「flower」というスマートオブジェクトレイヤーがあります。レイヤースタイルを使って、簡単なフレームと影をつけてみましょう。

> **memo**
> 「レイヤースタイル」ダイアログの左側に並んでいるスタイルの表示項目数が少ない場合は、ダイアログの左下にある fx ボタンから［すべての効果を表示］を選択すると表示できます 05 。

①［境界線］の作成

まず、レイヤーパネルで「flower」レイヤーをダブルクリックし、「レイヤースタイル」ダイアログを開きます。スタイルの中から［境界線］をクリックして、写真の内側22pxに暗めの茶色の境界線を作ります 05 06 。この境界線はフレーム本体ではなく、フレームと写真のあいだの影のような役割となります。

> **memo**
> 境界線の色は［塗りつぶしタイプ］を［カラー］にし、カラーのサムネールをクリックすることで設定できます。塗りつぶしタイプを［グラデーション］や［パターン］にすると、単色の境界線ではなくグラデーションやパターン（テクスチャ）を使った境界線にすることもできます。

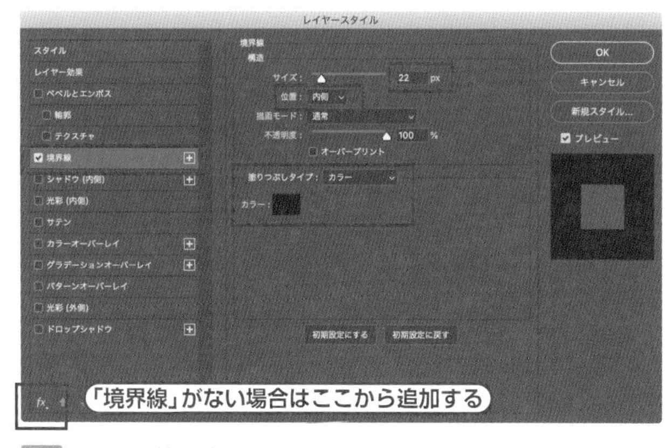

05 1つ目の境界線の設定

06 境界線が作成された

② 境界線を増やす

次に、スタイルの［境界線］についている⊞ボタンをクリックし、境界線を増やします。［境界線］という項目が2つ並ぶうち上のほうをクリックし、色を明るめの茶色にします。サイズは［20px］に変更します 07 。［22px］の境界線の上に［20px］の境界線が重なっている状態なので、茶色の境界線はその差の2pxぶんだけ見えています。これで写真のフレームを作ることができました 08 。

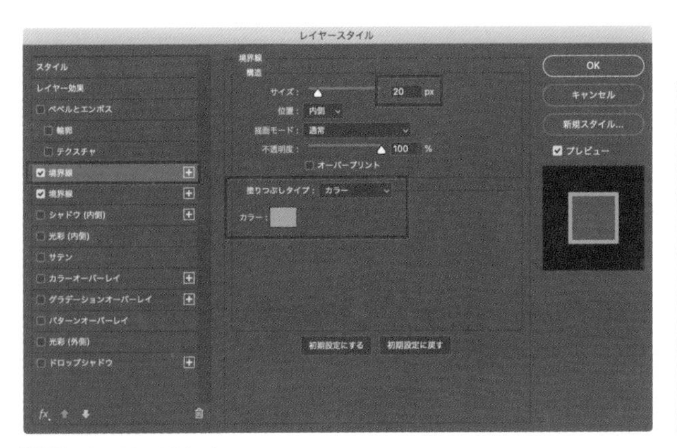

07 境界線を追加する

08 境界線が増えた

③ 影をつける

最後に［ドロップシャドウ］をクリックし、影の設定をします 09 。

影は、色のほかに角度、距離、サイズを指定します。角度と距離を付けることで光の向きを作ります。角度が何度であっても、距離が0であれば正面から光が当たったような影ができます 10 。

［サイズ］は影の幅ですが、［スプレッド］というのはその幅の中で影のいちばん濃い部分が何%を占めるかという数値です。0%に近いほどやわらかいグラデーションの影になり、スプレッドが100%だと、ベタ塗りになります。

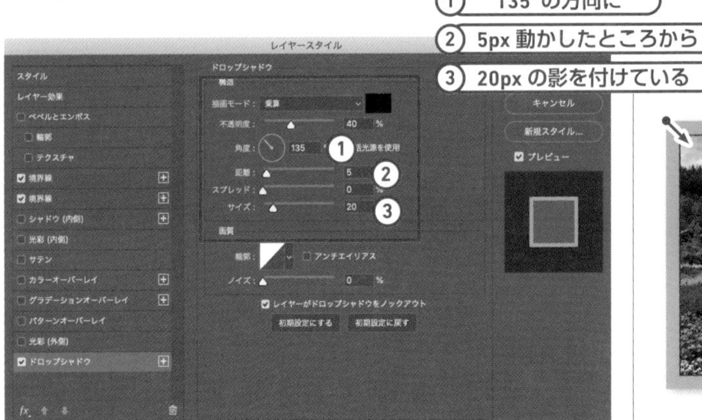

09 ドロップシャドウを設定

10 フレームに影がついた

パターンを使って質感を足す

ベタ塗りのフレームは、無機質な雰囲気になってしまうので、パターンを使った境界線をもう1つ足して、質感を与えてみましょう。

「レイヤースタイル」ダイアログを開き、境界線を1つ追加します。サイズは[20px]のまま、[塗りつぶしタイプ：パターン]にします。デフォルトでいくつかパターンが用意されているので、[灰色のみかげ石] というパターンを選択します（サムネールにカーソルを乗せると、各パターンの名前が表示されます）。

このままだと、白黒のパターン画像がそのまま境界線に適用されてしまい、ベージュの色が見えなくなってしまいました。[描画モード]を[乗算]にし、[オーバープリント]にチェックを入れます。これは、下のベージュの境界線と色をブレンドさせるための設定です。乗算にするとパターンのうち白い部分は無視され、黒い部分が下のベージュを濃くします 11 。これにより、元のベージュの境界線に質感だけをプラスすることができました 12 。

> **POINT**
>
> このようなフレームは、長方形ツールなどを使って同じように作ることもできますが、レイヤースタイルを使って写真レイヤーと一体にしておくと、写真を変形したときも写真とフレームの位置がずれないので便利です。また、写真を変形してもフレームの太さをキープすることができます。

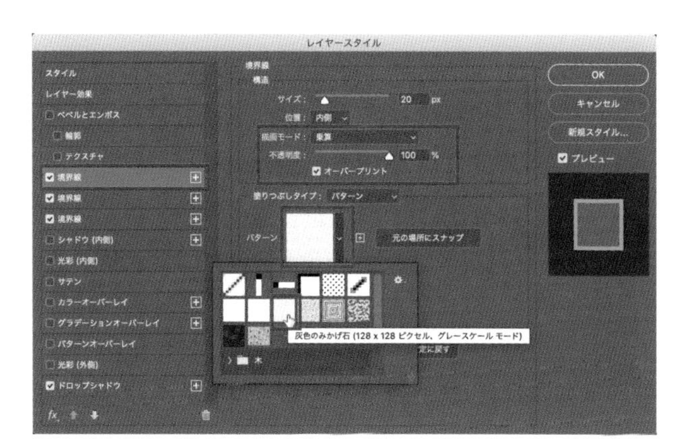

11 境界線に質感を足す

12 ベージュの境界線に質感が加わった

スタイルを保存

ここまで作ったフレームと影のスタイルは、**保存することでほかのレイヤーにもワンクリックで再現することができます。**

スタイルを保存するには、「レイヤースタイル」ダイアログの右側にある [新規スタイル...] をクリックします。保存したスタイルを呼び出すには、「レイヤースタイル」ダイアログの左側のリストのうち、いちばん上の [スタイル] をクリックします。保存したスタイルのサムネールをクリックすることでスタイルを適用できます 13 。

> **memo**
>
> Photoshopにはデフォルトでさまざまなスタイルが登録されています。ネットでもたくさんのスタイルが配布されているので、活用してみましょう。

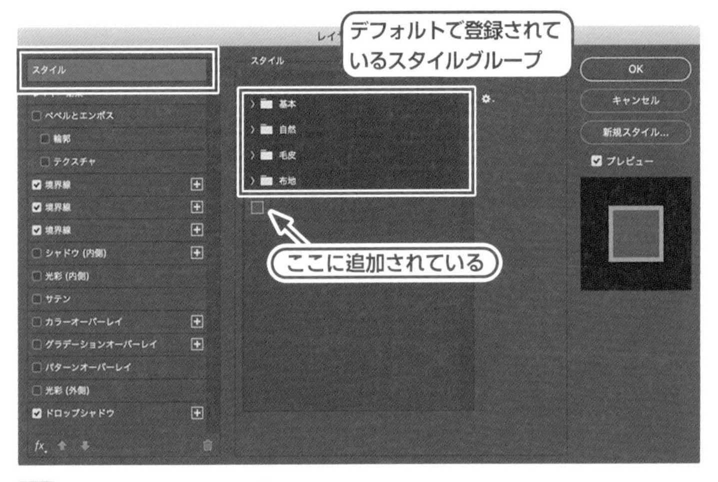

13 スタイルの保存と呼び出し

レイヤースタイルの重なり

レイヤースタイルは、該当レイヤーの上に重なっていきます。「レイヤースタイル」ダイアログの左側にあるリストの順番で重なります **14**。

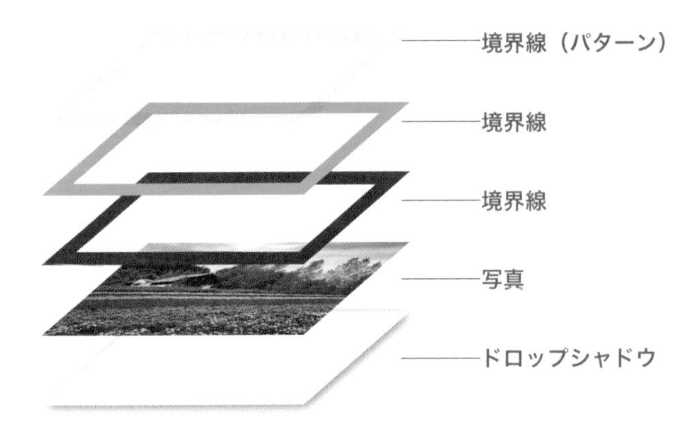

14 レイヤースタイルの重なり順

さまざまな図形を描く

Lesson4 > 4-02

Photoshopは、写真を加工するだけでなく、「シェイプ」とよばれる図形を描くこともできます。シェイプはあとから変形が可能な図形ですので、Lesson4-01で学んだレイヤースタイルを合わせて使うと、編集可能なイラストを表現できます。

図形ツールの基本

シェイプを描く方法は**大きく分けて2つ**あります。まず1つは図形ツールを使う方法で、各図形ツールは、ツールバーの長方形ツールの中に格納されています。もう1つの方法は、ペンツールを使う方法です 01 。

WORD シェイプ

Photoshopでの「シェイプ」とは、左の 01 のいずれかの方法で描かれた図形のこと。シェイプはアンカーポイント(頂点)とセグメント(アンカーポイントを結ぶ線)からなり、ベクターデータのように大きさや形の編集が自由自在に行える。

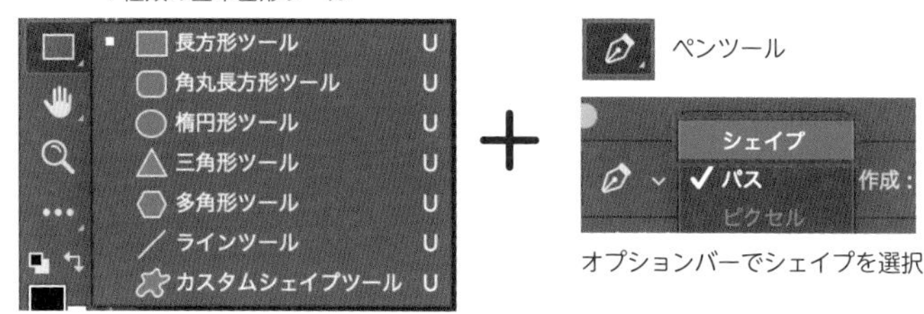

01 シェイプを描く2つの方法

基本図形

長方形ツールに格納された7つのツールによる基本図形の描画方法は、ほぼ同じです。ツールパネルには長方形ツールだけが表示されているので、それ以外の図形ツールを使いたいときは長方形ツールのアイコンを長押し(または右クリック)して表示させます。描画する前に、オプションバーで図形の色を「塗り」と「線」に分けてそれぞれ設定し、線は太さも設定します 02 。

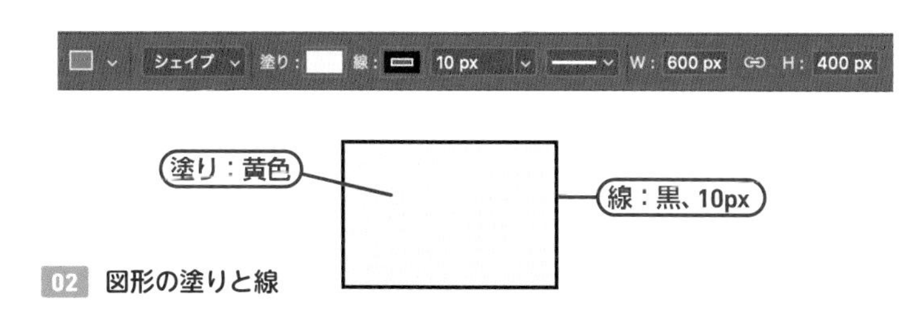

02 図形の塗りと線

○ 長方形ツールと楕円形ツール

ドラッグ操作で図形を描画します。基本的にはクリックした点から描画しますが、ドラッグ中にoption [Alt] キーを押すと、はじめにクリックした点が中心点となります。また、「長方形」「楕円形」という名前ですが、shift [Shift] キーを押しながら描画することで、正方形や正円を描くことができます。ドラッグしている最中に図形の位置を移動したい場合は、クリックしたままspaceキーを押しながらドラッグします 03 04。

描きたいサイズが明確に決まっている場合は、ドラッグせずにカンバス上をクリックします。するとサイズを設定するダイアログ 05 が表示されるので、数値を入力します。

memo

option [Alt] や shift [Shift] キーを押しながら描画するときは、マウスを離すまでキーを押し続けましょう。

option [Alt]	描きはじめの位置(クリックした位置)を図形の中心にする
shift [Shift]	図形を正多角形／円にする ラインツールの場合、垂直／水平／45°線を描画する
space	描画中に図形を移動する

03 描画中(ドラッグ中)に使うキー

04 長方形ツールのオプションバー（楕円形ツールも内容は同じ）

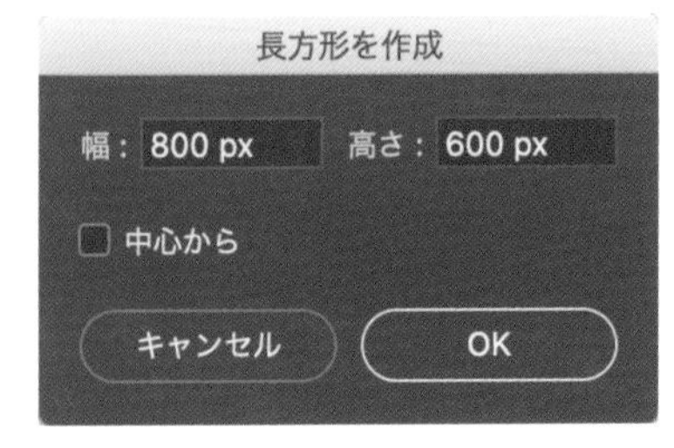

05 「長方形を作成」ダイアログ

○ 角丸長方形ツール、三角形ツール、多角形ツール

操作方法は長方形ツールや楕円形ツールと同じですが、オプションバーに角丸の半径を入力する欄が表示されます 06 07。多角形ツールでは、頂点の数（角数）を入力する欄も表示されます。さらに多角形ツールは、カンバス上をクリックして出てくるダイアログを使って星形を描くこともできます 08。

06 角丸長方形ツールのオプションバー（三角形ツールも内容は同じ）

07 多角形ツールのオプションバー

08 「多角形を作成」ダイアログ

◯ ラインツール

直線を描くツールです。shift［Shift］キーを押しながらドラッグすることで、垂直線、水平線、45°線を描画できます。

◯ カスタムシェイプツール

用意された図形をスタンプのような感覚で配置できます。オプションバー 09 の［シェイプ］にて木や花などの図形を選択し、カンバス上をクリックまたはドラッグします。

> memo
>
> カスタムシェイプツールは、過去のバージョンではさらに多くのシェイプが用意されていました。Photoshop 2021でも従来のシェイプを使いたい場合は、メニュー→“ウィンドウ”→“シェイプ”でシェイプパネルを開き、パネル右上のメニューから“従来のシェイプとその他”をクリックすることでよび出すことができます。

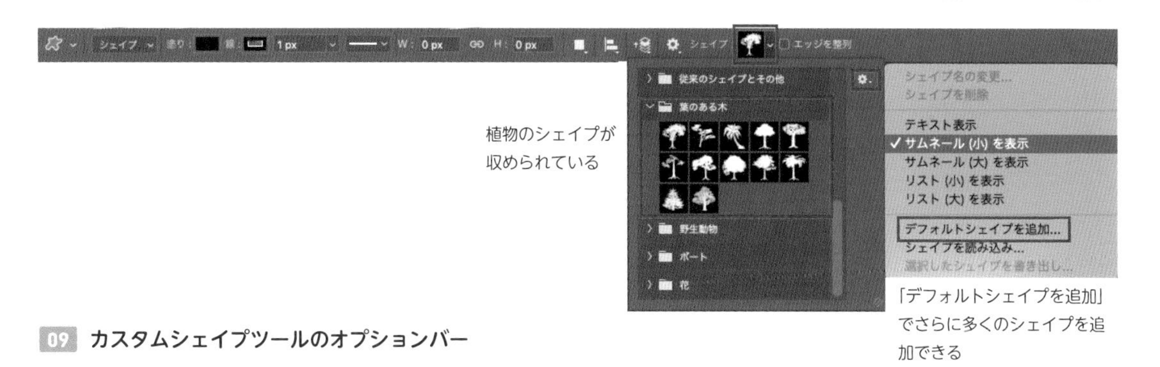

09 カスタムシェイプツールのオプションバー

描画したあとの移動と変形

図形ツールで描画したあとは、移動ツールにもち替えます。移動ツールでシェイプの位置を動かすことはもちろん、メニュー→“編集”→“自由変形”（⌘［Ctrl］+T）を選ぶと現れる「**バウンディングボックス**」という小さな四角形をドラッグすることで、図形の縦横比を保ったまま拡大・縮小できます。

比を崩したい場合は、ドラッグ中にshift［Shift］キーを押します。また、バウンディングボックスから少し離れたところにカーソルをもっていくとカーソルが回転用に変わり 10 、ドラッグすることで図形を回転させることもできます。回転中にshift ［Shift］キーを押すと、15°刻みに回転することができます。

> **memo**
> 従来のバージョンでの自由変形は、比を崩した状態での変形が基本で、比を崩したくないときだけshift［Shift］キーを押す仕様でした。現在は逆の操作となっていますが、この仕様が扱いづらい場合は、メニュー→“Photoshop”（Windowsではメニュー→“編集”）→“環境設定”→“一般”→“オプション”にて［従来の自由変形を使用］にチェックを入れましょう。

> **POINT**
> 移動ツールのオプションバーで［自動選択］にチェックを入れておくと、移動したい図形のレイヤーをあらかじめ選択しておかなくても、動かしたい図形の塗りの部分（色のついた部分）でクリック＆ドラッグすることで移動できます。

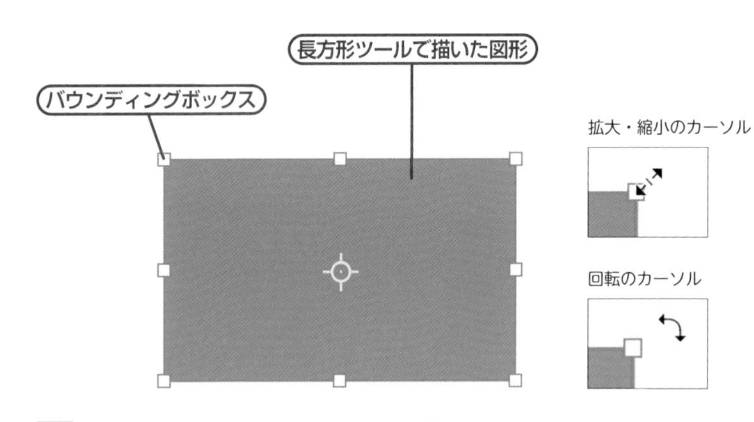

10 バウンディングボックスを使った自由変形

ペンツールを使った図形の描画

ペンツールの使い方は、Lesson3-05（125ページ）を参照してください。Lesson3-05では写真の切り抜きのためにパスを作成していますが、オプションバーで、159ページ 01 のように描くものを［パス］はなく［シェイプ］に設定しておくと、描いたものはシェイプレイヤーとなり、レイヤーパネル上に追加されます。

> **memo**
> 設定がパスのまま描いてしまった場合は、レイヤーパネルには残らず、パスパネルに追加されます。

ブラシツールの基本

Lesson4 > 4-03

THEME テーマ どんなお絵かきソフトにも入っている、フリーハンドで描画するためのツール、「ブラシ」。Photoshopでのブラシはたくさんの設定項目があり、とても幅広い表現が可能です。まずは基本を見てみましょう。

ブラシツールとは

ブラシツールは、**レイヤーに直接描画するツールです**。ただし、スマートオブジェクトやテキスト、シェイプなどのレイヤーには書き込むことができませんので、レイヤーパネルで新規レイヤーを追加して描画しましょう。

ツールパネルで アイコンを選びます。ブラシの描画色は、ツールパネルの最下部で設定します。ブラシツールを選択すると、オプションバーの内容がブラシ用に変わるため、ここでブラシの色以外の設定をしていきます。ブラシで描画する際、オプションバーで設定するのはおもに 01 の②⑤⑦です。

01 ブラシツール選択時のオプションバー

① ブラシプリセットの登録と呼び出し

レイヤースタイルのプリセットを登録したときと同様に、ブラシの設定もここに登録することができます。

157ページ、**Lesson4-01**参照。

② ブラシの直径、硬さ、角度、形状

クリックすると「**ブラシプリセットピッカー**」 02 が開き、ブラシの直径、硬さ、角度、形状を設定することができます。直径と硬さは、スライダーまたは数値で設定できます。

02 のAの部分では、ブラシの角度と真円率の設定をします。丸いポインターをドラッグしてブラシを楕円にしたり、三角のポインターをドラッグして角度を変更したりできます。角度を数値で設定したい場合は 01 の⑪で設定します。

memo
ブラシ形状が表示されない場合は、右上の歯車アイコン→"デフォルトブラシを追加"をクリックします。また、ネットで配布されているブラシも多数あります。

また、Photoshopにはあらかじめ大量のブラシが備わっているので、ここから使いたい形を選択します。

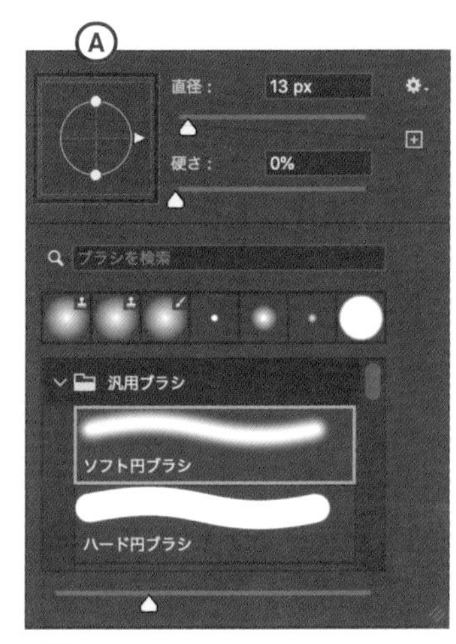

02 ブラシプリセットピッカー

③ ブラシ設定パネル

ブラシ設定パネルを使った高度な設定についてはLesson4-03（166ページ）を参照してください。

④ 描画モード

レイヤーパネルに備わっている描画モードと同じように、ブラシの一筆一筆に描画モードを与えることができます。

⑤ 不透明度の調整

ブラシの不透明度を調整します。一筆で書いているあいだは、線が重なっても濃くなりません。

⑥ 不透明度に筆圧を使用

オンにすると、ペンタブレットや液晶タブレットで描画する場合に、筆圧を感知して不透明度に反映します。マウスで描画する際はオフにしましょう。

⑦ 流量

不透明度に似ていますが、こちらはインクの量の調整です。不透明度との違いは、一筆で書いていても線が重なった部分は濃くなる点です。不透明度の設定よりアナログに近い感覚です 03 。

> memo
> 同じ数値の流量であっても、ブラシの間隔（→167ページ、Lesson4-04）を変えると濃さが変わります。

不透明度を下げた場合

直径：100px
硬さ：100%
不透明度：50%
流量：100%
間隔：1%

流量を下げた場合

直径：100px
硬さ：100%
不透明度：100%
流量：1%
間隔：1%

※ブラシサイズや硬さは同じ

03 不透明度と流量の違い

⑧ エアブラシスタイル

オンにすると、クリックしたまま筆先を動かさずにいるあいだ、その部分が濃くなります。スプレーで描画しているような感覚です。流量を下げているときのみ効果を発揮します。

⑨ 滑らかさ

フリーハンドでの描画はどうしても手ぶれが起きてぎこちない線になりがちです。[滑らかさ] の数値を調整することで、手ぶれを補正し

> memo
> 滑らかさの設定は、ブラシ設定パネルで[滑らかさ]にチェックが入っているときのみ有効です。

ながらなめらかな線を描くことができます。ただし数値を高くすると、描画の筆跡がワンテンポ遅れて生成されます。

⑩ スムージングオプション

［滑らかさ］に1%以上の数値が設定されている場合にのみ、詳細の設定ができます。たいていの場合はデフォルトの設定のままでよいでしょう。

⑪ ブラシの角度

②で設定できる角度と同じです 04 。こちらでは数値で設定ができます。

04 楕円形のブラシに角度を設定

⑫ ブラシサイズに筆圧を使用

オンにすると、ペンタブレットや液晶タブレットで描画する場合に、筆圧を感知してブラシサイズに反映します。マウスで描画する際はオフにしましょう。

⑬ 対称オプション

シンメトリーなイラストを描きたいときに使います。例えば"垂直"を選ぶと、カンバス上に垂直の基準線が出現します。基準線の位置を決めて画面右上の［○］ボタンかreturn［Enter］キーで確定し、線の片側に描画すると、反対側に対称的な線が描かれます 05 。

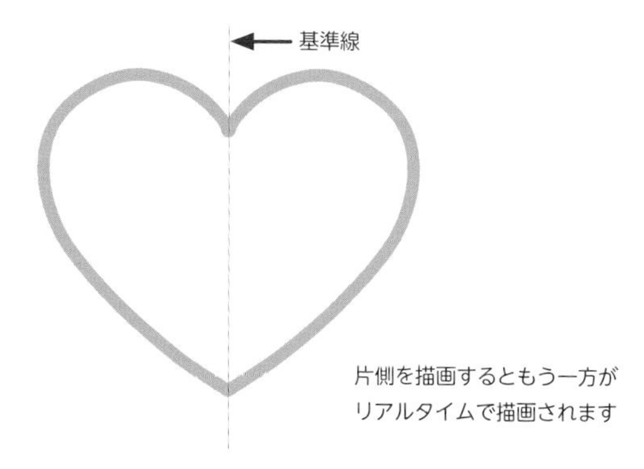

05 対称オプションを使ったハートの描画

memo

対称のガイド線の大きさを調整する際は、バウンディングボックスで調整しますが、シェイプの変形と同じく縦横比が保たれたままの変形になるため、比を崩したい場合はshift［Shift］キーを押しながらドラッグします。

ブラシのカスタマイズ

Lesson4 > 4-04

THEME テーマ

Photoshopのブラシは、色や形状だけでなく、スプレーのように散布させたり、ブラシの間隔を広げたりといった高度な設定ができます。多彩な表現ができるようになりましょう。

ブラシ設定パネル

前頁までの基本設定では、オプションバーを使ったブラシの大きさや形、不透明度などの設定について学びました。「**ブラシ設定パネル**」を使うと、ブラシの間隔を広げる、散布ブラシにするなど、**ブラシをより自由にカスタマイズできます**。ブラシ設定パネルは、ブラシツールを選択してオプションバーから呼び出すか、メニュー→“ウィンドウ”→“ブラシ設定”で開けます。

163ページ、**Lesson4-03**参照。

ブラシで描くストロークは先端形状の連続でできているため、ブラシの間隔を詰めたり広げたりすることで、ストロークをなめらかにしたり点線にしたりできます。また、散布の設定をすると、先端の形を散りばめたようなストロークを描くことができます。

ブラシ設定パネルは、左側が設定項目、右側が項目に対してそれぞれ設定をするエリアとなっています 01。

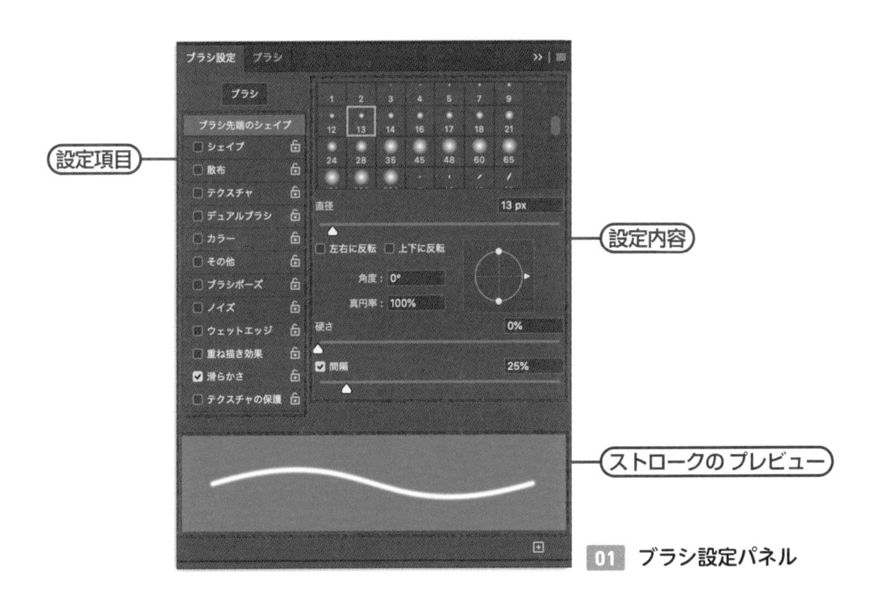

01 ブラシ設定パネル

間隔を広げて水玉のストロークを描く

ブラシツールを選択し、オプションバーで［直径：80px］［硬さ：100%］に設定して描画すると 02 、 03 のAのようになります。デフォルトではブラシの間隔が25%になっており、ストロークが少しもこもこして見えます。

間隔を調整するには、ブラシ設定パネルを開きます。左側のリストにある［ブラシ先端のシェイプ］の設定内容で、［間隔］を調整していきます。デフォルトの［25%］からスライダーを動かし、最小の［1%］にすると最もなめらかなストロークになり（ 03 のB）、［100%］以上にすると、水玉のようなストロークになります（ 03 のC）。

POINT

ブラシで描画中（ドラッグ中）にshift［Shift］キーを押すと、直線を描くことができます。

02 直径と硬さ

※違いがわかりやすいように、ここでは直径80px、硬さ100%のブラシを用いています

03 ブラシの間隔の違い

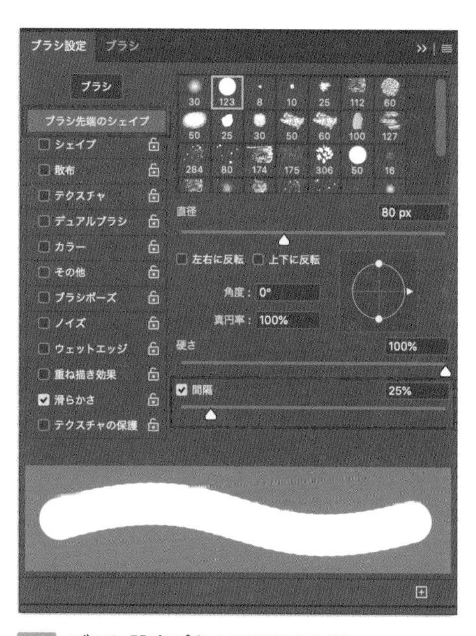

04 ブラシ設定パネルで間隔を調整

散布ブラシでキラキラを描こう

キラキラと星が散りばめられたようなストロークを描きたい場合は、星型のブラシに散布の設定を行います。

① 星形のブラシを選ぶ

オプションバーでブラシプリセットピッカーを開き、［レガシーブラシ］→［初期設定ブラシ］を開いて、初期設定ブラシの中央あたりにある［星形（70 pixel）］というブラシを選びます 05 。

163ページ、**Lesson4-03**参照。

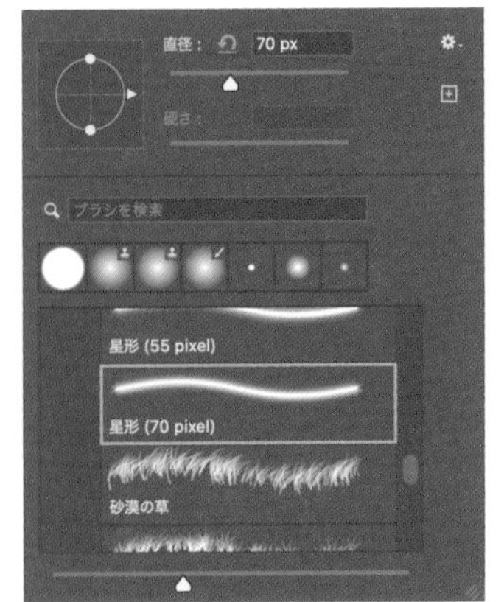

05 [星形(70 pixel)]ブラシ

POINT

レガシーブラシが見当たらない場合は、パネル右上の歯車アイコン→"レガシーブラシ"をクリックします。

② ブラシをカスタマイズする

ブラシ設定パネルを開き、水玉ブラシと同じ要領で、[間隔：40%]にします 06 。続いて [散布] をクリックし、スライダーを [100%] に調整すると 07 のBのようになります。

なお、ペンタブレットなどを使う場合は、[コントロール：筆圧] に設定すると、筆圧の強さで散布具合を調整することができます。さらに、設定項目の [シェイプ] で、[サイズのジッター] を大きくすると、星形のサイズにばらつきが出て、07 のCのようによりキラキラした雰囲気になります。同様に、[角度のジッター] や [真円率のジッター] を調整してみてもいいでしょう。

06 [間隔：40%]に設定

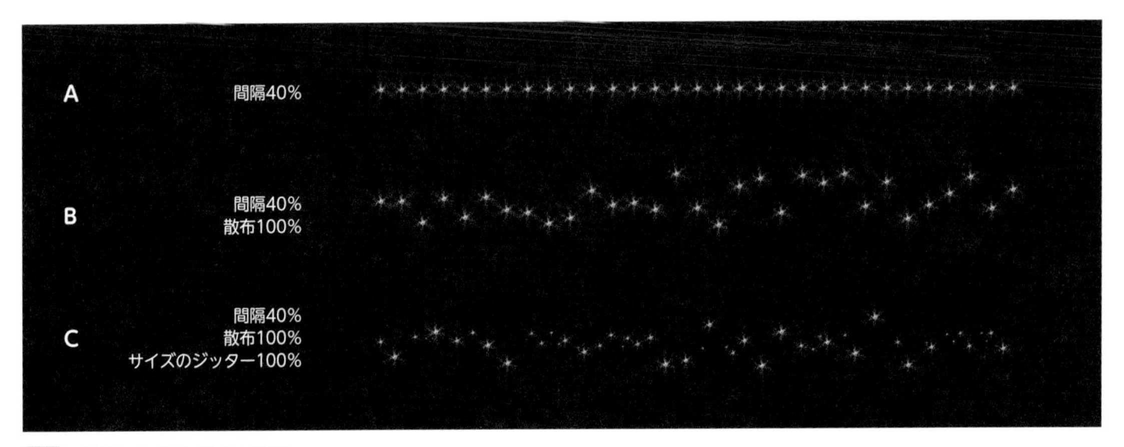

07 ブラシのさまざまな調整

memo

ジッター (jitter) は、英語で不安感やゆらぎを意味する言葉です。ブラシの設定では、サイズや角度、真円率にゆらぎ (ばらつき) をもたせるための設定を表します。

文字をメタリックにする

Lesson4 > 4-05

THEME テーマ レイヤースタイルをかけ合わせて文字を加工し、メタリックな表現をしてみましょう。この加工はテキスト以外のシェイプなどにも応用できます。

レイヤースタイルによる文字加工

レイヤースタイルの合わせ技で文字を加工していきます 01。実際に金属でできているような立体感を出すため、最後に「ベベル」という加工を行います。**テキストレイヤーにレイヤースタイルを適用すると、あとから文字を変更してもスタイルは適用されたまま**になります。

01 完成形

① ベースとなる文字を入力する

新規ファイルを作成します。カンバスは[アートとイラスト]→[1000ピクセルグリッド]を選びます。

ツールパネルから横書き文字ツールを選び、オプションバーもしくは文字パネルを使って下記のような設定にし 02、「GOLD」と入力しましょう 03。

- フォント：太めのゴシック体(ここではArial Blackを使用)
- サイズ：200px
- 色：黒(#000000)

文字パネル

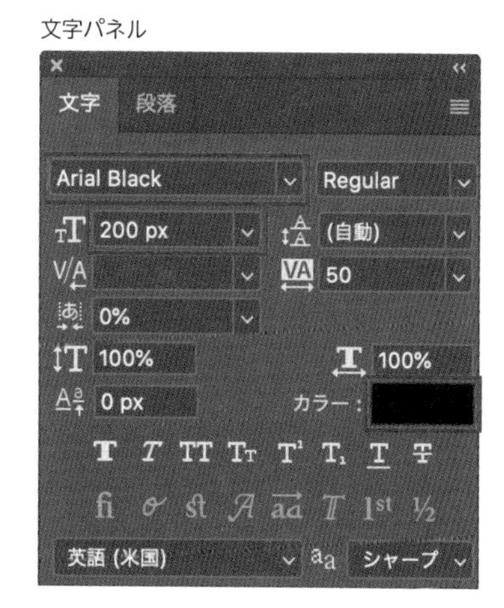

オプションバー

02 ベースとなる文字の設定

GOLD

※ここでは色を黒にしていますが、このあとの手順で上から色(グラデーション)をのせるので、この時点では何色でもOKです

03 文字を入力

> **memo**
> 基本の横書き文字ツールの使い方は74ページ、Lesson2-06参照。Arial BlackがPCに搭載されていない場合は、太めのゴシック体を使いましょう。フォントサイズの単位がmmなどほかの単位になっている場合は、メニュー→“Photoshop”(Windowsではメニュー→“編集”)→“環境設定”→“単位・定規...”で現れる［環境設定］ダイアログの［単位］で［文字：pixel］に変えます。

② [グラデーションオーバーレイ] を追加する

レイヤーパネルで、テキストレイヤーをダブルクリックし、「レイヤースタイル」ダイアログ を開きます。[グラデーションオーバーレイ]にチェックを入れ、文字にグラデーションをのせます(**04** A)。

154ページ、**Lesson4-01**参照。

グラデーションの色が表示されている部分をクリックし、「グラデーションエディター」を開きます。さまざまなグラデーションのプリセットが用意されていますが、今回はゴールドのグラデーションをオリジナルで作ります。

> **memo**
> 「オーバーレイ(overlay)」は、英語で「〜の上におく、上塗りする」という意味です。

グラデーションの帯のすぐ下にカーソルをあて、 (指カーソル)になったところでクリックし、スライダーを2つ追加します。各スライダーをクリックして色と位置を図のように設定しましょう(**04** B)。スライダーを増やしすぎた場合は、delete［Delete］キーを押すかマウスでスライダーを下へドラッグすることで削除できます。

> **memo**
> 作ったグラデーションをプリセットに保存したい場合は、グラデーションエディターでグラデーション名を入力し［新規グラデーション］をクリックします。

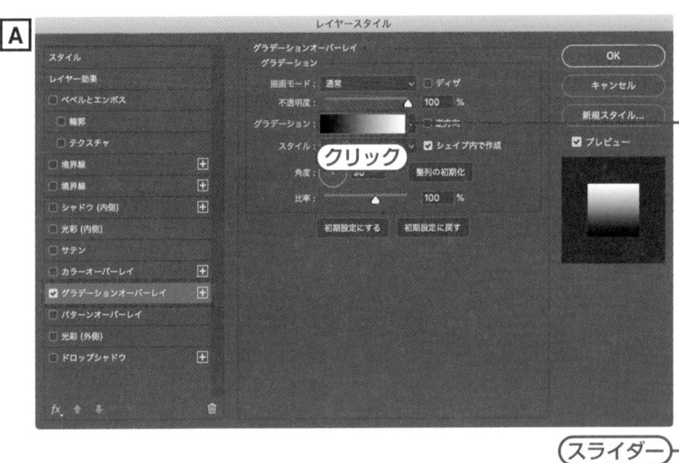

スライダーの設定
① カラー：#c9a849／位置：0%
② カラー：#fff492／位置：47%
③ カラー：#fffc1／位置：53%
④ カラー：#fad56a／位置：100%

GOLD

04 レイヤースタイルで[グラデーションオーバレイ]を追加

③［光彩（外側）］を追加する

［ドロップシャドウ］のように、レイヤーの外側にふわっとした色を追加します。［ドロップシャドウ］は角度と距離を使って奥行き感を生みますが、［光彩(外側)］は、レイヤーの周りに均等に色がつく機能です。

今回光彩を使うのは、最後に設定するベベルの前準備となります。05のように設定しましょう。ここで設定する光彩のサイズ［10px］は、文字が立体的になったときに、ハイライトやシャドウが入る部分になります。

> **memo**
> わかりにくい場合は、いったんこのまま進め、完成後にレイヤーパネルで光彩(外側)だけ非表示にして何が違うのか確認してみましょう。レイヤーパネルで目のアイコンをクリックすることで表示／非表示を切り替えられます。

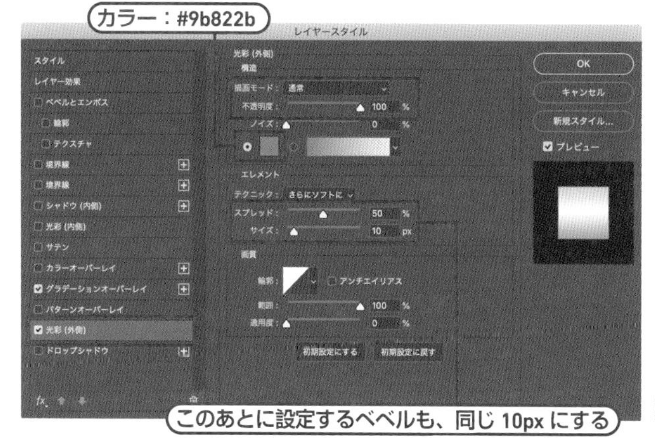

05 レイヤースタイルで［光彩(外側)］を追加

「ベベル」とは

続きを行う前に、オブジェクトを立体的に見せる「**ベベル**」について知っておきましょう。ベベル (bevel) とは、英語で「斜面」という意味です。Photoshopのベベルには「**ベベル（内側）**」と「**ベベル（外側）**」があり、効果はそれぞれ 06 のようになります。**ベベル（内側）はオブジェクトを削って斜面を作り出し、ベベル（外側）はオブジェクトを削らないように斜面を追加します**。今回のようにテキストにベベルを作る場合は、ベベル(外側)が向いていることがわかります。

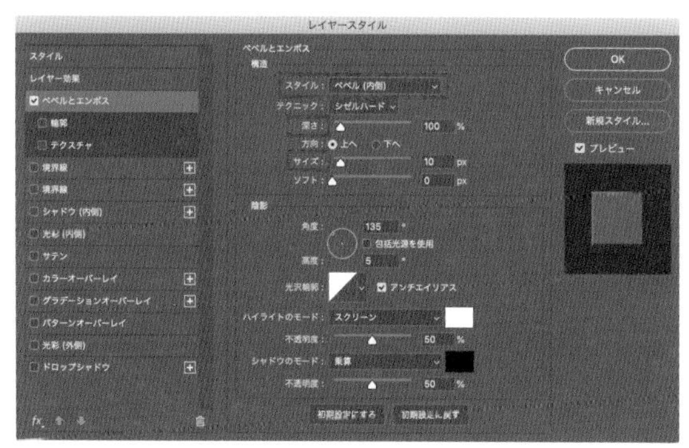

※ここでは違いがわかりやすいように、［テクニック］を［ジゼルハード］としています

元のオブジェクト

ベベル(内側)

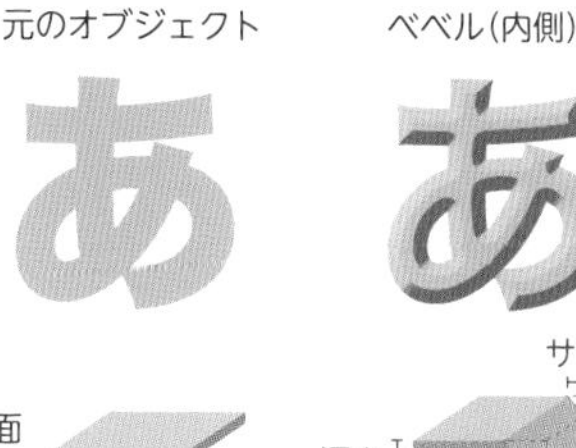

オブジェクトの内側を削って斜面を作ります。細いフォントや図形には不向き

ベベル(外側)

オブジェクトの外側に斜面を追加します。ベベルサイズを大きくすると外側に広がる

06 ベベルの違い

④ [ベベルとエンボス] を追加する

作業に戻りましょう。文字レイヤーのレイヤースタイルに [ベベルとエンボス]を追加し、07のように設定します。まず、上段の[構造]でベベルの形を作っていきます。[テクニック] を [滑らかに] にすると、06のような硬い質感ではなく文字の表面と斜面がなめらかになります。ベベルの[サイズ]は光彩(外側)のサイズと同じ[10px]にし、光彩の上にちょうど斜面が覆いかぶさるようにします。

下段の [陰影] では、光の当て方や明るいところ (ハイライト)、暗いところ(シャドウ)の設定をします。光源の [角度] と [高度] を変えるとハイライトやシャドウの具合が変わります。[高度] が [0] だと光源はオブジェクトの真横に位置し、[90]だと真上に位置します 08。

ハイライトとシャドウの色は、グラデーションオーバーレイで使った黄土色から派生したカラーを設定しています。ハイライトを [スクリーン]、シャドウを [乗算] にすることで、光彩 (外側) の色と重なってブレンドされます。

[光沢輪郭] は、デフォルトの状態だと光が当たったときにできる基本の陰影の形となりますが、プルダウンから [リング] を選択すると、ツヤが出てより金属っぽさが増します。

memo

[光沢輪郭] の感覚をつかむのは難しいですが、輪郭の形を変えると印象を変えることができます。いろいろな光沢輪郭を試してみましょう (192ページ、Column参照)。

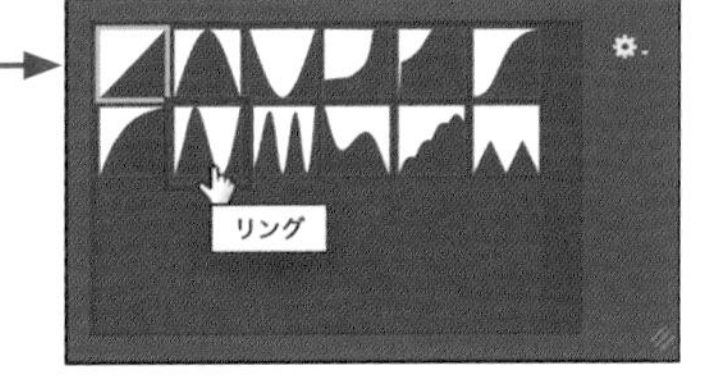

07 レイヤースタイルで[ベベルとエンボス]を追加

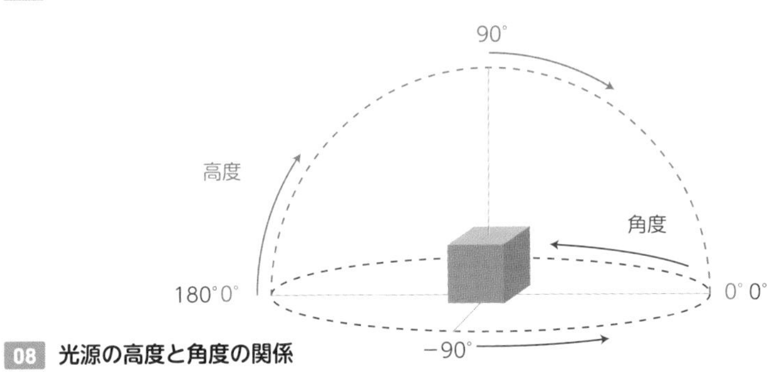

08 光源の高度と角度の関係

⑤ 完成

ここまでの設定ができたら完成です。文字に効果を付けただけなので、文字の編集も可能です。さらに、ブラシなどで飾るとよりキラキラ感を追加することができます。09 では背景を紺色に塗りつぶし、テキストの上にブラシでキラキラを追加しています。

163ページ、**Lesson4-03**参照。

背景塗りつぶしカラー：#2c3162
使用ブラシ：[レガシーブラシ]→[クロスハッチ4]
ブラシカラー：#ffffca
角度：45°

09 完成プラスアルファ

雲でできた文字を作る

Lesson4 > 4-06

THEME テーマ オリジナルのブラシを作って、雲でできているような、リアルな質感の文字を作ってみましょう。

カスタムブラシによる文字加工

雲でできた文字がまるで空に浮かんでいるかのような画像を作ります 01 。今回は雲ブラシをオリジナルで作成し、ベースとなるテキストを雲ブラシでなぞる、という方法で作成します。写真からオリジナルのブラシを作れるようになれば、芝生のブラシや布のブラシなど、さまざまなテクスチャに応用できます。

01 完成形

① ブラシの元となる画像を作る

ブラシの元となる雲の写真「4-06_sozai1.jpg」 02 を開きます。

02 雲の画像

memo

Lesson4-06の作例では、写真素材として下記のWebサイトのものを使用しています。
・写真提供：Satoshi 村
http://satoshi3.sakura.ne.jp/
・雲の写真(撮影：Satoshi氏)
http://satoshi3.sakura.ne.jp/f_photo/month201807/mm0710a.htm
・飛行機の写真(撮影：Satoshi氏)
http://satoshi3.sakura.ne.jp/f_photo/sky7/sky1231.htm

ツールパネルからクイック選択ツール を選び、オプションバーで[選択とマスク...]をクリックします。

「選択とマスク」ワークスペースが開くので、80〜90px程度の大きさのクイック選択ツール、境界線調整ブラシツール、ブラシツール(マイナス)を使って雲の形に選択範囲を作っていきます。今回はブラシを作るための切り抜きなので、なるべく丸い形になるように、いびつな部分は範囲に含めないようにします 03。範囲が設定できたら、属性パネルで[出力先：選択範囲]にして[OK]をクリックし、選択範囲を完成させます。

108ページ、Lesson3-02参照。

100ページ、column参照。

memo

図のようにならない場合、右上の表示モード→表示を「オーバーレイ」にし、カラーを赤など目立つ色にすると見やすくなります。

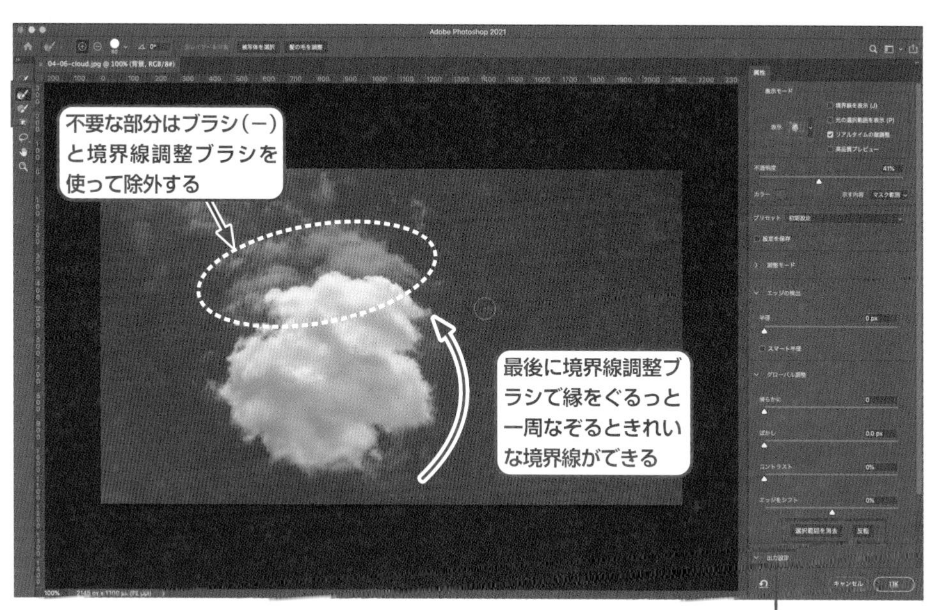

03 「選択とマスク」ワークスペース

② ブラシを登録する

選択範囲ができたら、ブラシとして登録します。レイヤーパネルでレイヤーが選択されているのを確認し、メニュー→"編集"→"ブラシを定義..."をクリックします。「ブラシ名」ダイアログが出てきたら、自分で認識しやすいブラシ名(ここでは「雲」)を付けて[OK]します。これでブラシとして登録されました 04。

memo

"ブラシを定義..."がグレーアウトしてクリックできない場合は、レイヤーを選択できていない可能性があります。よく確認しましょう。

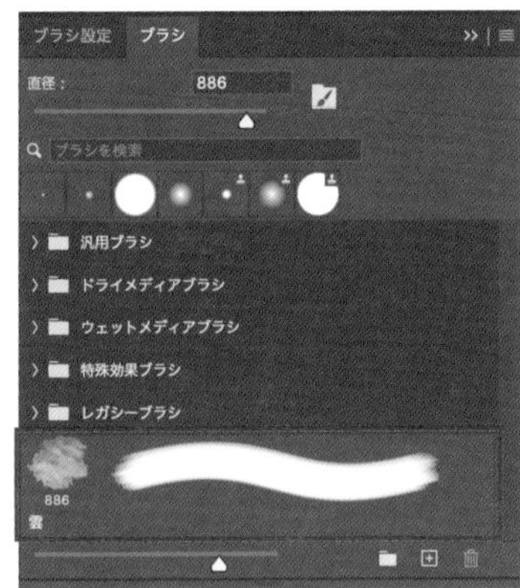

04 登録された雲ブラシ　パネルメニューで「ブラシの先端」にチェックを入れると、登録したブラシの形を確認することができます

③ 背景の青空を作る

メニュー→"ファイル"→"新規..."をクリックします。今回は[アートとイラスト]の[1000ピクセルグリッド]を元に、幅だけ編集して[幅：2000px][高さ：1000px]のドキュメントを用意します。

ワークスペースが開いたら、背景となる青空を作るため、まずは長方形ツールでカンバスいっぱいの長方形を作成しましょう。オプションバーで塗りをグラデーションにし、[ブルー]のグループから好きなグラデーションを選択します(ここでは[青_19]を使用) **05**。

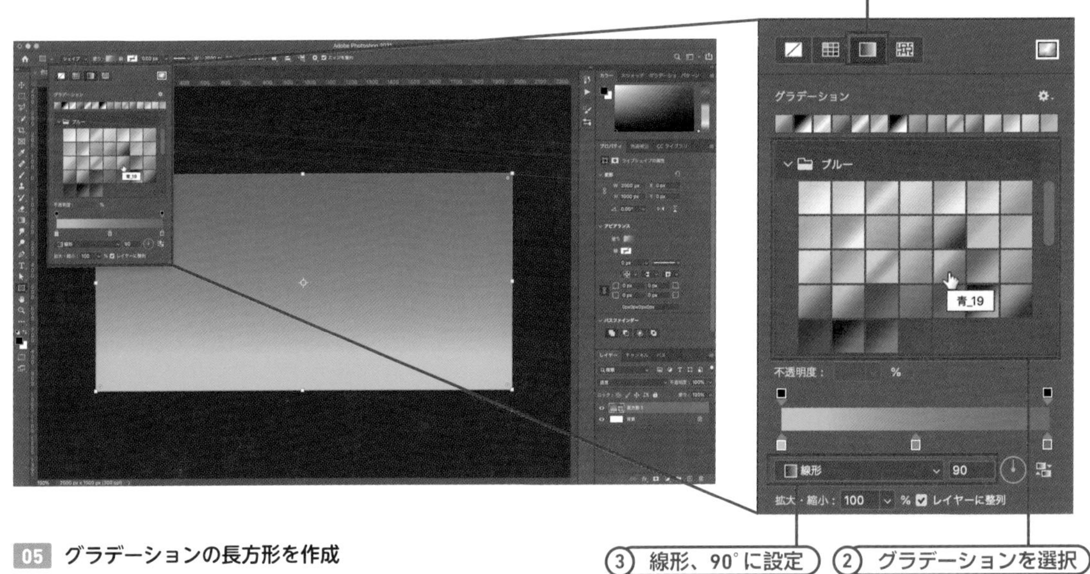

05 グラデーションの長方形を作成

④ ベースとなるテキストを作成する

好きなフォントを使って「Blue Sky」と入力しましょう 06 。フォントは、飛行機雲のような仕上がりにしたければ筆記体を、また空にそのまま浮かんでいるような仕上がりにしたければサンセリフ体（ゴシック体）を使います。雲ブラシでなぞりやすい、シンプルなフォントがおすすめです。フォントサイズは使用するフォントによりますが、目安は400px程度です。

memo

ここで使用しているフォントは「Al Fresco」。Adobe Creative Cloudを契約している人なら「Adobe Fonts」のサイトから入手できます。Adobe Fontsの使い方は200ページ、Lesson5-02参照。

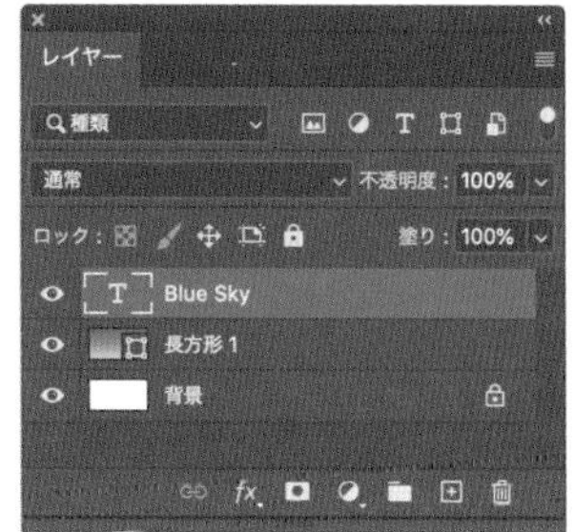

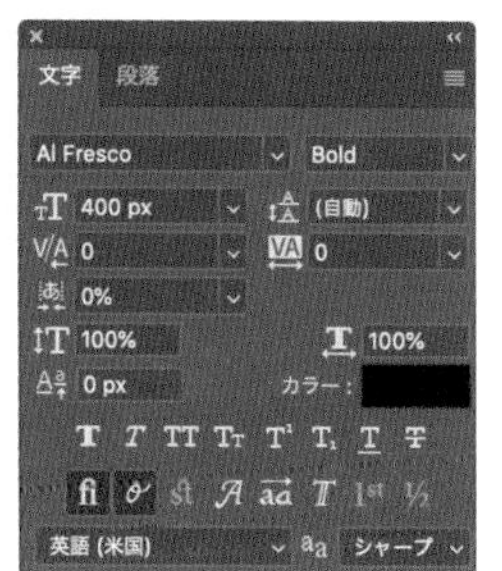

06 ベースとなるテキストを作成

⑤ 雲ブラシを設定する

ブラシを使って描画するため、新規レイヤーを追加します。レイヤー名は「雲テキスト」とします。ブラシツールを選択し、描画色を白(#ffffff)にします。

続いて、オプションバーで雲ブラシのサイズと流量を設定します。ブラシのサイズは元の写真で作った選択範囲のサイズになっていて大きすぎるため、[40px] 程度にします。また、流量を下げることで雲のやわらかい質感に近づけます 07 。この時点ではまだ機械的なストロークのため、もう少し雲のもこもこ感と不ぞろい感を出す必要があります。

07 オプションバーと試し書き

⑥ ブラシ設定パネルで詳細を設定する

ブラシ設定パネルを開き、まずは［間隔］を［15%］にします 08。この状態ではあまり変化は見られませんが、［シェイプ］の項目で［サイズのジッター］と［角度のジッター］を［100%］まで上げることで、もこもこ感と不ぞろい感が出てきます 09。さらに、［散布］の項目で少しだけ散布を足すことで、よりもこもこした質感に仕上げます 10。

POINT

［散布］は、20%程度追加します。散布をあまり大きくしすぎると、もこもこ感が失われてしまいます。

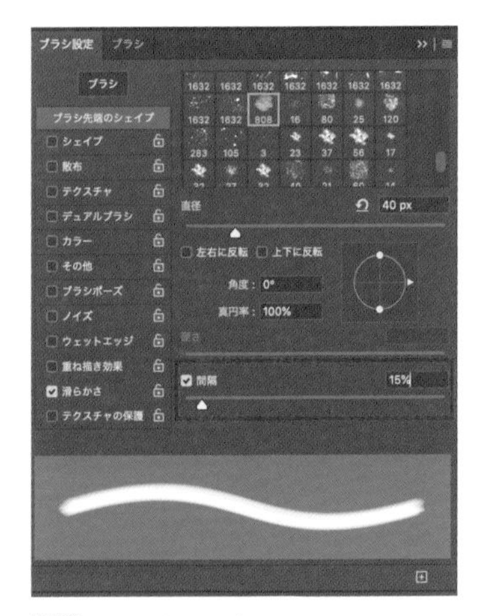

08 ［間隔］を設定

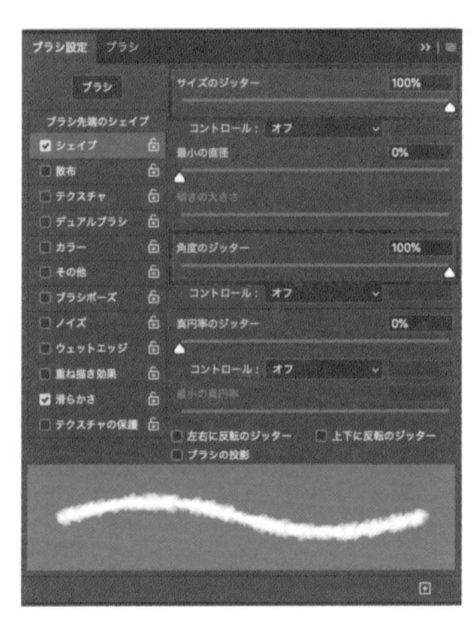

09 ［サイズのジッター］と［角度のジッター］を設定

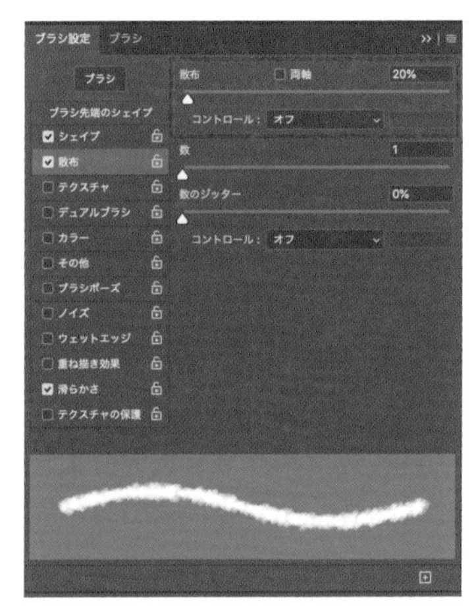

10 ［散布］を設定

⑦ テキストレイヤーをなぞる

ブラシの設定ができたら、レイヤーパネルで「雲テキスト」レイヤーを選択します。ベースの文字を、ゆっくりていねいになぞっていきましょう 11。ストロークがガタガタになってしまう場合は、オプションバーで［滑らかさ］を上げてみましょう。ペンタブなどの用意があれば、よりていねいになぞることができます。なぞり終わったら、下書きのテキストレイヤーを非表示にします。移動ツールで「雲テキスト」レイヤーの位置を調整しましょう 12。

memo

オプションバーの［滑らかさ］がグレーになって数値入力できない場合は、ブラシ設定パネルで［滑らかさ］の項目にチェックを入れましょう。

POINT

移動ツールでの移動の際は、オプションバーの［自動選択］にチェックを入れておきましょう。また、細かい位置の調整はキーボードの矢印キーでも行えます。

11 テキストをなぞる

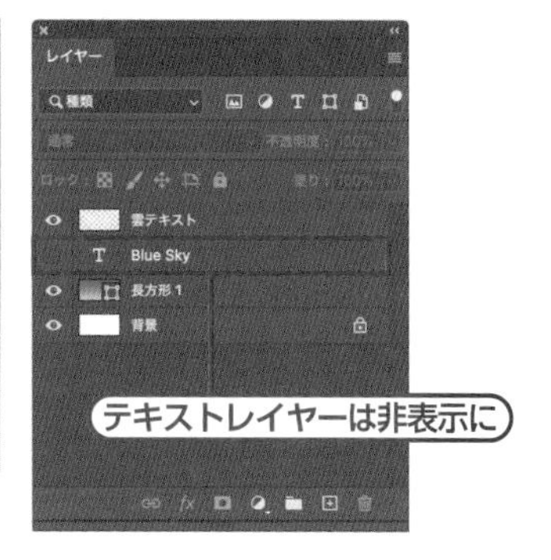

12 位置を調整して雲テキストの完成

⑧ 周りをデコレーションして完成

切り抜いた飛行機の写真を配置したり、新規レイヤーを追加し、サイズを大きくした雲ブラシでカンバスの端に雲を描くと、よりリアルに仕上げることができます 13 。

お好みで周りに
雲・飛行機などを配置

13 一工夫でよりリアルに

人物のポーズを変える

Lesson4 > 4-07

「パペットワープ」という機能を使うと、切り抜いた写真などを自由に曲げたりねじらせたりできます。ここでは手を振っている人の腕を曲げてみましょう。

パペットワープを使ったポーズ修正

元の写真 01 は右腕を伸ばした形になっていますが、「**パペットワープ**」を使って肘(ひじ)を曲げていきます 02。より自然に肘から曲がっているような形を目指しましょう。

人の腕は伸ばしているときと曲げているときで関節(肘)の見た目が違うので、パペットワープで肘を大きく曲げると不自然に見えてしまいます。「自然に見える範囲で」曲げることを意識してみましょう。

memo

パペットワープの練習をするなら、植物(ツタなど)や、キリンの首などの写真でやってみるのもおすすめ。

01 元画像 (撮影:谷本 夏[studio track72])

02 パペットワープ適用後

① 写真を複製する

まずは素材写真「4-07_sozai1.jpg」 01 を開きます。レイヤーパネルで「背景」レイヤーを右クリックして“レイヤーを複製...”を選び、[新規名称:woman]にして[OK]します 03。

03 レイヤーを複製

② 写真を切り抜く

レイヤーマスクを使った切り抜きを行います。レイヤーパネルで「woman」レイヤーをクリックし、ツールパネルでクイック選択ツールをクリックします。オプションバーで［被写体を選択］をクリックして選択範囲を作りましょう。このとき、指先まできれいに選択できているか確認し、必要に応じてクイック選択ツールで調整しましょう 04 。今回は髪の毛やイヤリングの内側までは細かく選択しなくてかまいません。

この選択範囲は、最後にもう一度使うので、メニュー→“選択範囲”→“選択範囲を保存...”で「womanチャンネル」と名前を付けて保存します。保存ができたら、選択範囲を「woman」レイヤーのレイヤーマスクに変換し、切り抜き完了です 05 。切り抜いたことがわかるように、「背景」レイヤーを非表示にしておきましょう。

memo

今回の写真のように背景がしっかりボケていて、被写体と背景の違いがはっきりしている場合は、一気に選択範囲を作ることのできる「被写体を選択」が速くて便利です。ただし、背景とコントラストの低い部分があればうまく選択されないこともあるので、必ず手作業で仕上げを行いましょう。

111ページ、Lesson3-02参照。

04 選択範囲の作成

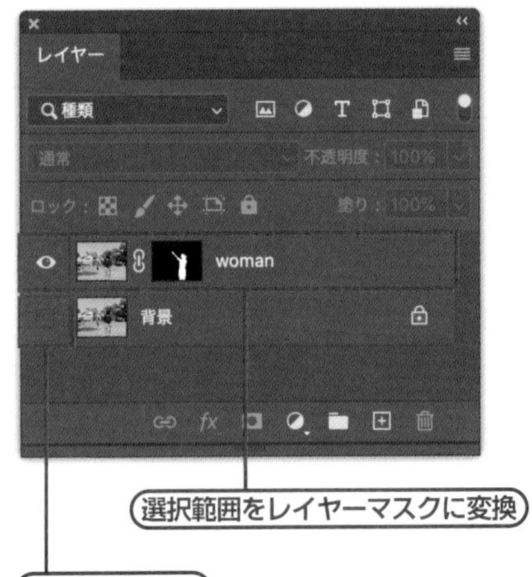

05 レイヤーマスクの作成

③ パペットワープでピン留めする

パペットワープを使う前に、「woman」レイヤーを右クリックして“スマートオブジェクトに変換”をしておきます。これで、パペットワープをあとからも編集できるようになりました。

「woman」レイヤーが選択されていることを確認し、メニュー→“編集”→“パペットワープ”をクリック。すると、レイヤーにメッシュがかかった状態になります。パペットワープ中はカーソルが画びょうの形になり、この画びょうでまずは固定したい部分を数カ所「ピン留め」していきます。腕を曲げる際の軸になる肘にもピンを打ちましょう **06**。

memo

パペットワープのピンを打つ位置が難しい場合は、ダウンロードデータ「4-07_after.psd」を参考にしましょう。

固定する部分にピン留め
軸になる部分にもピン留め
固定ピン

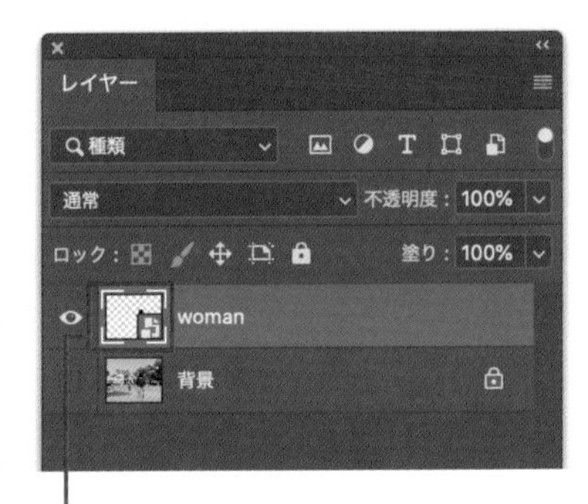

06 固定や軸にしたいところにピン留め

④ 肘を軸に腕を曲げる

肘に打ったピンをクリックし、アクティブにします。option [Alt] キーを押しながら、肘のピンにカーソルを近づけて、カーソルが回転の矢印になったら下に少しだけドラッグします。カーソルを完全にのせるとピンの削除になってしまうので注意しましょう 07。20°ほど腕を曲げます。曲がったら、オプションバーの [○] ボタンをクリックして完了です。

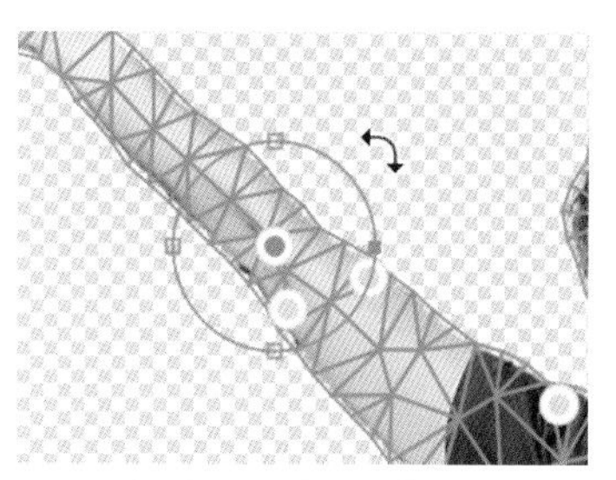

option [Alt] キーを押しながらカーソルを近づけ、カーソルが両矢印になったらドラッグで回転します

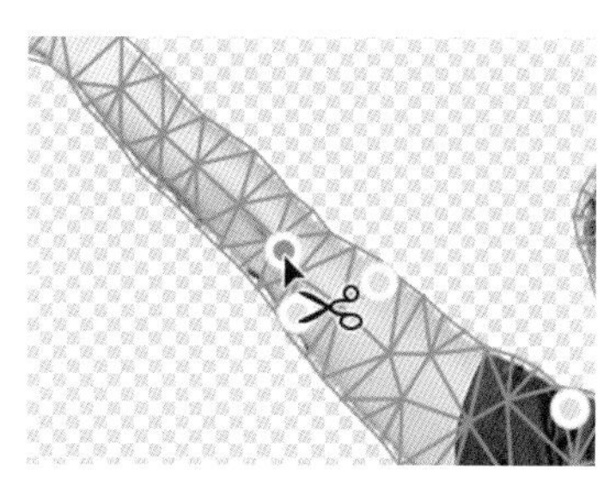

option [Alt] キーを押しながらカーソルをピンに完全にのせ、カーソルがハサミになったらクリックでピンを削除します

07 回転と削除

⑤ 背景を戻す

もともとあった背景を復活させていきましょう。「woman」レイヤーを非表示にし、「背景」レイヤーを表示させます。「背景」レイヤーにはパペットワープ適用前の女性の左腕が写っているので、これを消していきましょう。まず、チャンネルパネルを開き、最初に保存した選択範囲「womanチャンネル」のサムネールを、⌘[Ctrl] キーを押しながらクリックします。すると選択範囲をよび出すことができました。さらに、メニュー→"選択範囲"→"選択範囲を変更"→"拡張..."で選択範囲を3px拡張します 08。

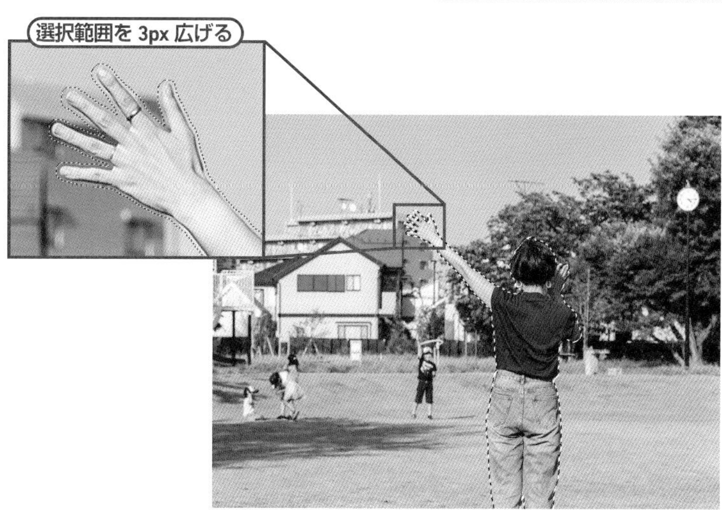

08 選択範囲をよび出し、広げる

memo
回転の角度は、オプションバーで数値入力もできます。必ず肘のピンをアクティブにした状態で行うこと。

POINT
先の手順でレイヤーをスマートオブジェクトにしておいたため、パペットワープの再編集が可能になっています。レイヤーパネルの [パペットワープ] をダブルクリックすることで調整できます。

memo
チャンネルパネルを扱う際、突然写真が白黒になったり、赤や青になったりした場合は、チャンネルパネル内の「womanチャンネル」を非表示にし、「RGB」を表示させると元に戻せます。あせらずにチャンネルパネルを確認しましょう。

memo
字面は同じですが、メニュー→"選択範囲"→"選択範囲を拡張"は、"選択範囲を変更"→"拡張"とはまったく異なる機能のため、間違えないようにしましょう。"選択範囲を拡張"は、選択範囲に隣接するピクセルで、選択範囲内に類似する色を選択範囲に含める機能です。

⑥ 背景を編集する

選択範囲を拡張できたら、メニュー→"編集"→"コンテンツに応じた塗りつぶし…"をクリック。09のような画面が立ち上がります。左側の画面の赤で塗られた部分を元に選択範囲を塗りつぶす（＝生成する）という機能で、その結果が中央の画面となります。思ったような背景が生成できなかった場合は、ブラシツールで赤いサンプリング領域を増減させ調整します。今回は体部分が「woman」レイヤーで隠れるので、左腕があったあたりがきれいになればOKです。

右側にある「コンテンツに応じた塗りつぶし」パネルで［出力先：現在のレイヤー］にして［OK］をクリックします。メニュー→"選択範囲"→"選択を解除"をクリックし（⌘［Ctrl］＋D）、選択範囲を解除します。

memo

09ではサンプリング領域が赤で塗られていますが、初期設定では緑色で表示されます。この素材写真では、芝生などの緑の部分が多いので領域をわかりやすくするため、赤で表示されるようにしました。「コンテンツに応じた塗りつぶし」パネルにある「カラー」のカラーピッカーをクリックすると、サンプリング領域の塗りつぶし色を変更できます。

09 「コンテンツに応じた塗りつぶし」パネル

⑦ ほかの写真から切り貼りして復元

左手が重なっていた建物の復元がうまく行かないときは、スポット修復ブラシツールやコピースタンプツールで復元することも可能ですが、ほかの写真から切り貼りすると、とても簡単に復元できます。こういった編集ができるよう、撮影時は複数枚の写真を撮っておくのもポイントです。

素材「04-07-building.jpg」をフォルダからドラッグ＆ドロップで配置します。配置したら長方形選択ツールで建物の必要な部分を囲んで、レイヤーマスクにします 10 。ツールパネルで移動ツールを選択し、切り貼りした部分が背景にぴったりはまるように移動させましょう 11 。移動ツールでは、キーボードの十字キーを使うと1ピクセルずつ移動させることができます。レイヤーマスクの境界線が不自然な部分があればブラシツールで調整して、建物部分の復元ができたら、最後に「woman」レイヤーを表示させると完成です 12 。

10 配置したほかの写真で建物部分を選択

11 切り貼りした部分の位置などを調整

12 完成

パペットワープによるロープの湾曲

今回は人の腕なので、関節を軸に回転という方法を使いましたが、植物やロープのようなやわらかいものを湾曲させる場合は、打ったピンをドラッグし、ゆるやかなカーブを与えます 13。また、パペットワープはオブジェクトを曲げるだけではなく、輪郭の調整などにも使われます。

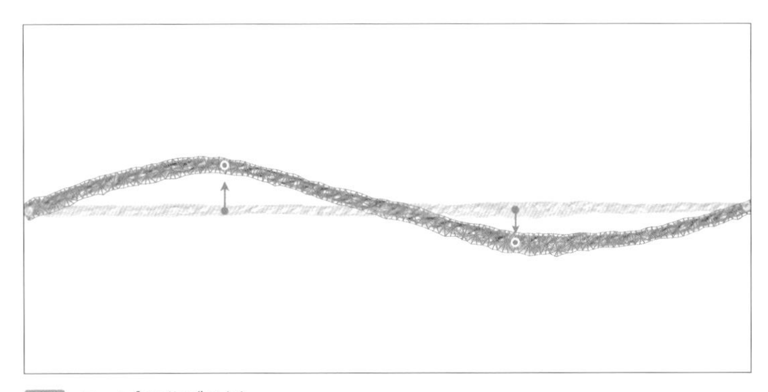

13 ロープを曲げる例

ボトルにラベルを貼る

Lesson4 > 4-08

THEME テーマ 通常の「自由変形」はオブジェクトの拡大・縮小と回転を行うための機能ですが、「ワープ」を使うとさらにゆがみを加えることができます。

ワープを使ったラベルの貼り付け

「**ワープ**」は**画像やシェイプ、テキストを好きな形にゆがめられる機能です**。ゆがみを加えたあとに再編集ができるように、ワープを使いたいレイヤーはスマートオブジェクト化しておくとよいでしょう。今回はボトルのラベル画像を作り、ワープでボトルに貼り付けていきます 01。

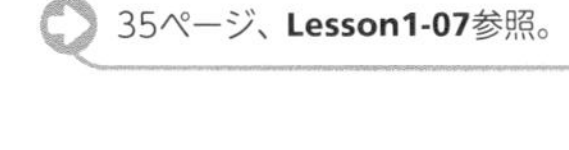

35ページ、**Lesson1-07**参照。

01 完成形

memo

Lesson4-08で使用している写真素材は下記の方から提供いただきました。
・山の写真(4-08_sozai1.jpg)
撮影：林 恭央
・bottled water (4-08_sozai2.jpg)
撮影：cipher
https://www.flickr.com/photos/h4ck/2484972260/

① ラベルの縁を作る

素材画像「4-08_sozai1.jpg」を開き、まずラベルを作っていきましょう。長方形ツールで図のようにラベルの縁となる長方形を作ります。ドキュメントの上端ぴったりに配置するには、移動ツールのオプションバーを使います。[…]（[整列と分布] ボタン）をクリックし、整列の基準を [カンバス] にします。その状態で [左端揃え] と [上端揃え] をクリック。カンバスの中で左上ぴったりに配置されます。同様に下端にも長方形を配置します 02。

memo

任意の範囲で整列させたい場合は、整列の基準を[選択]にします。長方形選択ツールなどで任意の選択範囲を作って整列させます。選択範囲の解除のショートカットキーは ⌘[Ctrl]＋D。選択範囲を使わないときは必ず解除しておきましょう。

長方形　幅：1,000px、高さ：30px
塗りの色：#091c48

[整列と分布] ボタン
水平方向
垂直方向
3D モード：
整列：
分布：
等間隔に分布：
整列：
カンバス
整列の基準を決定
カンバス：カンバスを基準に整列
選択：選択範囲を基準に整列

02 長方形の作成と整列

② テキストを追加する

次に、横書き文字ツールでラベルにテキストを追加します。図のように設定し、「Natural Water」と入力します。続いて移動ツールの整列を使って水平方向中央揃えにし、垂直方向は手動で配置します（写真の森のあたり）**03**。ここまでできたら「4-08-label.psd」として保存しましょう。

Adobe Garamond Pro　Regular　100 px　シャープ
オプションバーで [中央揃え] に設定

テキストを配置
フォント：Adobe Garamond Pro
（AdobeFontsよりダウンロード可能）
サイズ：100px
カラー：#ffffff（白）

03 テキストの配置

③ ラベルをボトルに配置する

素材画像「4-08_sozai2.jpg」を開きます。メニュー→“ファイル”→“埋め込みを配置...”で先ほど作ったラベル「4-08-label.psd」を選択し、読み込みます。スマートオブジェクトとして読み込まれるので、ラベルを貼り付けるエリアの高さよりやや小さめにリサイズして、ボトルの中央あたりに移動し、オプションバーの［○］ボタンで確定します **04**。

04 ラベルの変形と配置

④ ワープでラベルを変形する

「04-08-label」レイヤーを選択している状態で、メニュー→“編集”→“変形”→“ワープ”をクリックします。するとラベルに、ハンドル付きのバウンディングボックスのようなフレームが表示されます。これを「**ワープメッシュ**」とよびます。ハンドルは一度無視して、四隅のアンカーポイントをボトルに合わせていきます **05**。

※見やすくするため、図ではメッシュの色を変えています

05 アンカーポイントだけを動かす

四隅がだいたい合ったら、次はハンドルを動かしていきます。ハンドルは長く伸ばすとそれに合わせて画像が大きくゆがんでしまうため、なるべく短めにして、角度だけを調整するイメージで動かします **06**。

※見やすくするため、図ではメッシュの色を変えています

06 ハンドルの調整

形ができたら、option [Alt] キーを押しながらラベルの中央あたりをクリックしてメッシュを追加します **07**。できたポイントの位置を少し下げることで、より自然にゆがませることができます。合わせて、最下部中央のポイントから上に向かって伸びているハンドルを少し短くしておきましょう。オプションバーの [◯] ボタンをクリックすればラベルの貼り付けは完了です。

> **memo**
> レイヤーがスマートオブジェクトになっているのでワープも再編集が可能です。気になる部分があれば、もう一度、メニュー→"編集"→"変形"→"ワープ"から修正しましょう。

※見やすくするため、図ではメッシュの色を変えています

07 メッシュを追加して調整

⑤ 影を追加してより本物らしくする

グラデーションオーバーレイを使ってラベルの右側に影をのせます。レイヤーパネルで「04-08-label」レイヤーをダブルクリックし、「レイヤースタイル」ダイアログを開きます。[グラデーションオーバーレイ] をクリックし、**08** のように設定していきます。[OK] をしたら影の具合を確認し、自然な影になっていたら完成です **09**。

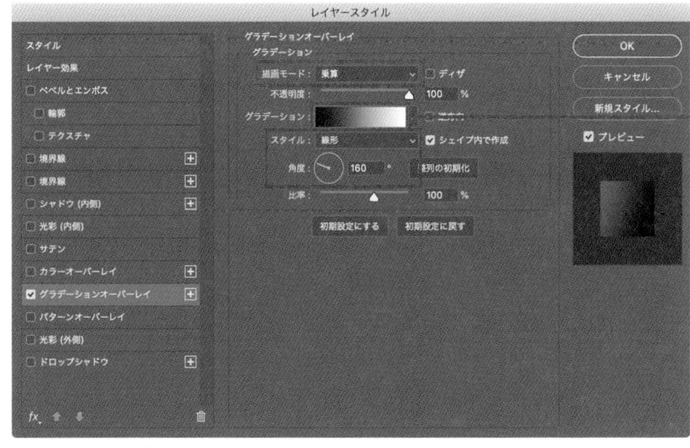

[描画モード：乗算] [スタイル：線形] [角度：160°] に設定します

08 グラデーションオーバーレイの設定

「黒、白」のグラデーションを選択してカスタマイズ

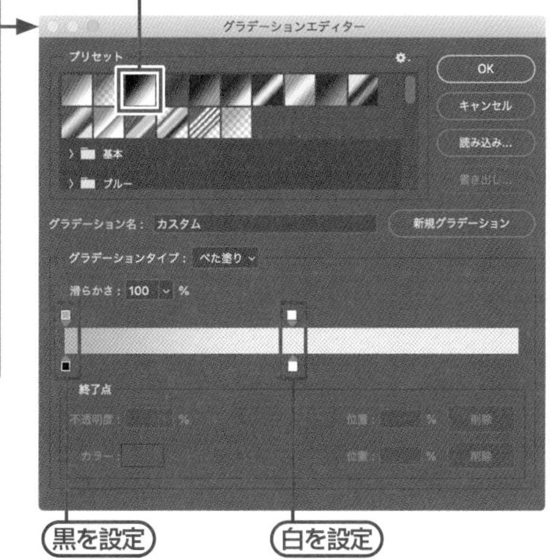

黒を設定	白を設定
位置：0%	位置：50%
不透明度：50%	不透明度：0%

このあたりに自然な影がのる

09 影を確認して完成

> **memo**
>
> 描画モードが［通常］のままだと、グラデーションの白が少しだけ表示されてしまいます。［乗算］モードでは白が無視され、色がついている部分だけが下のレイヤーとブレンドされます。白と黒をうまく使いこなしましょう。

光沢輪郭

光沢輪郭は、Lesson4-05で使用した「ベベルとエンボス」という立体や光沢を表現するレイヤースタイルの中にある設定項目のひとつです（→172ページ参照）。影のでき方を調整したり、光沢を出す機能です。立体的に見せたい図形に対し、自然に影を落とすだけでなく、光と影のコントラストを強めて強い光が当たっている様子を演出したり、宝石のようにランダムな明暗を作ったりできます。

グラフの見方

図形に対し、まずは［ベベルとエンボス］を次のように設定します。

基本の設定（図形は幅・高さ400px）

- スタイル：ベベル内側
- テクニック：シゼルハード
- 深さ：100%
- サイズ：70px
- 角度：0°
- 高度：45°

（オブジェクトの右側、高さ45°の位置から光が当たる状態）

光沢輪郭の項目にある白黒の図は、グラフのようなもので、縦軸は上に行くほど明るい様子を指し、横軸では右側は光が差してくる方向、左側がその反対の方向を表しています 01 。

今回の設定では光が0°の方向（右側）から差すので、［線形］の光沢輪郭だと、図形の右側が明るくなり左側が暗くなります。これは一般的な影のでき方です。

さまざまな光沢輪郭

光沢の出し方を変える光沢輪郭を試してみましょう。 02 は 01 と同じ元図形で光沢輪郭の設定だけを変えた例ですが、テクニックやサイズなどの項目を変えると、なめらかな質感や曲面を表現することも可能です。

01 グラフの見方

光の差す方向
元の図形
明るい
明るさ
中間の明るさ
暗い
光の方向

02 光沢輪郭でさまざまな表現

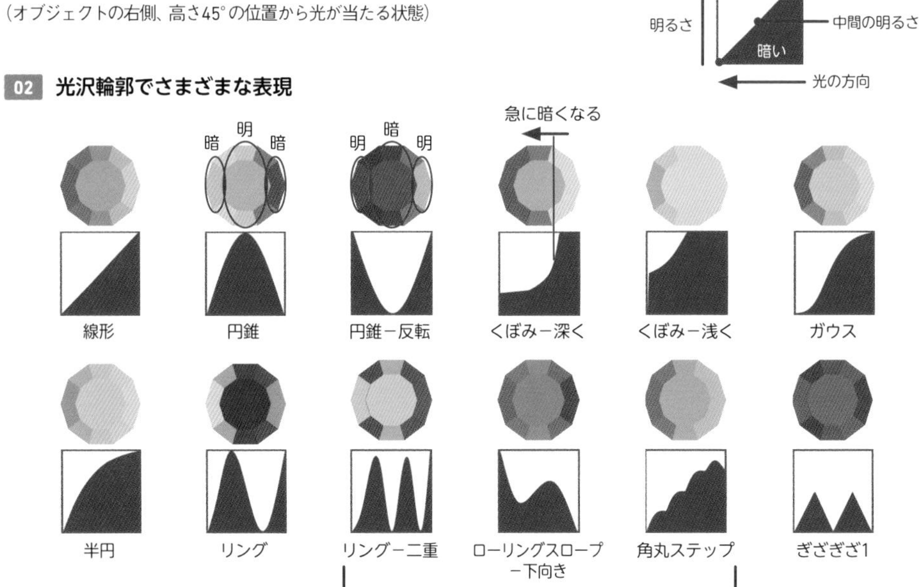

Lesson 5

写真や文字を合成する

ここまで覚えてきたことを組み合わせて、写真や文字の合成にチャレンジしてみましょう。難易度は少し高くなりますが、やれること・作れるものの幅がぐっと広がるはずです。

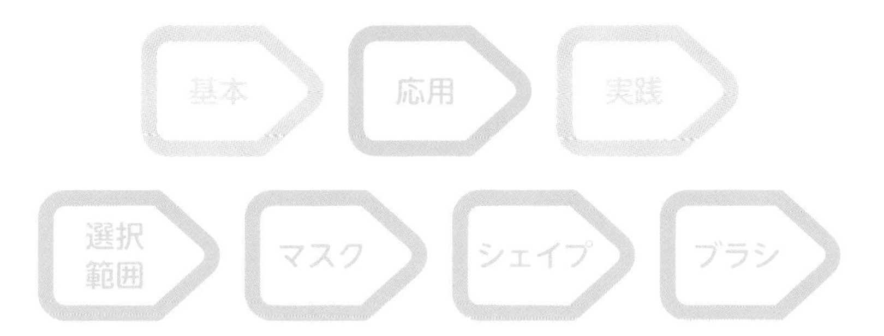

写真をシルエット画像に加工する

Lesson5 > 5-01

THEME テーマ　階調（かいちょう）について理解し、写真をシルエットイラストのように加工してみます。Lesson2〜4で学んだことを生かして挑戦してみましょう。

完成形の確認

今回は人物写真を白黒の2階調イラストのように加工していきます 01 。こういった画像を作るには、序盤の「ベースを作る」工程がとても重要になります。見た目より少し難易度が上がりますが、少しずつ調整しながらとり組んでみましょう。コツをつかむといろいろな写真に応用できます。

memo
Lesson5-01の作例では、ぱくたそ（https://www.pakutaso.com/）の写真素材を利用しています。二次配布物の受領者がこの写真を継続して利用する場合は、ぱくたそ公式サイトからご自身でダウンロードしていただくか、ぱくたそのご利用規約（https://www.pakutaso.com/userpolicy.html）に同意していただく必要があります。同意いただけない場合は写真素材のご利用はできませんので、ご注意ください。

01 完成形
写真提供：フリー素材ぱくたそ（www.pakutaso.com）／photo by ヒロタ ケンジ　model by 藤沢 篤

階調とは

色や明るさの段階を数値で表したものを「階調」といいます。RGBのカラーモードでは、真っ黒から真っ白までの明るさが0〜255の**256段階（階調）**に分けられています 02 。この階調の数を減らす（＝使える色数を減らす）ことで、コントラストの強いイラストのような画像にすることができます。このように階調の数を減らすことを「**ポスタリゼーション（階調変更）**」といい、通常Photoshopでは、「ポスタリゼーション」調整レイヤーを使ったり、メニュー→“イメージ”→“色調補正”→“ポスタリゼーション...”などから実行することができます。

WORD 階調
211ページ、Lesson5-03WORD参照。

256階調(RGB基本)

20階調

10階調

2階調

02 明るさの階調

> **memo**
> 明るさの階調は、真っ黒から真っ白までのステップ数です。

ベースの作成

① 素材の準備

素材画像「5-01_sozai1.jpg」を開きましょう。まずはレイヤーパネルで「背景」レイヤーをダブルクリックし、通常レイヤーにしておきます。レイヤー名は「人物切り抜き」とします。

では、この「人物切り抜き」レイヤーを切り抜いていきます。レイヤーパネルでレイヤーを選択し、クイック選択ツールのオプションバーで［被写体を選択］をクリックして男性を選択範囲で囲みます。次に同じくオプションバーの［選択とマスク...］をクリックし、髪の毛を詳細に切り抜いていきます。境界線調整ブラシツールを使って髪の毛をなぞっていきます。このとき、［コントラスト］を［20%］くらいに調整しましょう 03 。

> **POINT**
> ペンツールを使って切り抜く場合は125ページ(Lesson3-05)を参照。ペンツールを使う際は、輪郭の少し内側にパスを引くのがコツ。削りすぎはよくありませんが、輪郭の外側が入り込んでしまうと、でき上がったときに白いゴミのような線が入ってしまいます。

03 「選択とマスク」の画面

フチが少しガタガタになっても、このあとのスマートフィルターで加工されるので多少は問題ありません。また、髪の毛以外にも耳やタブレットなど細かいところが欠けていないか、拡大表示しながら確認し、ブラシツールで調整しましょう。選択範囲ができたら、［出力先：レイヤーマスク］にして［OK］します 04 。

04 切り抜き後の画面

② モノクロにしてコントラストを上げる

レイヤーパネル下部のボタンから「白黒」調整レイヤーを追加し、写真をモノクロにします。「色相・彩度」調整レイヤーで彩度を最大限下げることでもモノクロにできますが、「白黒」調整レイヤーを使うと、色みごとに明るさの調整ができます。今回はレッド系を暗めに、イエロー系を明るめにします。そうすることで同じ白黒の写真でも、唇の色は暗く、肌色の部分は明るく仕上がります 05 。

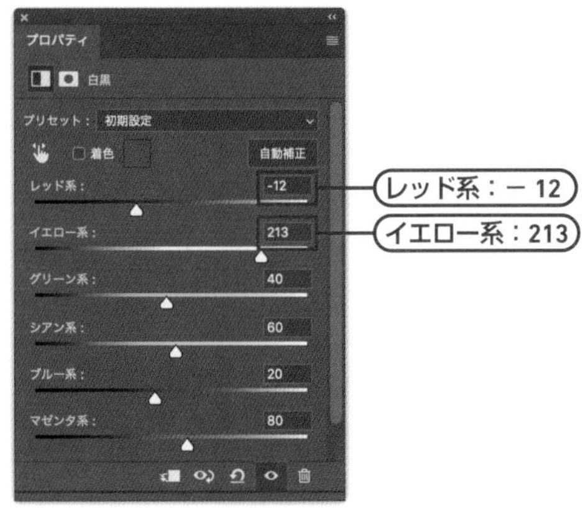

05 モノクロ化

続いて「トーンカーブ」調整レイヤーを追加し、コントラストを上げていきます。トーンカーブはカーブの勾配が急になるほどコントラストが高くなります。図のように下の方にある黒と白のスライダーを動かすことで、階調を減らすことができ、よりコントラストが強くなります。ここでは階調を88階調まで減らしています 06 。

ここまでできたら、レイヤーパネルでshift［Shift］キーを押しながらレイヤーすべてを選択してグループ化し、グループの名前を「人物」にします。さらに人物グループをスマートオブジェクト化します。

POINT

トーンカーブはあとから調整もできますが、この時点でできるだけコントラストをつけましょう。目や鼻などのパーツが白く飛んだり黒くつぶれたりする場合は、覆い焼き／焼き込みツールでパーツの表面を明るく、輪郭や影の部分を暗くしておきます。ただし覆い焼き／焼き込みはレイヤーに直接書き込むツールなので、あらかじめ「人物切り抜き」レイヤーを複製しておきます。

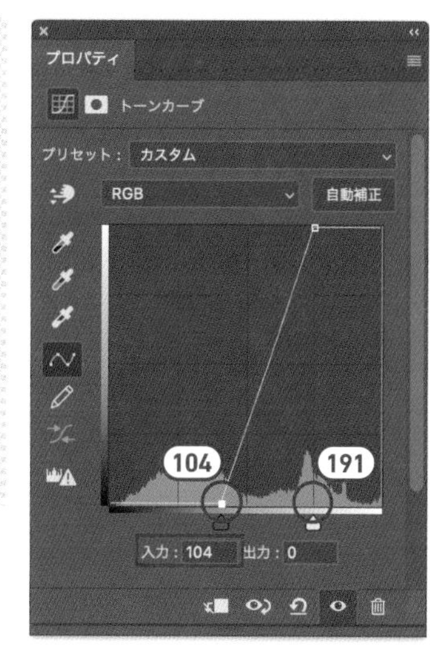

スライダーをドラッグすると数値が表示されますので、黒の入力値が104、白の入力値が191になるようドラッグします。0〜104階調だった色はすべて真っ黒（0）に、191〜255階調だった色はすべて真っ白(255)になります

06 トーンカーブでコントラストの強い白黒写真に

白黒のイラスト風に

① 画像をぼかす（2 階調化の準備）

コントラストは強くなりましたが、まだリアルな写真の状態なので、ここからはスマートフィルターを使って完全に白と黒だけの2階調にしていきます。まずは白黒2階調にする前の準備として、画像にぼかしを加えましょう。「人物切り抜き」レイヤーを選択し、メニュー→“フィルター”→“ぼかし”→“ぼかし(ガウス)...”を選択します。ぼかしの[半径]は[1.0px]に設定します 07 。

105ページ、Lesson3-01参照。

POINT

ぼかしを入れる場合と入れない場合では、2階調化の仕上がりに違いが出てきます。2階調化したときに、ぼかしがないとザラザラ感が出て、ぼかしがあると境界にほんの少しなめらかな丸みが生まれます。198ページの 09 で見比べてみましょう。

07 「ぼかし(ガウス)」ダイアログ

② 2階調化する

次に「人物」レイヤーを選択したまま、メニュー→“イメージ”→“色調補正”→“2階調化...”をクリックします。ここでは画像を白と黒に分ける「しきい値(境目)」を決めます。スライダーを動かすと、白と黒の配分が変わるので、プレビューを見ながら調整しましょう。サンプルではしきい値を[125]にしています 08。ここまでできたら、レイヤーパネルで「ぼかし(ガウス)」を非表示にしてみて、ぼかしがどういう役割を担っているか確認してみましょう 09。

memo
しきい値を考える際、スライダーの右側が白の量、左側が黒の量と考えるとイメージしやすくなります。

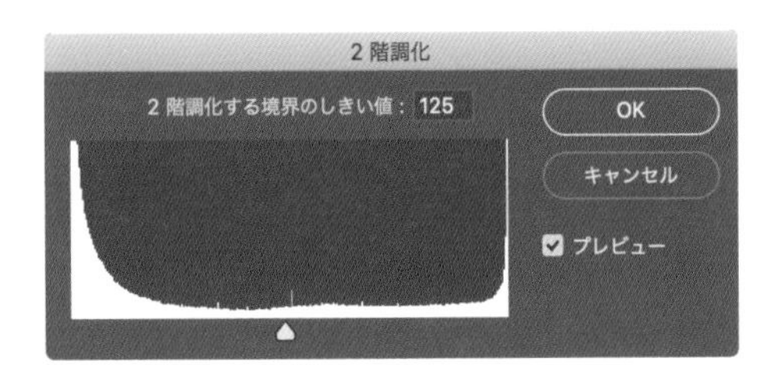

08 「2階調化」ダイアログ

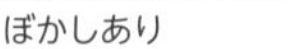

09 ぼかしあり・なしの違い

ぼかしあり　ぼかしなし

③ 線をなめらかにする

さらにイラスト感を出していくため、フィルターギャラリーの「**カットアウト**」を使用します。メニュー→“フィルター”→“フィルターギャラリー...”を選択します。フィルターのウィンドウが開いたら、[アーティスティック]カテゴリの中から[カットアウト]を選択します。

[レベル数](=階調の数)は[2]にします。もし、2にして細かい線や顔のパーツが消えてしまうようなら3、4と上げてみましょう。[エッジの単純さ]と[エッジの正確さ]はお互いに影響し合う数値ですので、ちょうどいいところを探ってみましょう。サンプルではどちらも[3]にしています 10。調整できたら[OK]をクリックします。

memo
よりチャレンジしたい人は、カットアウトの数値を自分なりに変えてみましょう。[エッジの単純さ]は高くすると線がどんどん大ざっぱになります。[エッジの正確さ]は、リアルな印象を与えるには高く、イラストっぽさを出すには低く設定します。

フィルターギャラリー

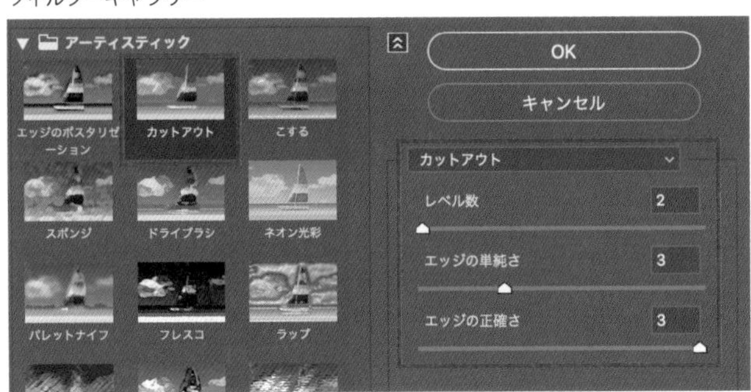

10 「カットアウト」の設定

仕上げ

仕上げに「人物」レイヤーの下に新規レイヤーを追加し、あざやかなカラーで塗りつぶしてみましょう。スウォッチパネルを開くと、あらかじめきれいな色がカテゴリ別に用意されているので、「パステル」や「ピュア」から選ぶとモノクロのイラストが映えやすいです 11 。

さらに、カラーのイメージを強めたい場合は「人物」レイヤーの［描画モード］を［乗算］や［スクリーン］にすることで、人物レイヤーを黒1色・白1色のイラストにすることもできます 12 。

memo

スウォッチパネルが見つからない場合は、メニュー→"ウィンドウ"→"スウォッチ"で開きましょう。

88ページ、**Lesson2-08**参照。

11 **完成（パステルシアンを使用）**

人物レイヤーの描画モード：乗算
境界線：黒（#000000）、1px内側

人物レイヤーの描画モード：スクリーン
境界線：白（#ffffff）、1px外側

12 **応用（境界線をつけた例）**

境界線をつけるには、「人物」レイヤーのレイヤースタイルを開き、［境界線］の項目で設定します

うまくいかない場合は

写真によっては、2階調化やカットアウトを適用した際に目や鼻などのパーツが消えたり、逆に肌の面が黒くつぶれてしまう場合があります。写真を2階調化するには、最初の工程でのトーンカーブや焼き込みツール／覆い焼きツールでのコントラストの調整が肝になります。焼き込みツールで目や鼻などの輪郭の一部をなぞってしっかり暗くしておくと、2階調化がきれいに仕上がりやすくなります 13 。2階調化したあとでも、レイヤーパネルのスマートオブジェクトのサムネールをダブルクリックするとまた調整できるので、少しずつ確認しながら調整してみましょう。

24ページ、**Lesson1-03**参照。

POINT

スマートオブジェクト内を修正したあと、保存すると修正が反映されます。とにかく輪郭や影を暗く、面を明るくすることがコツ。通常の写真よりも大げさにやってみましょう。

13 **うまくいかない場合の対処方法**

画像にテキストをのせる

Lesson5 > 5-02

THEME テーマ

Adobe Fontsからフォントをインストールする手順と、Photoshopでの文字の扱いについて学びます。Adobe Creative Cloudを契約しているPCであれば、Adobe Fontsにあるフォントを使うことができます。

完成形の確認

Lesson5-01で作成したシルエットイラストに、テキストをのせて装飾します 01 。ここで使っているフォント（書体）は、一般的なPCには搭載されていないため、一度PCにインストールする必要があります。

memo

Lesson5-02の作例では、ぱくたそ（https://www.pakutaso.com/）の写真素材を利用しています。二次配布物の受領者がこの写真を継続して利用する場合は、ぱくたそ公式サイトからご自身でダウンロードしていただくか、ぱくたそのご利用規約（https://www.pakutaso.com/userpolicy.html）に同意していただく必要があります。同意いただけない場合は写真素材のご利用はできませんので、ご注意ください。

写真提供：フリー素材ぱくたそ（www.pakutaso.com）
photo by ヒロタ ケンジ　model by 藤沢 篤

01 完成形と使用フォント

Adobe Fontsの使い方

Adobe Fonts とは

「**Adobe Fonts**」は、Adobeが提供するフォントライブラリです。通常、PCを購入した際にデフォルトで備わっているフォントは数が少なく、デザイン的でないものが多いため、デザイナーをはじめとするクリエイターたちは、制作のためにフォントを購入しています。Adobe Fontsでは数千ものフォントがそろっており、Adobe CCのサブスクリプション契約をしているPCであれば、フォントを簡単にインストールすることができ、個人利用にも商用利用にも使えます（2020年9月1日現在）。

memo

Adobe Fontsはもともと「Typekit」という名称でした（2018年10月に名称変更）。そのため、いまだにサイトやAdobeのソフト内の一部でTypekitと表記されていることがあるので、同じものだとおぼえておきましょう。

フォントをインストールする

Adobe Fonts（https://fonts.adobe.com）にアクセスし、Adobeアカウントでログインします。「ログイン」または画面左上「フォント一覧」をクリックすると、フォントを検索できる画面になります 02 。画面右側にあるモードは「デフォルトモード」にしてください。画面上部の検索窓で下記2つのフォントを検索しましょう。

POINT

日本語のフォントはアルファベットに比べると少ないので、日本語のフォントを検索したいときは「日本語モード」にすると便利です。

- Grafolita Script
- URW DIN

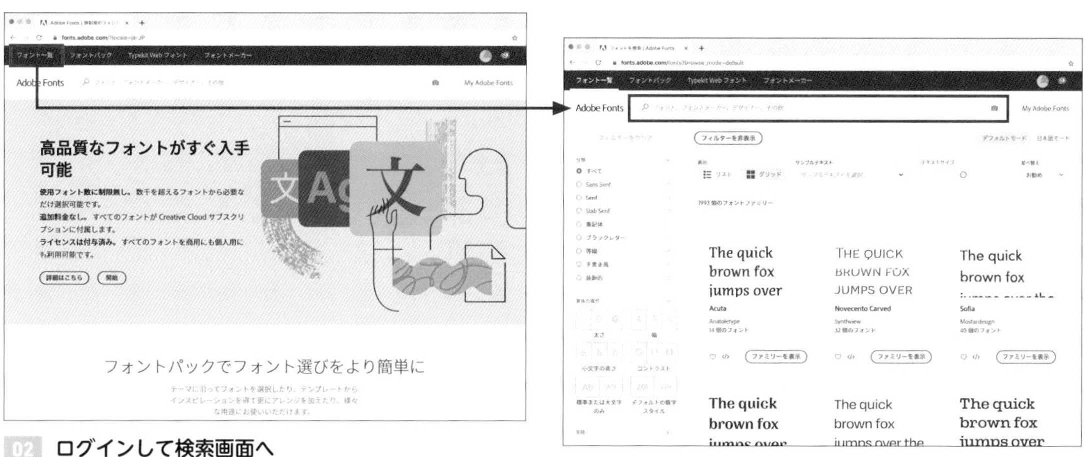

02 ログインして検索画面へ

まずGrafolita Scriptを検索し、表示された1件の検索結果をクリックします。すると太さが3パターン表示されるので、Grafolita Script Medium の「アクティベート」をクリックします 03 。するとこれだけでインストールが始まり、少したつと使えるようになります。同様にURW DINを検索します。表示された1件の検索結果をクリックすると、今度は48種類ものパターンが表示されるので、この中でURW DIN RegularとURW DIN Black をアクティベートします。

memo

アクティベート後、基本的にはすぐ使えるようになりますが、アクティベートに数分かかることもありますのでおぼえておきましょう。また、手軽だからとフォントをたくさんインストールしていると PCが重くなることがありますので、必要なものだけインストールしましょう。

03 フォントのアクティベート

ベースの作成

素材画像「5-02_before.psd」または、Lesson5-01で自分で作ったPSDファイルを開きましょう。開いたら、長方形ツールで120px四方の正方形を作り、移動ツールでぴったり左上に移動させます。この正方形を使ってバランスをとるためのガイド線を引いていきます。

ドキュメントウィンドウの上辺にある定規のメモリ部分をクリックし、正方形の底辺までドラッグするとガイドが引けます。レイヤーパネル上で長方形が選択されていると、ガイドがピタッとくっつきます。同様に左辺の定規からもガイドをドラッグします。ガイドが2本引けたら、正方形をぴったり右下に移動させ、同様に2本のガイドを引きます 04 。ガイドが引けたら正方形は削除してかまいません。

memo

メモリが表示されていない場合は、メニュー→“表示”→“定規”で表示できます。

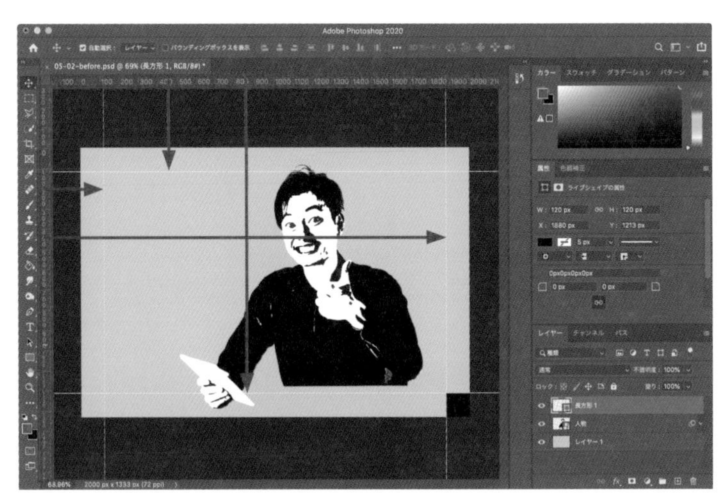

04 ガイドを引いたところ

見やすくするためここではガイドを黄色にしています。ガイドのカラー変更は環境設定で行えます

次に、移動ツールで人物レイヤーをガイドに合わせて右下に配置します。このとき、胴体の切れている部分と、胴体の右端をガイドに合わせます 05 。

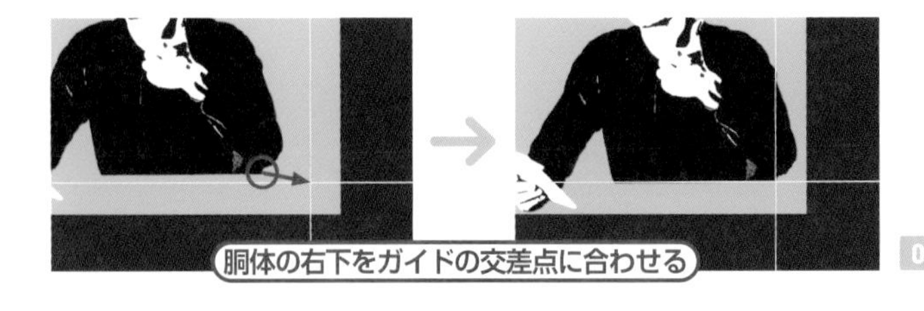

05 人物レイヤーをガイドに合わせる

フォントの使用

先ほどインストールした3つのフォントを使ってみましょう。完成形ではテキストが「From biginner」「to be a proper」「professional」の3つに分かれています。まずはアーチ型の「From biginner」部分を作りましょう。

① アーチ型のテキストを作る

ツールパネルから楕円形ツールを選び、左側の余白をクリックし、幅・高さともに1,000pxの円を描きます。色や太さは何でもOKです。そして横書き文字ツール（通称：テキストツール）を選択し、オプションバーで 06 のように設定します。円のてっぺんにカーソルをもっていき、カーソルに波線がついたらクリックして「From biginner」と入力します。入力したら、オプションバーの［○］ボタンか⌘［Ctrl］＋Enterキーで入力を完了させます 07 。ここまでできたら、楕円形は削除または非表示にします。

06 テキストツールのオプションバー設定

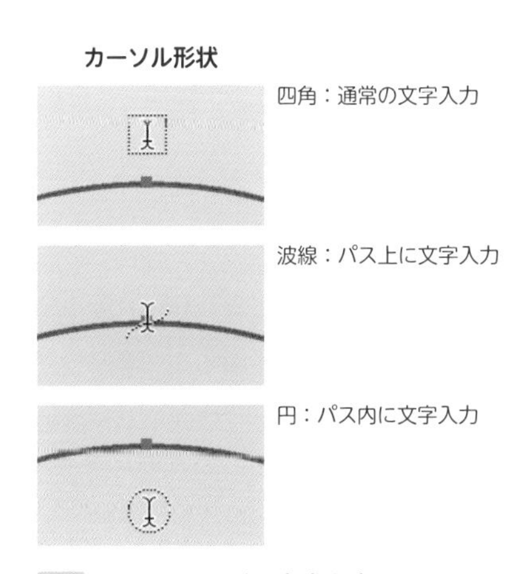

07 カーソルの形と文字入力

② 文字間の広いテキストを作る

次は「to be a proper」部分を作ります。フォントはURW DIN Regularを使いますが、レイヤーパネルで先ほどの「From biginner」が選択されているままオプションバーを編集すると、「From biginner」の方にも反映されてしまいます。レイヤーパネルの余白部分をクリックして、レイヤーの選択を解除してからオプションバーを 08 のように変更しましょう。

そして「From biginner」の下あたりをクリックして「to be a proper」と入力します。入力完了の操作を忘れないようにしましょう。次にメニュー→"ウィンドウ"→"文字"で文字パネルを表示させます。文字パネルは、オプションバーよりさらに細かい調整ができます。レイヤーパネルで「to be a proper」レイヤーが選択されていることを確認し、文字パネルで文字間（トラッキング）を 09 のように調整します。

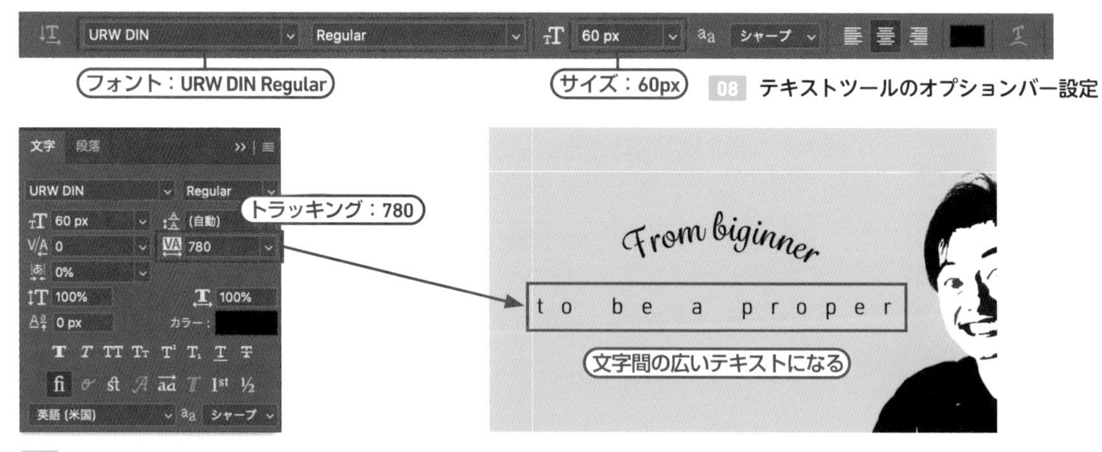

08 テキストツールのオプションバー設定

09 トラッキングを設定

③ オールキャップスのテキストを作る

最後に「professional」部分を作ります。再度レイヤーパネルでレイヤーの選択を解除してから、10 のようにオプションバーを設定します。「to be a proper」の下あたりをクリックし、すべて小文字で「professional」と入力します。文字パネルを開き、[**オールキャップス**]をクリックしてみましょう 11 。これは、入力したあとでもすべて大文字に変えることができる文字装飾機能です。

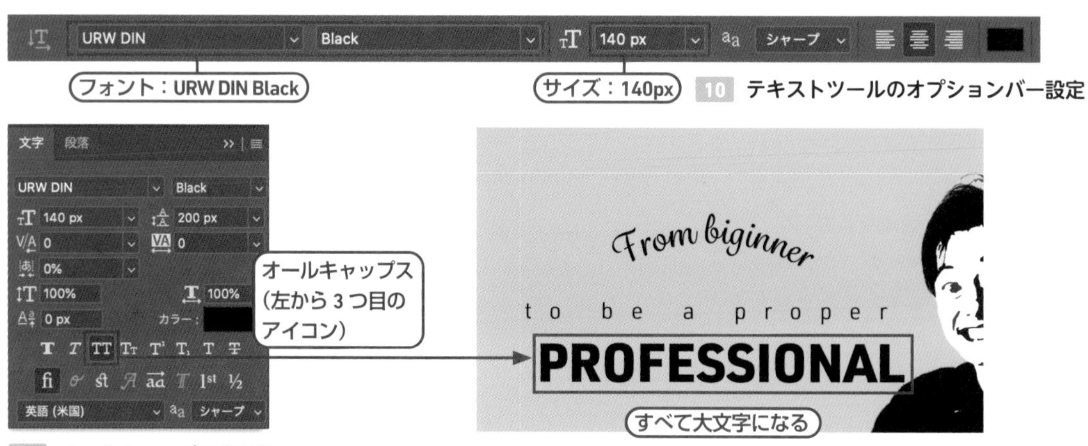

10 テキストツールのオプションバー設定

11 オールキャップスを設定

整列させて完成

3つのテキストレイヤーができたら、移動ツールでshift [Shift] キーを押しながら3つをクリックして選択します。オプションバーで [水平方向中央揃え] をクリックします。すると3つがきれいに整列します。あとは十字キーで3つのテキストレイヤーを移動させ、左端をガイドに合わせましょう。「professional」の下の部分が人物レイヤーのあごのラインにそろうときれいに見えます 12 。

> **memo**
> 十字キーでレイヤーを移動させると、1ピクセルずつ動くので微調整に便利です。また、shift [Shift] キーを押しながら移動すると10ピクセルずつ動かすことができます。

12 テキストレイヤーの整列と移動

なお、何かレイヤーを選択しているときに⌘［Ctrl］キーを押すと、周辺のレイヤーとの距離を表示できます。ここでは「From biginner」と「to be a proper」のあいだは60px、「to be a proper」と「professional」のあいだは40px空けています **13** 。

微調整をしたら完成です。メニュー→"表示"→"表示・非表示"→"カンバスガイド"でガイドを非表示にして見てみましょう **14** 。

> **memo**
>
> ⌘［Ctrl］キーを押しても距離が表示されない場合は、メニュー→"表示"→"表示・非表示"→"スマートガイド"にチェックを入れましょう。

13 スマートガイド

⌘［Ctrl］キーを押しながら距離を測りたいレイヤーにカーソルを重ねると、スマートガイドが表示されます

14 微調整をして完成

写真を絵画風に加工する

Lesson5 > 5-03

THEME テーマ

Photoshopでは、写真をただ美しく補正するだけでなく、まるで鉛筆や絵の具で描いたような絵画風に仕上げることもできます。今回はスマートフィルターに慣れながら挑戦してみましょう。

完成形の確認

今回は、「**スマートフィルター**」とよばれる効果を使って、南国の風景写真を加工していきます 01。写真のレイヤーを2つ複製し、鉛筆のレイヤーと絵の具のレイヤーとして重ねています。スマートフィルターは、写真によって適切な値に調整する必要があります。

memo

図を見ても絵の具の質感がわかりにくい、という場合は、サンプルデータを開いて確認してみましょう。

01 完成形とレイヤー構造

ベースの作成

① ドキュメントを新規作成する

まずは、ドキュメントを新規作成します。今回はプリセットを使わずに 02 のように設定していきます。設定できたら[作成]をクリック。ワークスペースが開いたら、素材画像「5-03_sozai1.jpg」 03 をフォルダからドラッグ＆ドロップで配置します。画像は、スマートオブジェクトとして新規レイヤーに配置されます。

POINT

素材画像では事前に写真の補正をすませていますが、自分で撮った写真を絵画風にする場合は、あらかじめ彩度をしっかり上げる、トーンカーブで明るくするなどしておくと、仕上がりがより絵画らしくなります。

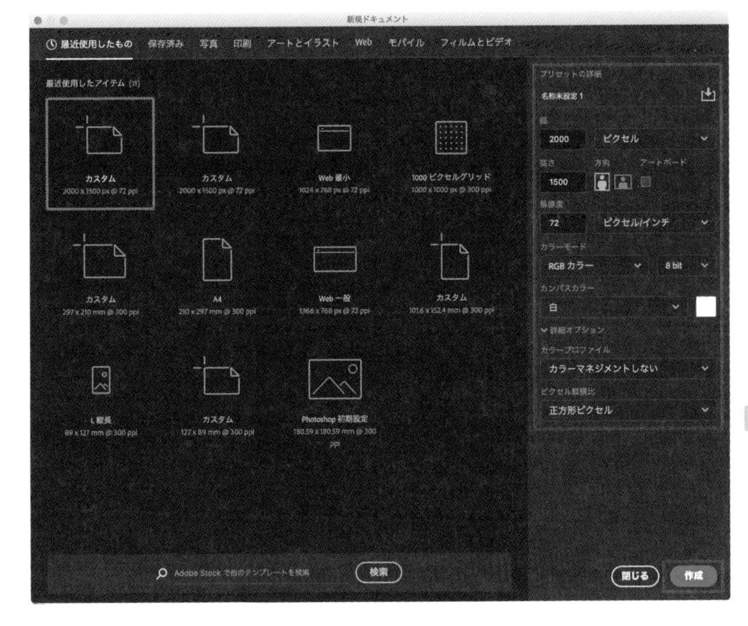

02 新規作成の設定項目

カンバスサイズ：幅2,000px、高さ1,500px
方向：横向き
アートボード：チェックをはずす
解像度：72
カラーモード：RGB
カンバスカラー：白

03 素材画像

② レイヤーを複製する

配置した「5-03_sozai」レイヤーを右クリックして、“レイヤーを複製...”を選択します。複製したら上のレイヤー名を「鉛筆」、下のレイヤー名を「絵の具」に変更します。まずは「絵の具」レイヤーから作っていくので、「鉛筆」レイヤーは非表示にしておきます 04 。

04 レイヤーパネルの状態

memo

レイヤーの複製の方法はいくつかありますが、レイヤーの位置をずらさずに複製するにはレイヤーパネル上で操作します。ここで行ったように複製したいレイヤーを右クリックして“レイヤーを複製...”を選択するか、複製したいレイヤーを右下の［新規レイヤーを作成］ボタンへドラッグするか、複製したいレイヤーをoption［Alt］キーを押しながら1行上または下へドラッグします。

memo

実際に絵を描くときは鉛筆で先に下書きをして上から絵の具で塗っていきますが、Photoshopで作るときは、不透明度をぐんと下げた鉛筆レイヤーを上から重ねることで、下書きが少し見えるようなリアルさを出すことができます。ただし使う写真や技法によってはこの通りでない場合もあります。

絵の具で描いた質感を作る

① ドライブラシのフィルターを使う

レイヤーパネルで「絵の具」レイヤーを選択し、メニュー→"フィルター"→"フィルターギャラリー..."を選択します。別ウィンドウが立ち上がり、ここでたくさんのフィルターを試すことができます。今回は、[アーティスティック]→[**ドライブラシ**]を使います。 05 のように数値を設定しましょう。右上の[OK]はまだクリックしません。

memo
ペイントしたような質感を出せるフィルターには、ドライブラシ以外にも[水彩画][塗料]などがあります。いろいろなフィルターを使って遊んでみましょう。

05 フィルターの設定
ドライブブラシの設定は[ブラシサイズ：5][ブラシの細かさ：10][テクスチャ：1]としています。

② フィルターを複製する

フィルターは、被写体の細かさや写真自体のサイズによって調整が必要です。今回はフィルターを使う写真が幅2,000pxと大きいので、ドライブラシのブラシサイズを大きくしたいところですが、単にブラシサイズを最大（10）にしたものを1回かけるより、ブラシサイズをおさえたもの（ここでは5）を2回かけたほうが、**ディティールを保持したままフィルターをかけ算できるので、アナログ感を強く出すことができます。**ヤシの木の細かい葉などもていねいに表現した絵画に仕上がります 06 。

ドライブラシ(ブラシサイズ10)を1回かけたもの

ドライブラシ(ブラシサイズ5)を2回かけたもの

06 フィルターのかかり方の違い

では、フィルターギャラリーの画面の右下にある［+］ボタンをクリックし、フィルターを複製しましょう 07 。フィルターは個別に数値やフィルター自体の種類を変更することもできます。今回は個別の編集はせず、右上の[OK]をクリックします。レイヤーパネルを見ると、スマートフィルターという形でフィルターギャラリーの効果が追加されているのがわかります 08 。

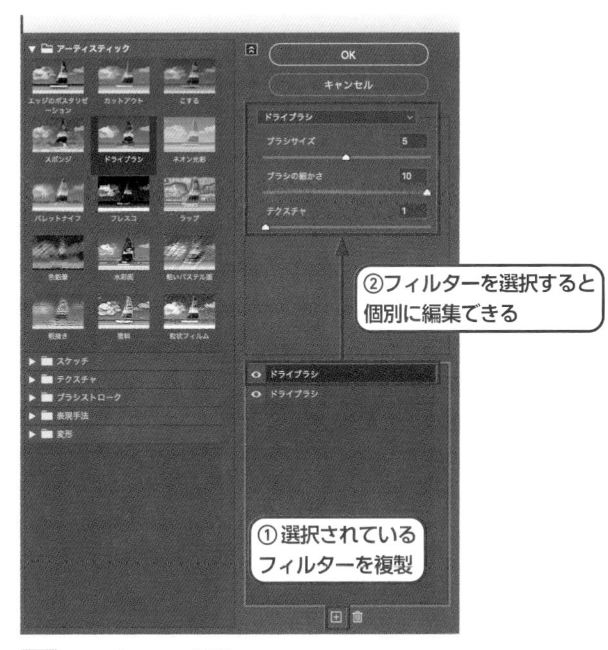

07 フィルターの複製

ブラシサイズ：5
ブラシの細かさ：10
テクスチャ：1

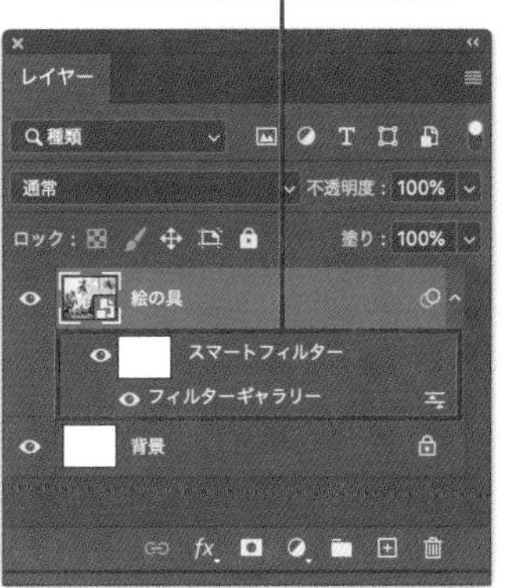

08 フィルターを設定したレイヤー

鉛筆で描いた質感を作る

① 画像を白黒にする

次に、「絵の具」レイヤーを非表示にして、「鉛筆」レイヤーを表示させます。鉛筆で描いた質感を作るには、大前提として白黒である必要があります。「色相・彩度」を使って彩度をなくしましょう。ただし、今回は調整レイヤーではなくスマートフィルターの「色相・彩度」を使います。その理由は、最後の「スマートフィルターを使った理由」にて説明します。

「鉛筆」レイヤーを選択し、メニュー→“イメージ”→“色調補正”→“色相・彩度...”を選択し、[彩度]を[−100]にします 09 。得られる効果は調整レイヤーと同じです。この方法は、通常レイヤーに行うと効果がレイヤーに直接反映されてしまい、元に戻すことはできません。**今回はレイヤーがスマートオブジェクトなので、あとで編集ができる「スマートフィルター」になります。**スマートフィルターはスマートオブジェクトにしか対応していません。

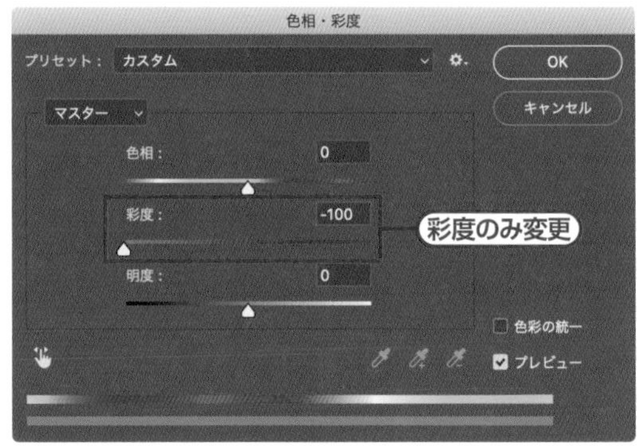

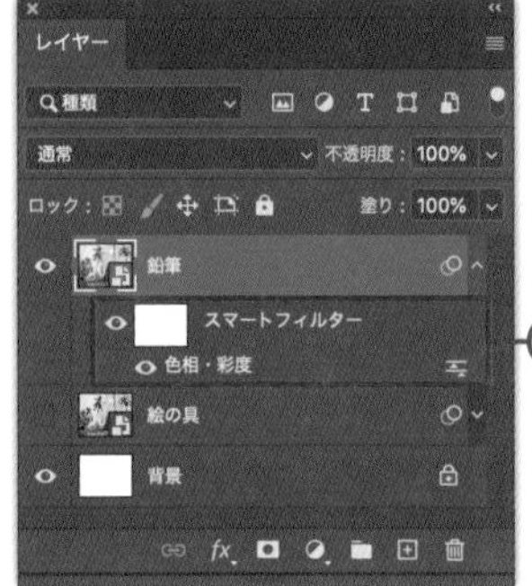

09 「色相・彩度」の設定

② 輪郭を抽出する

続いて、この白黒の写真から輪郭を抽出するフィルターを使って鉛筆で描いたようにしていきましょう。メニュー→“フィルター”→“表現手法”→“**輪郭検出**”をクリックします。輪郭が強調されたような効果がかかりましたが、まだザラザラとした部分が多いため 10 、ザラザラをとり除いていきましょう。

メニュー→“イメージ”→“色調補正”→“レベル補正...”をクリックします。「レベル補正」は階調を調整して、明るさやコントラストを調整する際に使います。トーンカーブとも似ています。3つあるスライダーのうち白を左にドラッグすると、ザラザラがなくなっていきます。ザラザラがなくなり、鉛筆で輪郭を描いたようになったら[OK]をクリックします 11 。レイヤーパネルを見ると、スマートフィルターに「輪郭検出」と「レベル補正」が追加されています。

WORD 階調

色や明るさの段階を数値で表したもの。RGBでは、真っ黒から真っ白までの明るさが0〜255の256段階（階調）に分けられている。ここでは、黒から白までの段階を256段から100段に減らすことでコントラストが高くなっている。階段でイメージすると、256段ある階段の段を減らし、100段で同じ高さまで登るようなイメージ。1つ1つの段差が大きくなるので、コントラストが強くなる。

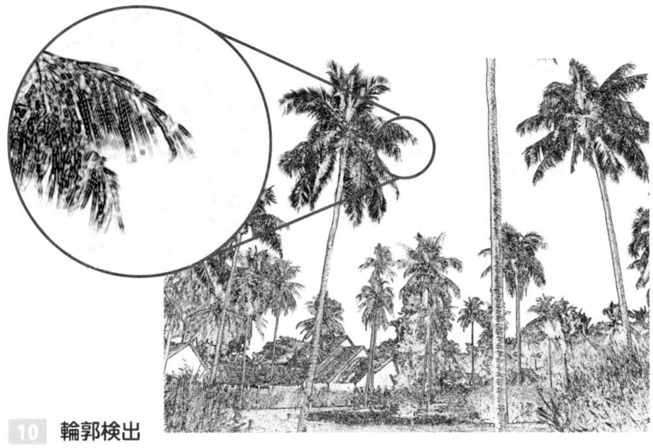

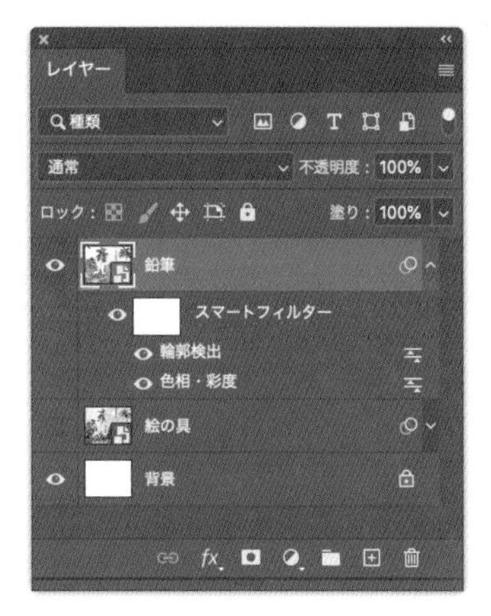

10 輪郭検出
輪郭は際立ちますが、全体的にザラザラしています

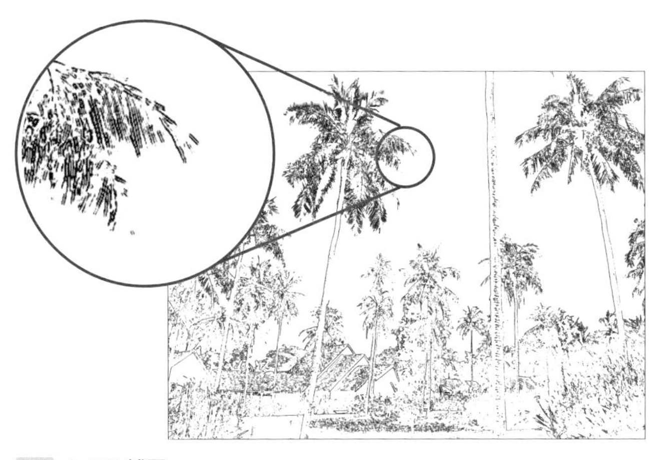

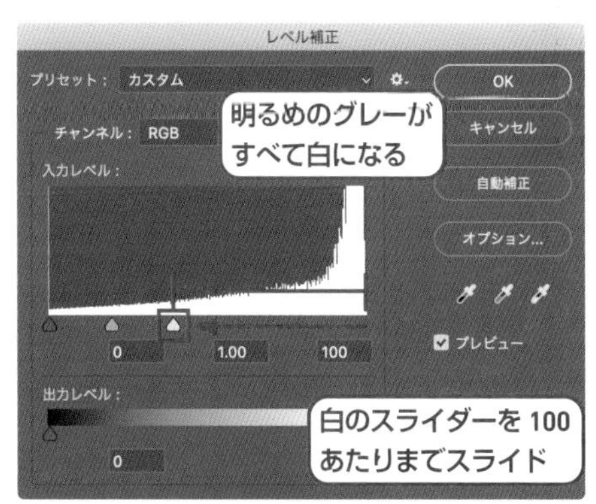

11 レベル補正
101〜255までの階調がカットされたことにより明るくなり、コントラストが強まります。結果としてザラザラが軽減します

2つのレイヤーをブレンドする

非表示にしていた「絵の具」を表示させます。上に重なっている「鉛筆」レイヤーの［描画モード］を［乗算］にします。すると画像の黒い部分だけが残り、「絵の具」レイヤーと重なることで輪郭のしっかりした絵画のようになります。このままでもいいですが、輪郭の主張が強いので、［不透明度］を［20%］ほどまで下げて、ほんのり見える程度になったら完成です 12 。

乗算・不透明度100%　　乗算・不透明度20%

12 鉛筆レイヤーをほんのり見える程度に変更

スマートフィルターを使った理由

「鉛筆」レイヤーを白黒にした際、調整レイヤーではなくスマートフィルターの「色相・彩度」を使いました。**スマートフィルターでそろえておくと、ドラッグ操作でフィルターの順番を入れ替えることができます** 13 。フィルターによっては並ぶ順番によって効果が変わることがあります。調整レイヤーでも白黒にできるのですが、ほかのフィルターと併せて色調補正を使う場合、フィルターの順番を手軽に入れ替えできるスマートフィルターがおすすめです。

memo

調整レイヤーは、調整レイヤー以下のレイヤーすべてに適用することができる反面、スマートフィルターはそのレイヤーだけに反映されるなど、それぞれ特性が異なります。場面によって使い分けができるようになりましょう。

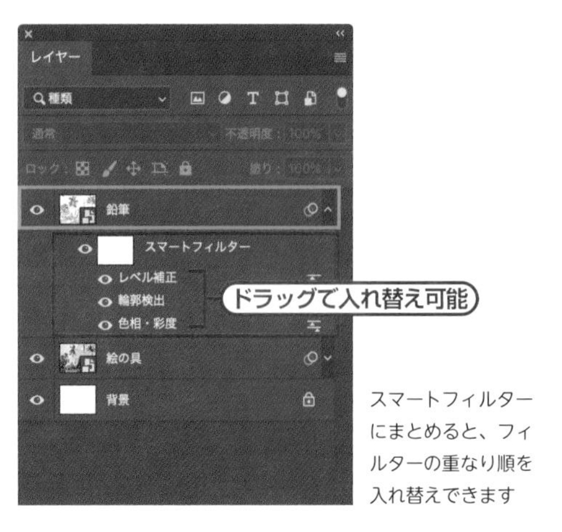

スマートフィルターにまとめると、フィルターの重なり順を入れ替えできます

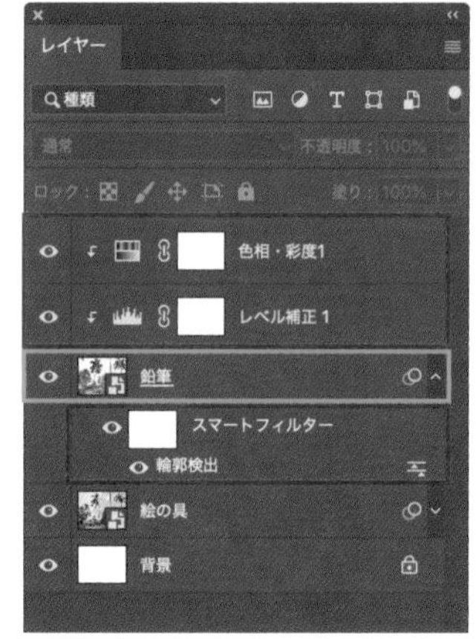

13 調整レイヤーとスマートフィルターの違い

調整レイヤーとスマートフィルターに分かれると、調整レイヤーはスマートフィルターの上にしか重ねることができません

2枚の写真を合成する

Lesson5 > 5-04

ここまでやってきた色調補正や、切り抜きを組み合わせて写真合成にチャレンジしてみましょう。パスを使ったベクトルマスクにも挑戦します。

完成形と素材の確認

01 の元の写真（下図B）では窓の外にはテラスが見えていますが、窓を切り抜いて海の写真（下図C）を重ね、まるで水上コテージからの景色のように合成しています（下図A）。

完成形

A

使用素材

B

C

01 完成形と使用素材

窓部分の切り抜き

① 素材画像を準備する

Photoshopで素材画像「5-04_sozai1.jpg」（01のB）を開きます。JPEG画像をPhotoshopで開くと、写真は「背景」レイヤーとなります。まずは素材の準備として、「背景」レイヤーをダブルクリックして通常レイヤー（レイヤー名「room」）にし、さらに右クリックして“スマートオブジェクトに変換”しておきましょう 02。

memo

「room」レイヤーはスマートオブジェクトにしなくても問題はありませんが、レイヤーに直接描画してしまうようなトラブルを未然に防ぐため、スマートオブジェクトにしておくほうが無難です。

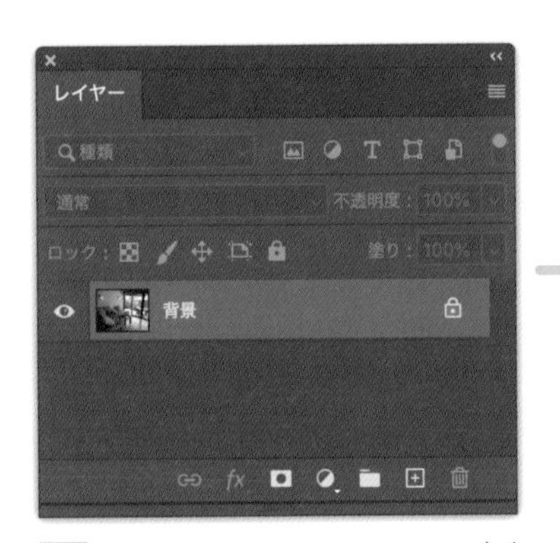

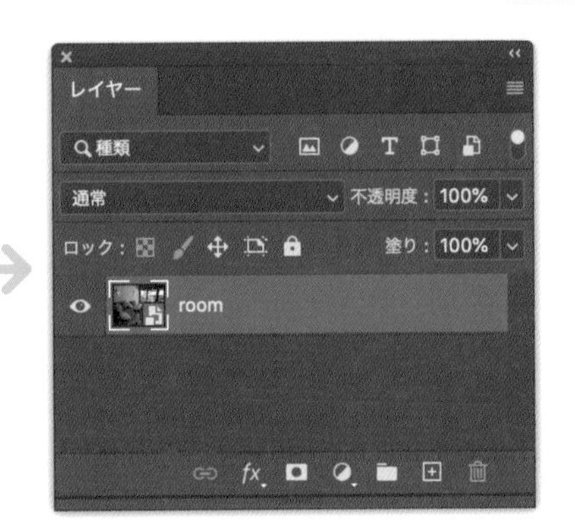

02 「背景」レイヤーをスマートオブジェクトに変換

② パスを作成する

これまで、マスクといえば「選択範囲を作ってレイヤーマスクに変換」という方法をとっていましたが、今回は「パスを作ってベクトルマスクに変換」という手法をとります 03。ツールパネルからペンツールを選び、窓枠に沿うようにポチポチと頂点をクリックしていきます。1つできたら、同じようにすべての窓を囲んでいきます 04。

memo

打点する位置がずれた場合は、⌘[Ctrl]+zで操作を戻すか、いったんそのまま進め、囲み終わってから「パス選択ツール」でアンカーポイントをドラッグしましょう。

選択範囲 → レイヤーマスク	パス → ベクトルマスク
グレースケールで構成される。同じくグレースケールのブラシやグラデーションなどで描画することで、マスク範囲を調整できる。	パスで構成される。パス選択ツール・パスコンポーネント選択ツール・ペンツールなどでマスク範囲を調整できる。ブラシなどで直接書き込むことはできない。
レイヤーマスクの例	ベクトルマスクの例

どちらもサムネールの白い部分が表示され、それ以外がマスクされる

03 レイヤーマスクとベクトルマスクの違い

POINT

窓枠のように直線的に囲む必要がある場合は、ペンツールでパスを作ると範囲が作りやすいだけでなく、ベクトルマスクに変換したあともシェイプのようにアンカーポイントを調整できるという利点があります。

04 パスで囲んだ状態

パスコンポーネント選択ツール：パスのひとまとまり（今回でいうと1窓分）を選択したり移動させたりするツール
パス選択ツール：パスの中で1つの頂点や辺を選択したり移動させたりするツール

きれいに囲めたら、パスパネルを確認しましょう。レイヤーパネルに似たパネルの中に、先ほど描いたパスが「作業用パス」という名前で入っています。これをダブルクリックするとこのファイルの中だけに保存できるので、「窓枠」と名前をつけて保存します 05 。

05 パスパネル

③ ベクトルマスクに変換する

パスパネルで「窓枠」を選択したままレイヤーパネルに戻り、「room」レイヤーを選択します。そしてパネル下部の［レイヤーマスクを追加］ボタンを、⌘［Ctrl］キーを押しながらクリックし、パスをベクトルマスクに変換します。しかしベクトルマスクに変換すると、窓の内側だけが表示され、思っていた結果の逆になってしまいます 06 。今回はこれを反転させる必要があります。

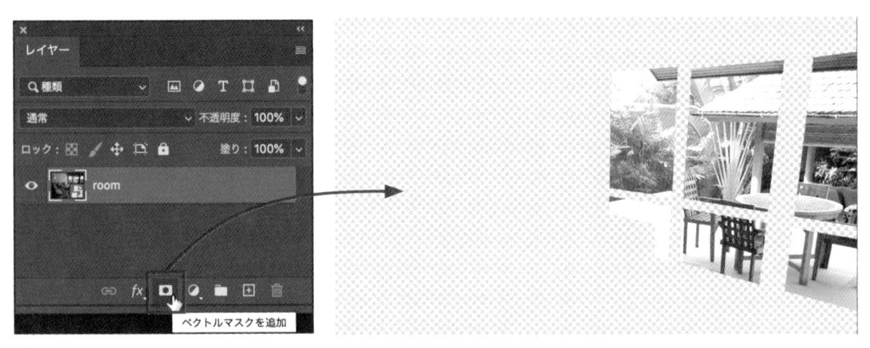

06 ベクトルマスクを適用させたところ
ベクトルマスクは基本的に、パスの内側を表示させ、外側をマスクするようになっています

ツールパネルから**パスコンポーネント選択ツール**を選択します。ドラッグですべてのパスを選択してからオプションバーで［パスの操作］ボタンをクリックし、出てきたリストの中から"**前面シェイプを削除**"を選択します 07 。ことばの意味がわかりづらいのですが、これでベクトルマスクが反転します。元に戻したい場合は"シェイプが重なる領域を中マド"をクリックします。

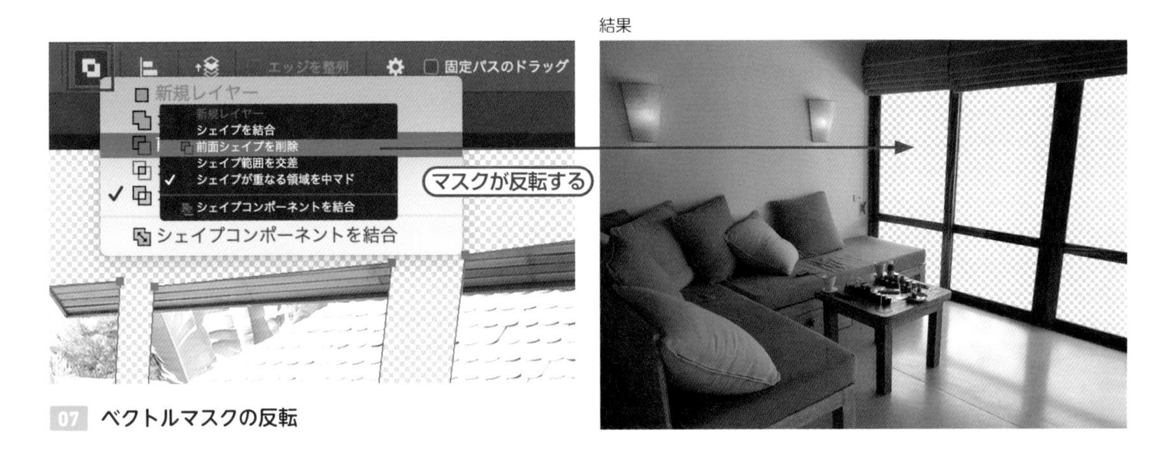

07 ベクトルマスクの反転

海の合成と光の調整

① 海を合成する

次は海の写真を重ねていきます。素材画像「5-04_sozai2.jpg」を配置し、75%ほどに縮小して右上に寄せます。レイヤーパネルで「room」レイヤーの下に動かし、移動ツールで、いい景色になるように動かします。レイヤー名は「ocean」に変えておきましょう 08 。ただし写真を2枚重ねただけでは、合成っぽさが残ったままです。ここからはより自然に見えるように、写真の明るさや色みを補正していきます。

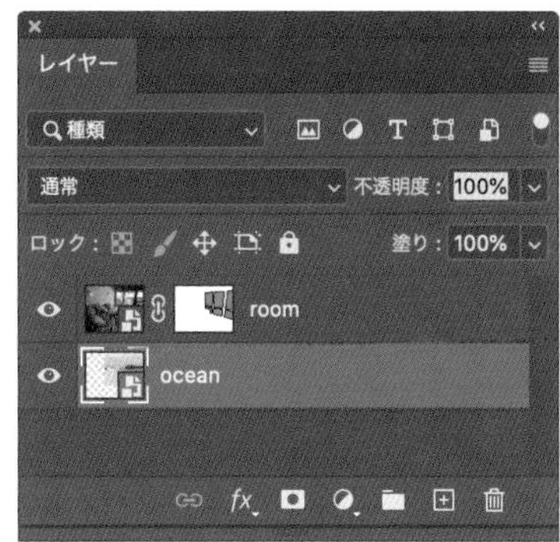

08 海の写真の配置

② 海の明るさを補正する

まずは「ocean」レイヤーを明るくし、いますぐ飛び込みたくなるような海に仕上げていきましょう。そのあとで、海に合わせて室内（「room」レイヤー）を調整していきます。

では、「ocean」レイヤーを選択したまま、「ocean」レイヤーのすぐ上に「トーンカーブ」調整レイヤーを追加します。プロパティパネルで図のようにカーブを動かしてみましょう。こうすることで、全体（RGB）を明るくしつつ、レッドだけ下げることで赤みがなくなり、グリーンとブルーが強調されてきれいな海の色になります。調整ができたら、「トーンカーブ」調整レイヤーと「ocean」レイヤーを選択して⌘［Ctrl］+Gでグループ化しましょう 09 。グループ名は「窓の外」とします。

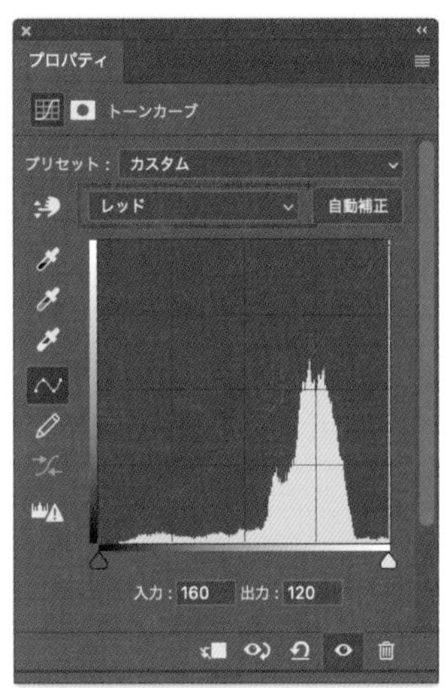

レッドを少し下げます
目安は、入力：160／出力：120

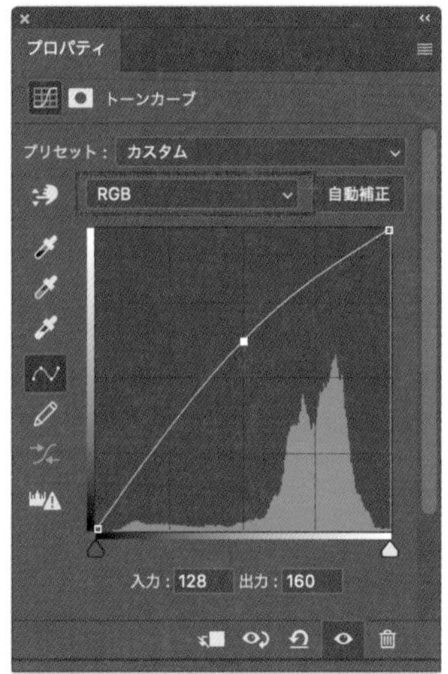

全体(RGB)を少し上げます
目安は、入力：128／出力：160

「ocean」レイヤーの位置や大きさによって、トーンカーブのヒストグラム（カーブの背景に見える細かな棒グラフ）の形は変わります

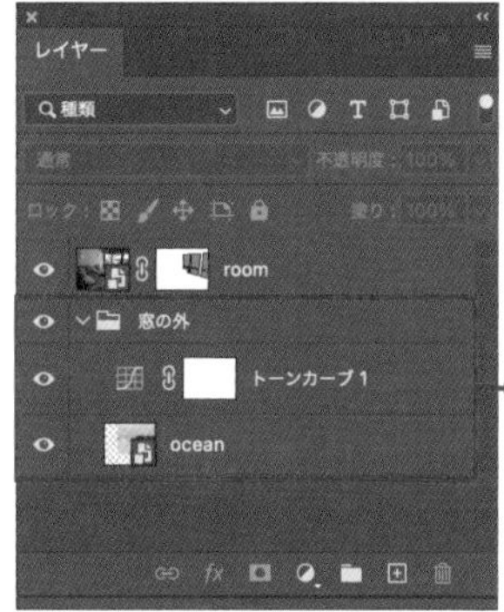

09 トーンカーブによる海の補正

③ 室内の明るさを補正する

次に、「room」レイヤーを選択して、「room」レイヤーのすぐ上に「トーンカーブ」調整レイヤーを追加します。このまま調整すると、窓の外も含むドキュメント全体が調整されてしまうので、追加した「トーンカーブ」調整レイヤーは、「room」レイヤーにだけ適用されるようにクリッピングマスクしておきましょう。外の景色と違和感がないように、プロパティパネルでしっかり明るくします 10。

memo

クリッピングマスクするには、レイヤーパネル上でoption［Alt］キーを押しながら「トーンカーブ」調整レイヤーと「room」レイヤーのあいだをクリックします。これで、トーンカーブの設定は「room」レイヤーにだけ効くようになります。

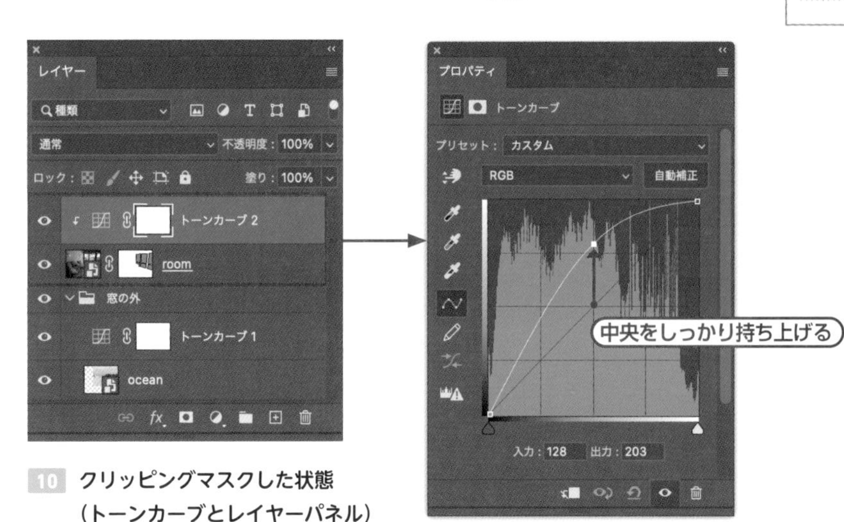

10 クリッピングマスクした状態（トーンカーブとレイヤーパネル）

④ 逆光を再現する

通常、窓の外から光が入ってくる場合、窓枠は逆光で暗くなるはずです。窓枠部分を「トーンカーブ2」調整レイヤーのレイヤーマスク上で黒く塗ってマスクしましょう。

まずは「room」レイヤーを選択し、クイック選択ツールで窓枠に沿った選択範囲を作ります 11 。このとき、選択範囲に海が含まれてしまっても問題ありません。

11 選択範囲

次に「トーンカーブ2」調整レイヤーのレイヤーマスクサムネールをクリックし、描画色が黒になっていることを確認したら、option [Alt] +delete [Delete] キーでレイヤーマスクの選択範囲を塗りつぶします。窓枠部分にトーンカーブが適用されなくなることで、逆光で窓枠が暗くなっているように見せることができます。黒く塗りつぶしたあとに、板のふちを白いブラシ（[硬さ：0%]）でふんわりなぞると、光が差し込んで見えます 12 。トーンカーブと「room」レイヤーをグループ化して、名前を「室内」にしましょう。これで水上コテージの写真の完成です。

memo

option [Alt] + deleteキーは「(選択範囲を)描画色で塗りつぶす」ショートカットキーです。レイヤーマスク以外にも使えるので覚えておきましょう。選択範囲を作っていない場合は全面塗りつぶしになります。

POINT

白いブラシで板のふちをなぞるときは、板の右側や、カーテンの下部分などを塗ると効果的です。

レイヤーマスクをふんわりさせると、より自然に光が差し込んでいるように見えます

12 光が差し込んで見えるように調整

クッションの色を変えてみよう

さらに挑戦したい人は、クッションの色を変えて、よりさわやかな写真にしてみましょう。レイヤーパネルで「room」レイヤーを選択し、クイック選択ツールで茶色のクッションを4つすべて囲んでみましょう。選択範囲ができたら「色相・彩度」調整レイヤーを追加し、図のように調整してクッションをさわやかな水色にします。

続いて、薄いベージュのクッションを白にしていきます。もう一度「room」レイヤーを選択し、クイック選択ツールでベージュのクッションを囲みます。同様に「色相・彩度」調整レイヤーを追加し、図のように調整します。レイヤーマスクをブラシなどで調整したら完成です 13 。

memo

クイック選択ツールで選択したくない部分まで選択してしまったら、option [Alt] キーを押しながら除外したい部分をドラッグします。クッションやソファの色が似ているので、うまく選択できない場合は、レイヤーマスクにしたあとで白や黒のブラシで調整しましょう。

POINT

クッションを水色にする際、クッションの影まで水色にすると、よりリアルに仕上がります。白にする際は色が飛びやすいので、逆に影は含まないようにします。

13 クッションの色変え

水色：色相165／彩度0／明度0
白：色相0／彩度−56／明度20

最終的なレイヤーパネル

コーヒーに湯気を加える

Lesson5 > 5-05

THEME テーマ

温かい料理や飲みものを撮影する際、湯気をじょうずに撮るには技術がいります。そこで、湯気は撮影後にPhotoshopで追加して仕上げます。湯気があると同じものでもおいしそうに見えるので、おぼえておきましょう。

完成形の確認

マグカップに入ったコーヒーの写真に、温かさを感じられるような湯気を作りましょう。湯気にも種類がありますが、今回は 01 のようにほかほかと温かさを感じられるような湯気（図左）と、香りが立っているのを感じられるような湯気です（図右）。

01 **完成形。左：ほかほかの湯気、右：香り立つ湯気**

ほかほかの湯気の作成

① 湯気のベースを作成する

Photoshopで素材画像「5-05_sozai1.jpg」 02 を開きます。レイヤーパネル下部のボタンから新規レイヤーを追加し、名前を「湯気」とします。続いて、描画色と背景色を白と黒に設定して、メニュー→"フィルター"→"描画"→"雲模様 1"をクリックします。すると、「湯気」レイヤー全面に白黒のモヤが描画されました。レイヤーパネルで「湯気」レイヤーの［描画モード］を［スクリーン］にしましょう。白い部分だけが残り、ドキュメント全体が湯気でおおわれたようになりました 03 。

memo

「雲模様 1」の描画フィルターは、描画色と背景色に設定された2色で構成されます。

02 **素材画像** （撮影：Andy Joint Design）

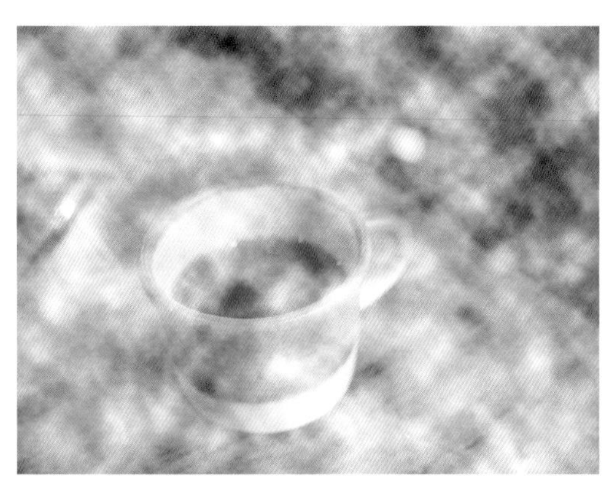

03 **「雲模様 1」を［スクリーン］に**

② レイヤーマスクをかける

なげなわツールで湯気のエリアを作ります。コーヒーカップの上あたりに大きめの選択範囲を作りましょう。メニュー→“選択範囲”→“選択範囲を変更”→“境界をぼかす...”を［ぼかしの半径：30pixel］ほどで適用し、「湯気」レイヤーのレイヤーマスクに変換します 04 。

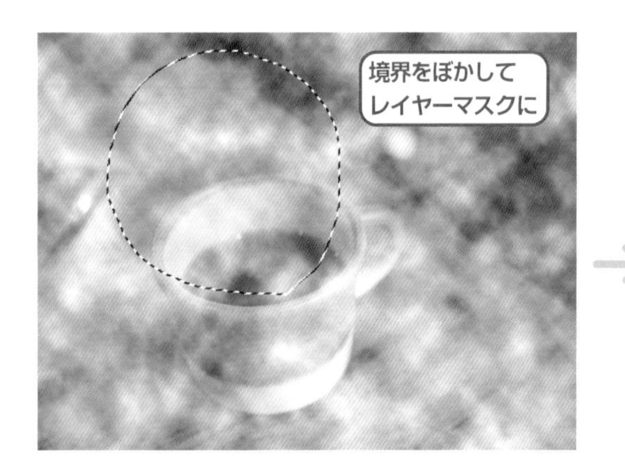

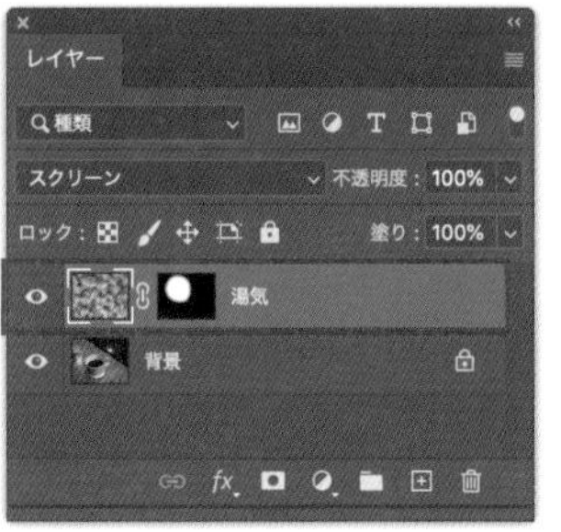

04 **「湯気」レイヤーにマスクをかける**

③ 湯気を整えて完成

このままだと湯気が強すぎるので、レイヤーパネルでレイヤーの[不透明度]を[50%]程度に下げます。さらに自然な湯気に見せるため、レイヤーマスクの範囲を調整し、湯気の形を整えていきます 05 。やわらかいブラシを使って、湯気を足したいところを白、減らしたいところを黒で塗り、湯気らしく見えるように少しずつ整えます。湯気が濃すぎたり形がきれいすぎたりすると、いかにも作りものに見えてしまうので、ときおり画面から顔を離して俯瞰(ふかん)で確認しながら調整しましょう。自然な形に整えたら完成です。

ほかほかの湯気は、飲みものだけでなく、できたての料理、鍋料理などのほか、寒いときに白くなる息の演出などにも使えます。

POINT

ブラシでレイヤーマスクを調整するには、「湯気」レイヤー本体ではなくレイヤーマスクに描き込む必要があります。誤って「湯気」レイヤーに直接描き込んでしまわないよう、必ずレイヤーパネルで、レイヤーマスクのサムネールをクリックしてアクティブにしておきましょう。

05 ブラシで形を整えて完成

香り立つ湯気の作成

①「湯気」レイヤーを複製する

次は、同じコーヒーの写真を使って、香り立つ湯気を作成します。「雲模様 1」レイヤーを[描画モード：スクリーン]にする(02)ところまでは同じ手順なので、同様に作業してもかまいませんが、ここでは「湯気」レイヤーを右クリックし、"レイヤーを複製..."して再利用します。レイヤー名は「香り湯気」にしましょう。

さらに、マスクが不要なので、レイヤーマスクサムネールを右クリックし、"レイヤーマスクを削除"します。またドキュメント全体が湯気におおわれたようになります。複製元の「湯気」レイヤーは非表示にしておきましょう。レイヤーパネルが 06 のようになっていればOKです。

memo

レイヤーの複製のショートカットキーは、レイヤーを選択した状態で⌘[Ctrl]+J。

POINT

レイヤーマスクを削除する際は、必ず右クリックで操作します。レイヤーマスクを右下の[ゴミ箱]ボタンにドラッグしてもマスクは消えますが、その方法では、レイヤーがマスクの形に切り抜かれた状態になってしまいます。

左の①～③を行った状態

06 レイヤーの複製とレイヤーマスクの削除

② 湯気に波を作る

レイヤーパネルで「香り湯気」レイヤーを選択し、ツールパネルから**指先ツール**を選びます。指先ツールは、塗りたてのインクやペンキを指でこすって伸ばすようなツールで、これを使って❗湯気にゆらゆらとした動きを加えます。オプションバーでブラシのサイズや強さを設定したら **07** 、コーヒーの周辺を波の形にドラッグしてみましょう **08** 。

POINT

縦に1列ずつ、途切れず一筆で描くのがコツ。上からと下からを交互に行うとよりランダムな動きが出ます。

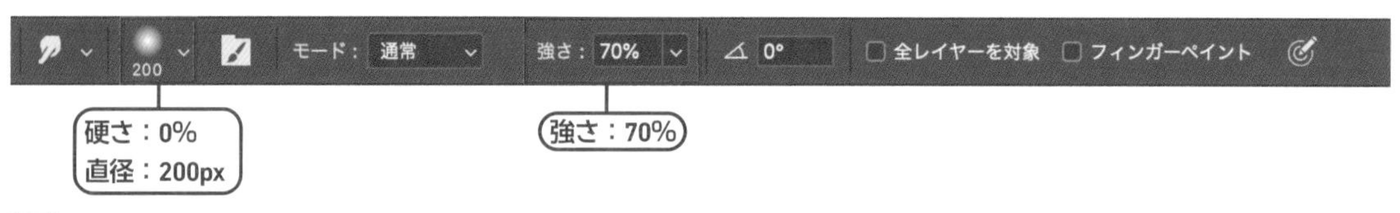

07 ブラシのオプションバー設定

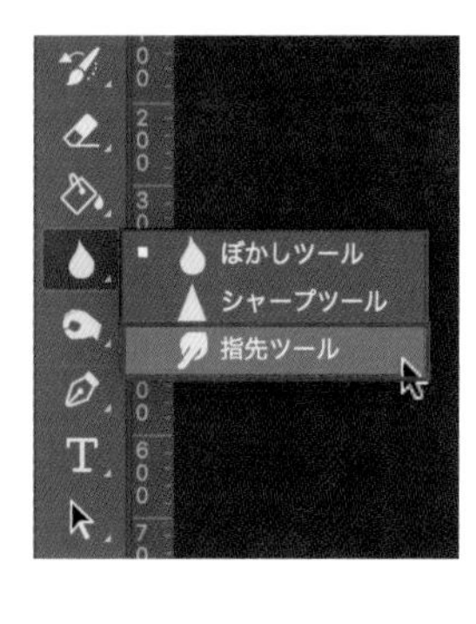

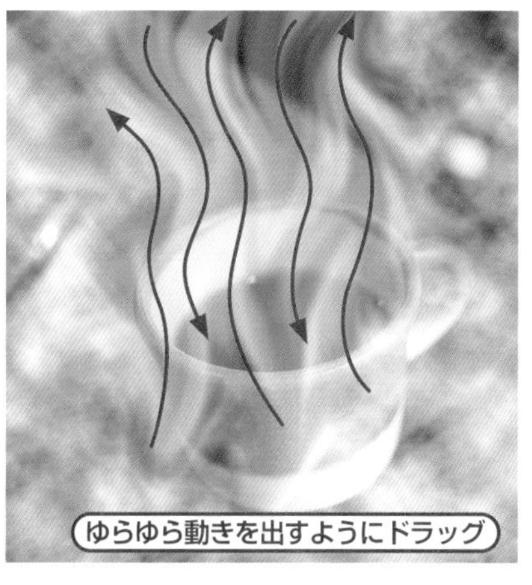

動きを加えた状態

08 湯気に動きをつける

ここでは見やすいように、一時的に「香り湯気」レイヤーの不透明度を100%にしています

③ レイヤーマスクで形を作る

ツールパネルからなげなわツールを選び、先ほどよりも広めに選択範囲を作り、レイヤーマスクに変換します。09 のように調整した黒のブラシツールで、湯気の境界部分をなじませ 10 、さらに、湯気のゆらゆらに合わせて描画し、湯気に強弱を出していきます 11 。ブラシの直径と流量を変えながら縦にゆらゆらと描き込んでいくことで煙が立つような質感を出せます。ほかほかの湯気は、レイヤーの［不透明度］を［50%］としましたが、香り立つ湯気はさらに下げて［30～40%］程度にすると、とても自然に見えます。

memo

ブラシでは一度に塗ろうとせず、流量（インクの量）をぐっと下げてごしごし、くるくるとこするように少しずつ描いていくと調整しやすいです。

09 ブラシのオプションバー設定

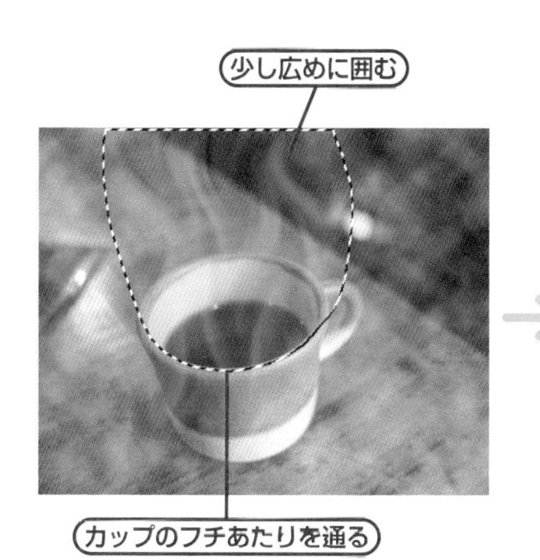

10 レイヤーマスクをかける

マスク

完成

11 湯気のゆらゆらを描く

ブラシの大きさと流量を変えながら、煙のようになるよう調整していきます

シームレスパターンを作る

Lesson5 > 5-06

自分で撮った写真から、シームレスパターンを作りましょう。自分で作ることができれば、さまざまな場面に活用することができます。

シームレスパターンとは

写真やシェイプ、イラストなどの画像でできた模様のことを「**パターン**」と呼び、おもにレイヤースタイルの「パターンオーバーレイ」などで図形に模様をつける際に使います。さらに、継ぎ目のない（＝シームレス）パターンは「**シームレスパターン**」いい、とても使い勝手のよいパターンとなります。今回は自分で撮影した写真を使って、01 の右のような芝生のシームレスパターンを作ります。

memo

パターンは、ネットなどで有償または無償で配布されているものも多くあります。

シームレスでないパターン

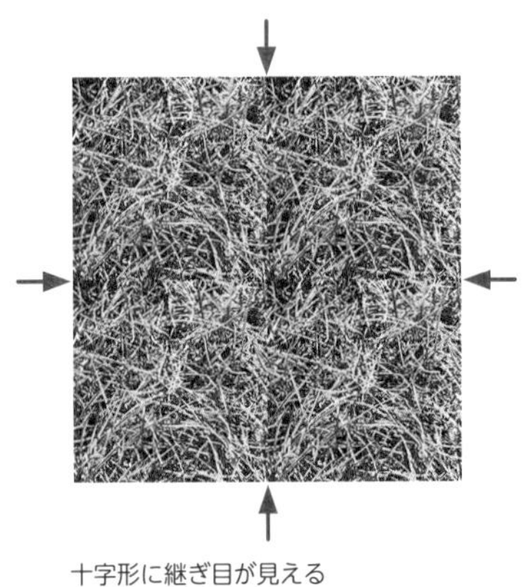

十字形に継ぎ目が見える

シームレス化したパターン

継ぎ目がなくなり、自然につながって見える

01 パターンとシームレスパターン

素材の準備

① パターン化する部分を選択する

素材画像「5-06_sozai1.jpg」を開きます。芝生の写真の中からまずはパターンとして使う部分を正方形に切り抜きます。幅・高さがぴったり500pxの選択範囲を作るため、数値入力のできる長方形ツールを

活用します。ドキュメント上をクリックし、[幅] [高さ] ともに [500px] と設定しましょう。また正方形には任意の塗りの色を設定しておきます。

できた正方形を移動ツールで切り抜きたい場所に移動します。02 では左上に配置しました。レイヤーパネルを開き、⌘ [Ctrl] キーを押しながらサムネールをクリックすると、500px四方の正方形の選択範囲を作ることができます。

memo
選択範囲を作ったあとに、選択範囲の位置を動かしたい場合は、長方形選択ツールのまま選択範囲をドラッグして動かすことができます。

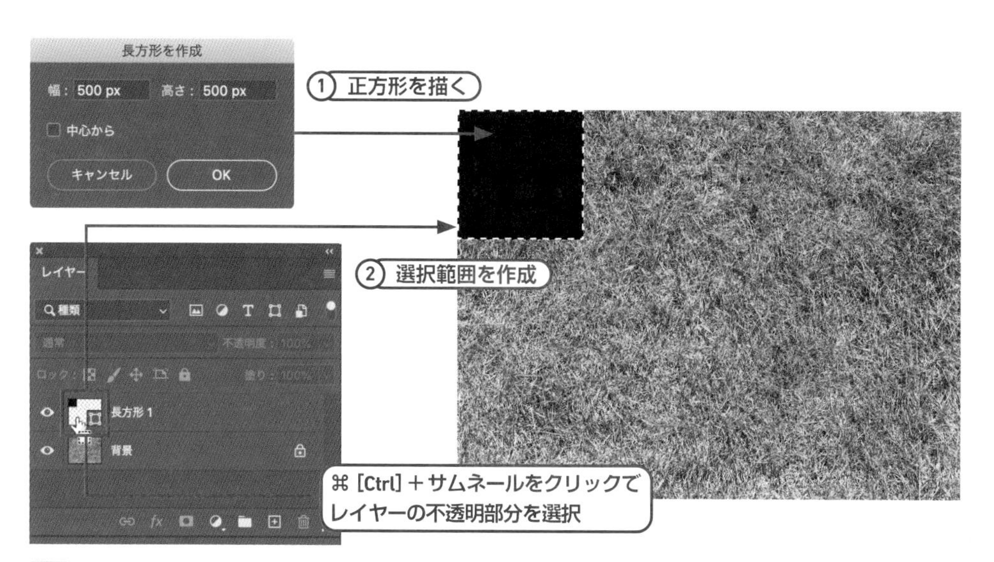

02 正方形の選択範囲の作成

② パターン化する部分を切り抜く

選択範囲ができたら、正方形は非表示にしておきます。メニュー→"イメージ"→"切り抜き"でカンバスサイズが選択範囲通りに切り抜かれます。切り抜かれたら、⌘ [Ctrl] ＋Dで選択範囲を解除しておきます 03 。

memo
作った選択範囲は芝生にまぎれて非常に見にくくなっているので、見失わないように気をつけましょう。

03 500px四方に切り抜いた状態

シームレス化

① スクロールで継ぎ目を中央に集める

ここからはシームレス化の作業です。手順としては、画像の継ぎ目を中央にもってきて、スポット修復ブラシツールで継ぎ目がわからなくなるようになじませる、という作業をします。

「背景」レイヤーを選択して、メニュー→“フィルター”→“その他”→“スクロール...”をクリックします。「スクロール」ダイアログが現れるので、[水平方向][垂直方向]ともに、画像の半分にあたる[250px]と入力します。すると、画像が右方向と下方向に半分(250px)ずつずれて表示されます。[未定義領域]を[ラップアラウンド](巻き戻す)に設定することで、ずらして見えなくなった右半分と下半分が左端と上端から現れます。画像は500px四方なので、もともとの画像の四辺(＝継ぎ目)が中心に集まってきたことになります 04 。

memo
シームレス化の必要がない画像の場合は、この工程を飛ばして「パターンを定義する」に進みます。

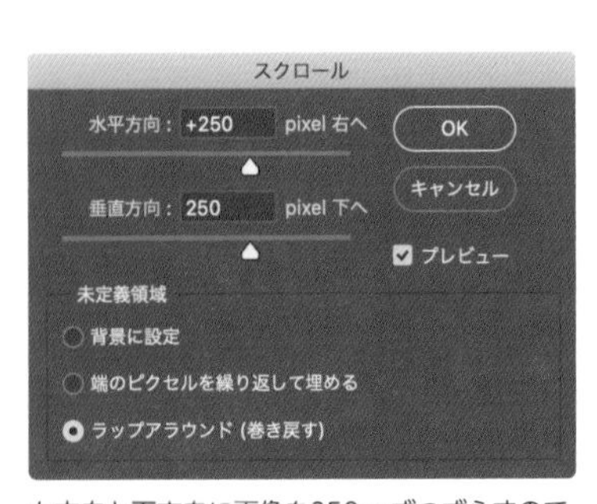

右方向と下方向に画像を250pxずつずらすので、もともとの画像の四辺が十字の形に集まることになります

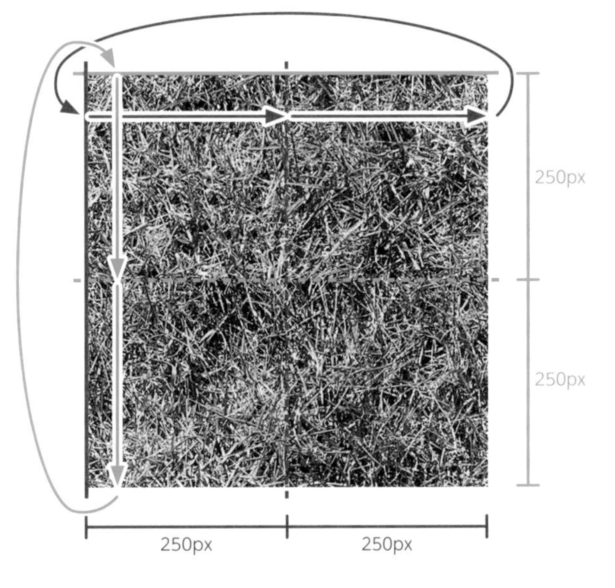

04 スクロールの適用

② 継ぎ目を補正する

「背景」レイヤーの継ぎ目をスポット修復ブラシツールでなぞっていきます。ブラシは[直径：50px]程度、[硬さ：0%]にすると周りにきれいになじみます。このタイミングで、継ぎ目以外に気になる部分や不要なものの映り込みがあればスポット修復ブラシツールで消しておきましょう 05 。

POINT
新規レイヤーは追加せず、「背景」レイヤーに直接描き込むことがポイントです。

スポット修復ブラシツールで、継ぎ目や気になる部分などをなじませます

一気になぞらず、少しずつ補正していくときれいに仕上がります

05 スポット修復ブラシツールで継ぎ目などをなぞる

パターンの定義

もう一度スクロールを実行し、元の状態に戻します。今度は、補正した画像の四辺が中央に集まっている状態です。補正によって不自然な部分が生まれていないかを確認し、問題なければパターンとして登録します。メニュー→"編集"→"パターンを定義"をクリックし、パターン名を決めます。ここでは「芝生」という名前にしました 06 。[OK] をクリックして、パターンは完成です。

06 パターンの定義

実際に使ってみよう

新規ドキュメントを作成し、定義したパターンを試しに使ってみましょう。⌘ [Ctrl] ＋Nで「新規ドキュメント」ダイアログを開き、A4横のドキュメントを作成します。新規ドキュメントが開いたら、長方形ツールで、任意の色を設定して1,500px四方の正方形を描きます。

レイヤーパネルで「長方形1」レイヤーをダブルクリックし、「レイヤースタイル」ダイアログを開きます。[パターンオーバーレイ] を開いて [パターン] のサムネールをクリックします。いちばん下に先ほど登録した「芝生」が登録されているので、選択します 07 。すると、正方形に芝生のパターンが適用されました。

154ページ、**Lesson4-01**参照。

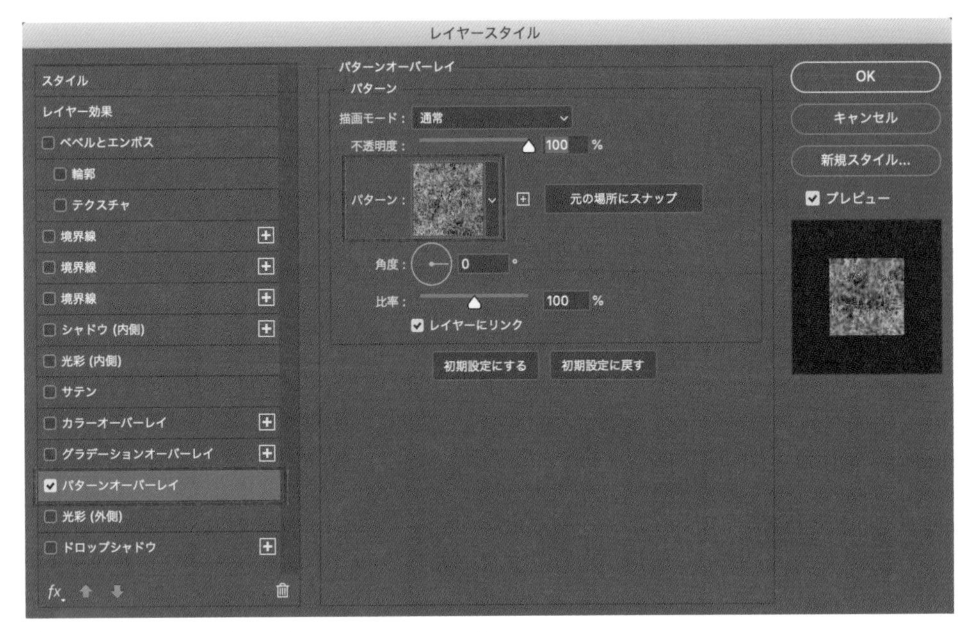

07 「レイヤースタイル」ダイアログでパターンの設定

ダイアログを開いたまま、ドキュメント上のパターンが適用されている箇所をドラッグすると、パターンの開始位置を動かすことができ、ダイアログの［元の場所にスナップ］をクリックすることで元の位置に戻ります 08 。[OK]をクリックして完了です。

08 パターンの開始位置

Lesson 6

実践：イベントの告知画像を作る

SNSで投稿される情報にかっこいい画像がついていると、シェアしたくなるものです。ここでは「アートボード」の機能を使って、SNSでのイベント告知などに利用できる、バナー画像を作ってみます。

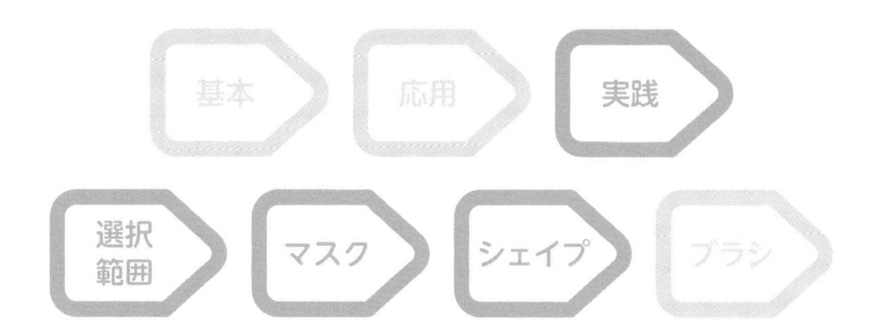

アートボードを設定する

Lesson6 > 6-01

THEME
テーマ

SNS用のイベント告知バナーを作成していきます。バナーを作成する際には、SNSごとに投稿推奨サイズを調べ、適切な画像サイズで作成するようにしましょう。

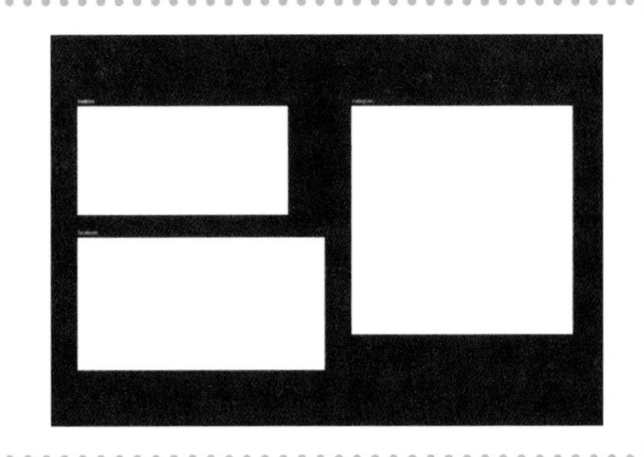

SNS用画像の投稿推奨サイズ

SNSに画像を投稿する際は、各SNSごとに適切なサイズの画像をアップすることが重要になります。多くのSNSでは自動でリサイズされるしくみが用意されていますが、適切な画像サイズでない場合は、画像の端が切れてしまったり、画像があらくなったりすることがあります。

Facebook、Twitter、InstagramといったSNSの投稿サイズは、それぞれバラバラです。2020年10月現在の投稿画像の推奨サイズは以下の通りです。

- Facebook：1,200×628px
- Twitter：1,024×512px
- Instagram：1,080×1,080px

上記をもとにFacebook用、Twitter用などと別々にPSDファイルを作成してもよいですが、あとからテキストを修正したり色を変更したりする場合、すべてのファイルをそれぞれ編集しなければなりません。そこで、今回は**アートボードとスマートオブジェクトを利用し、1つのPSDファイルで効率よくすべてのバナー編集ができる方法**で、SNS告知バナー 01 を作成してみましょう。

memo

Lesson6の作例では、ぱくたそ（https://www.pakutaso.com/）の写真素材を利用しています。二次配布物の受領者がこの写真を継続して利用する場合は、ぱくたそ公式サイトからご自身でダウンロードしていただくか、ぱくたその ご利用規約（https://www.pakutaso.com/userpolicy.html）に同意していただく必要があります。同意いただけない場合は写真素材のご利用はできませんので、ご注意ください。

01 完成形
写真提供：フリー素材ぱくたそ（www.pakutaso.com）
photo by ELFA

STEP1 アートボードを設置する

新規ドキュメントを作成します。のちほどアートボードを設定しますので、ドキュメントのサイズは任意でかまいません（ここではFacebookサイズの1,200×628pxとしています）。ただし今回はWeb用の画像を作成するので、［解像度］は［72ピクセル/インチ］、［カラーモード］は［RGBカラー］とします。

新規ドキュメントが作成できたら、レイヤーパネルの右上にあるメニューより“アートボードを新規作成...”を選びます 02 。

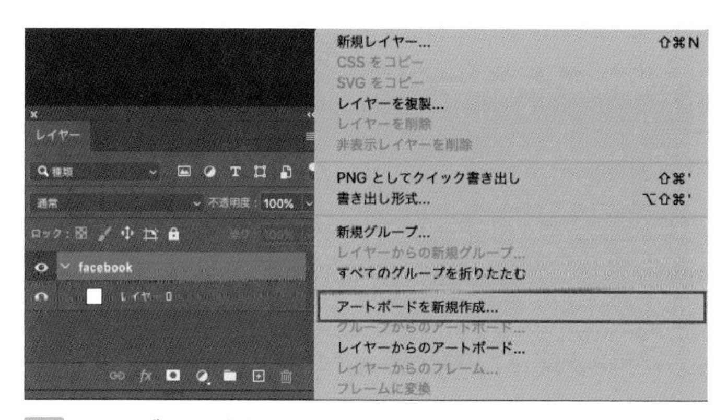

02 アートボードを新規作成

表示されたダイアログで、まずはFacebookサイズの［幅：1200 px］［高さ：628 px］を設定します。［名前］部分にアートボード名を入れておくとあとでわかりやすくなるので、おすすめします。ここでは［facebook］とします 03 。

> **memo**
> アートボード名は、レイヤーパネル上であとから変更することも可能です。レイヤー名と同様、ダブルクリックしてから書き換えます。

アートボードを新規作成
名前：facebook
OK
アートボードをプリセットに設定：
キャンセル
カスタム
幅：1200 px　高さ：628 px

03 「アートボードを新規作成」ダイアログ

これで、Facebook用のアートボードができました 04 。

04 Facebook用のアートボード

STEP2 残り2つのアートボードを設置する

さらに、レイヤーパネルの右上のメニュー→"新規アートボードを作成.."で、Twitter用（1,024×512px）、Instagram用（1,080×1,080）のアートボードを作成します。

全部で3つのアートボードができたら、アートボードを移動させて、一覧できるよう位置を調整するとよいでしょう 05 。

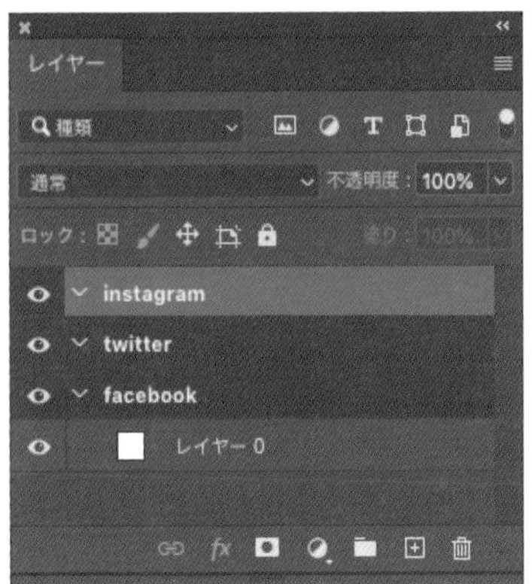

Facebook：1,200px×628px
Twitter：1,024px×512px
Instagram：1,080px×1,080px

05 アートボードの完成

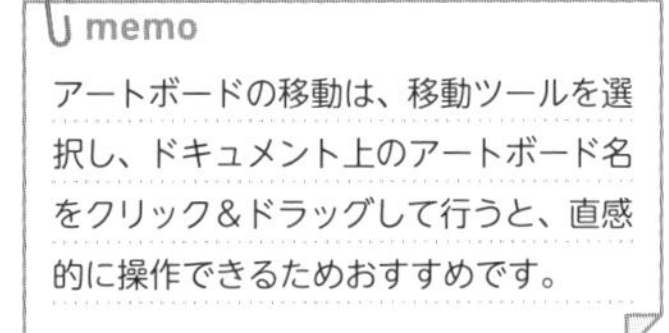

memo

アートボードの移動は、移動ツールを選択し、ドキュメント上のアートボード名をクリック＆ドラッグして行うと、直感的に操作できるためおすすめです。

背景を作成して写真を配置する

Lesson6 > 6-02

THEME
テーマ

SNS用バナーはチラシやポスターと違ってすべての要素を詰め込む必要はなく、最低限の要素のみをとり入れたレイアウトがよいでしょう。高速でスクロールされていく中で、目を引くインパクトのあるデザインが効果的になります。

SNS用バナーのデザイン

デザインのベースとなるアートボードは、大きなサイズのものを選択しましょう。大きなサイズで作成後に縮小するぶんには画質の劣化は少なくてすみますが、小さなサイズで作成後に拡大すると、画質があらくなる可能性があります。ベクター形式のデータなら問題ありませんが、ラスター形式を利用した場合は注意が必要です。

サンプルではFacebook用のアートボードをベースにしています。左に画像、右にテキストをおく2カラムで、「背景」「画像」「テキスト」の3つのレイヤー構成でデザインしていきます 01 。

01 レイアウト構成

STEP1 背景を作成する

ツールパネルから長方形ツールを選び、Facebook用のアートボードいっぱいになるように、背景となる長方形を作成します。描画色は任意でかまいません。ここでは白にしています。

このとき、マウス操作でアートボードいっぱいになるよう長方形シェイプを作成してもよいですが、数ピクセルずれたりするとわずらわしいため、一度適当なサイズで作成し、プロパティパネルで幅（W）と高さ（H）、X軸（X）とY軸（Y）の位置を指定すると効率よく正確に作成できます。ここでは、[W：1200px] [H：628px] [X：0] [Y：0] に指定しましょう。また、プロパティパネルの「アピアランス」、もしくはオプションバーで[線：カラーなし]に設定します。

長方形シェイプのレイヤーが作成できたら、スマートオブジェクトに変換し、レイヤー名を「背景」にします 02。

> **memo**
> プロパティパネルで [W] [H] の数値が入力した数値にならないときは、左側にあるリンクアイコン（[シェイプの幅と高さをリンク] ボタン）をクリックして、リンクを解除しましょう。

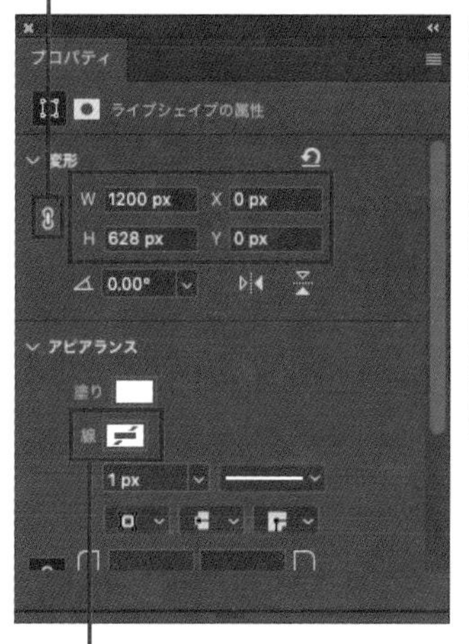

02 背景を作成

STEP2 画像を配置する

レイヤーパネルで「背景」レイヤーが選ばれた状態で、素材画像「6-02_sozai1.jpg」をアートボード上にドラッグ＆ドロップ、またはメニュー→“ファイル”→“埋め込みを配置...”で画像を選んで配置します。

画像の高さがアートボードと合っていない場合は、バウンディングボックスをクリック＆ドラッグして拡大・縮小し、高さがアートボードいっぱいになるよう調整しましょう。配置後に画像をダブルクリックして確定してしまった場合は、自由変形（⌘ [Ctrl] ＋T）で変形できます。レイヤー名を「画像」にしておきましょう。なお、画像はスマートオブジェクトとして配置されます 03。

> **memo**
> 画像のサイズを変形する際は、画像の縦横比率が変わらないよう注意しましょう。バウンディングボックスをそのままドラッグすれば、比率が固定されたまま変形できます。
> なお、optioh [Alt] キーを押しながらドラッグすると、比率が固定されたままで、画像の中心から拡大・縮小できます。
> shift [Shift] キーを押しながらドラッグすると、比率が変わりますので注意しましょう。

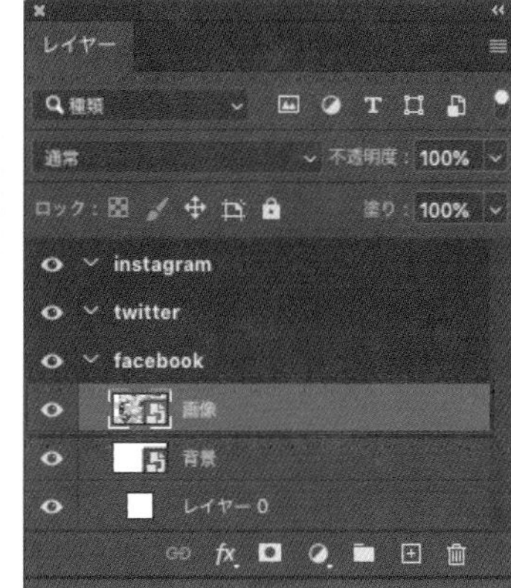

03 画像を配置

STEP3 レイヤーマスクを作成する

今回レイアウトは2カラム構成になりますので、画像にレイヤーマスクを作成し、半分だけ表示されるようにします。「画像」レイヤーを選び、レイヤーパネル下部の［レイヤーマスクを追加］ボタンをクリックしてください。

レイヤーマスクの右半分に選択範囲を作成しますが、このとき、**「ガイド」**を利用すると便利です。アートボードまたはアートボード上のオブジェクトを選択した状態で、メニュー→“表示”→“新規ガイド...”を選びます。表示されたダイアログで［方向：垂直方向］を選び、［位置：50%］と入力して［OK］します。縦横の半分の位置を決める際は、画像の中心（50%の位置）にガイドを引くことでレイアウトがとてもしやすくなります。のちほどテキストの配置で使用しますので、同じようにして水平方向50%にもガイドを引いておきましょう 04 。

メニュー→“表示”→スナップ にチェックを入れることで、ガイドに吸着させることができます。チェックが入っているか、確認しておきましょう。なお、スナップの対象は、選択範囲の境界線、切り抜き選択範囲、スライス、シェイプおよびパスとなります。

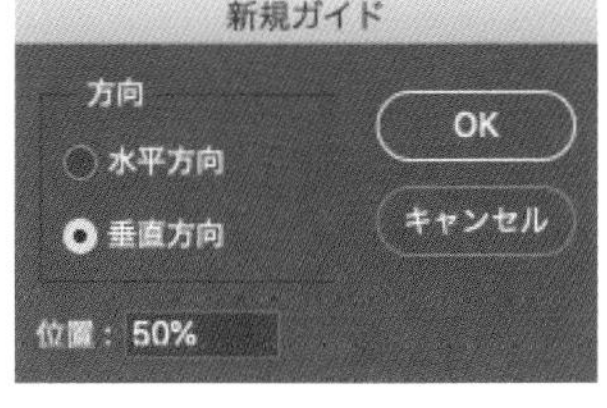

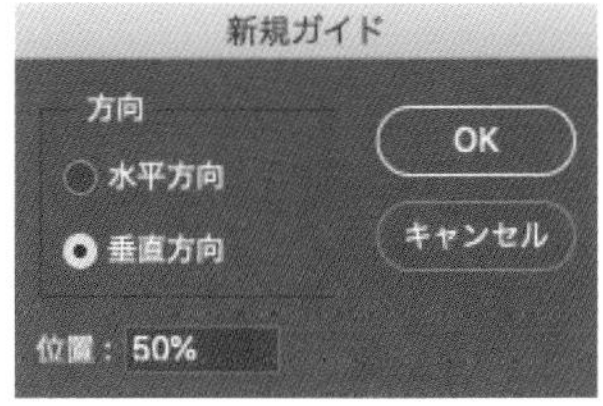

04 ガイドを作成
垂直方向と水平方向に［位置：50%］でガイドを作成します

ガイドが作成できたら、「画像」レイヤーのレイヤーマスクサムネールが選ばれていることを確認して、長方形選択ツールでアートボードの外から中心に向かって選択範囲を作成しましょう。中心のガイド付近までドラッグすると、ガイドにスナップ（吸着）します。選択範囲ができたら、そのまま右クリックして“塗りつぶし...”を選択して黒色（ブラック）で塗りつぶします。すると、選択範囲は白く変わります。

画像の左半分だけが表示されたら、選択範囲を解除し、レイヤーパネルでスマートオブジェクトサムネールを選択します。レイヤーパネルで［レイヤーマスクのレイヤーへのリンク］を解除し、移動ツールで画像の表示位置を調整します 05。

memo

「背景色」が黒に設定されている場合は、選択範囲を作成したあとに、delete［Delete］キーを押しても、マスクが黒で塗りつぶされます。

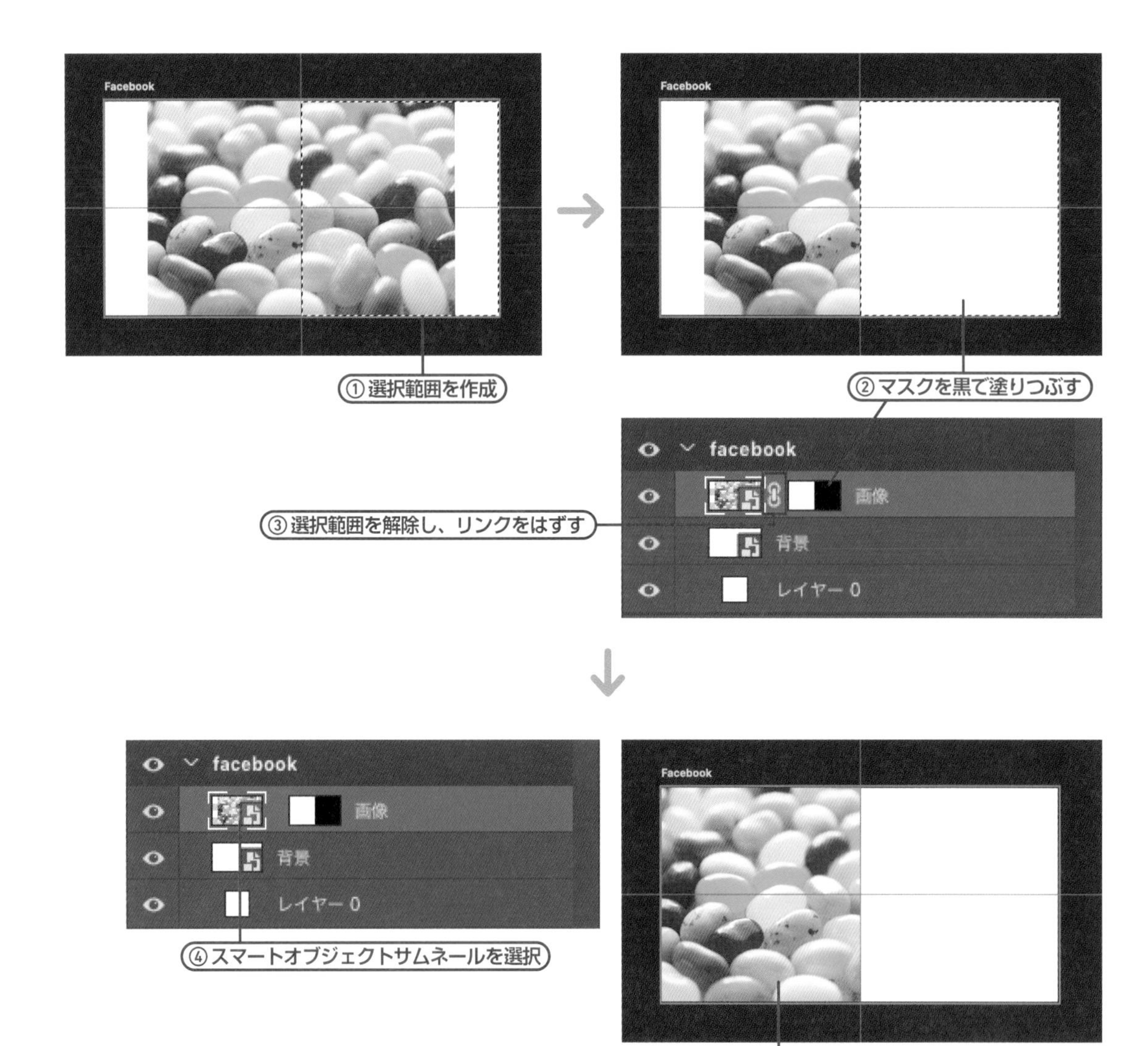

05 レイヤーマスクの作成

テキストを配置する

Lesson6 > 6-03

THEME テーマ

テキストをバランスよく配置する基本は、周囲の余白や、文字の幅、文字色などに一定のルールを設けることです。またイメージに合ったフォント選びも大切。これらに気を使いながら、タイトルや開催日など必要事項を入力していきましょう。

STEP1 テキストを入力する

テキストを作成していきましょう。フォントは、作りたいデザインのイメージに合わせて選ぶとよいでしょう。今回はイベント案内となりますので、ポップなイメージのフォントを選びました。もし、エレガントで高級感のある雰囲気を出したければ、「明朝体」のフォントなども似合いますね。

ツールパネルから横書き文字ツールを選び、タイトル「CANDY PARTY」と開催日「2020.12.13.SUN」を入力します。テキストは、「CANY」「PARTY」「2020.12.13.SUN」の3つのレイヤーに分けておきましょう 01 02。文字パネルでフォント、サイズ、トラッキングなどを 03 のように設定します。フォントはすべて、AdobeFonts からアクティベートして利用可能です。カーニングは、いずれも[オプティカル]で自動的に調整しています。なお、カーニングは特定の文字と文字との間隔を調整する機能、トラッキングは選択したテキストまたはテキストブロック全体の文字間隔を調整する機能です。

CANDY

Gibson Regular、36px、トラッキング：1,480

PARTY

Arya Triple、145px、トラッキング：20

2020.12.13.SUN

Gibson Light、36px、トラッキング：180

WORD 明朝体

文字(フォント)の一種で、一般的に上品で繊細な印象を与える。明朝体は、横線に比べて縦の線が太く、文字の形に「ハネ」「ウロコ」「払い」などと呼ばれる装飾がついている。一方、「ゴシック体」は文字の線の太さが均一な文字の形をしている。

200ページ、Lesson5-02参照。

278ページ、Lesson7-06参照。

memo

テキストサイズがptになっている場合は、メニュー→“Photoshop”(Windowsでは“編集”)→“環境設定”→“単位・定規...”の[文字]でpx(pixel)に変更できます。

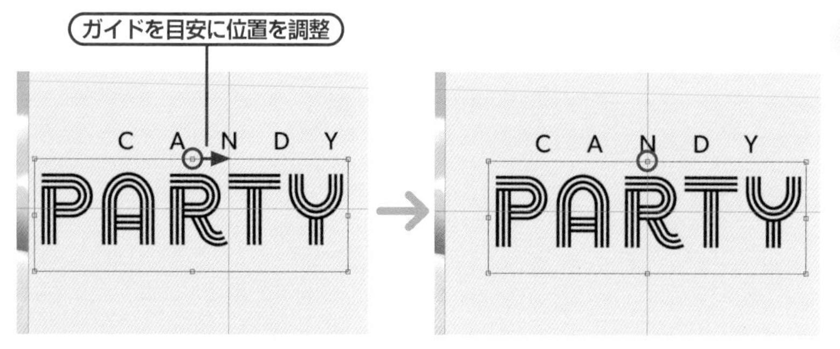

01 テキストの配置を整える

テキストスペースの中央がわかるように[垂直方向][位置：75%]（文字をのせるスペースの左右中央）にガイドを作成し、「PARTY」の「R」がガイドの十字の上にくるように配置します

POINT

テキストを入力したあと、⌘[ctrl]＋Tを押すと、01のようにテキストを囲む外枠（バウンディングボックス）が表示されます。バウンディングボックスには、四隅と上下左右の中央に正方形の印が表示されますので、移動ツールなどを使って、正方形の印とガイドを目安にして位置を調整するとよいでしょう。

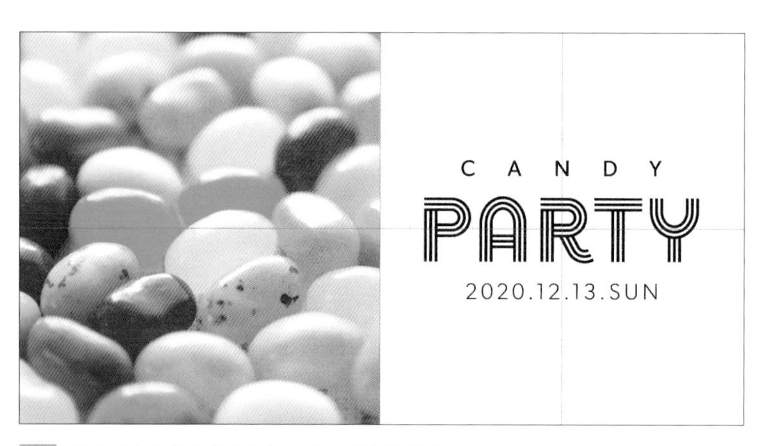

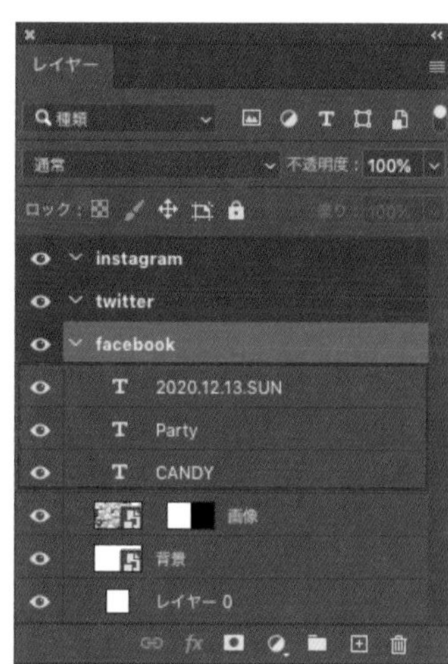

02 テキストの入力（左）とレイヤーパネル（右）

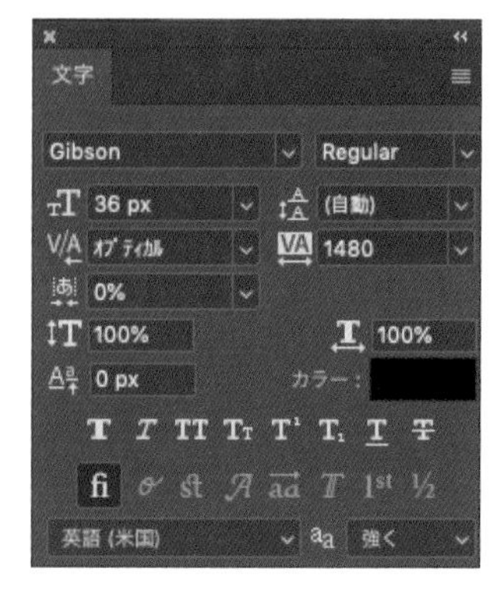

「CANDY」の文字設定

「PARTY」の文字設定

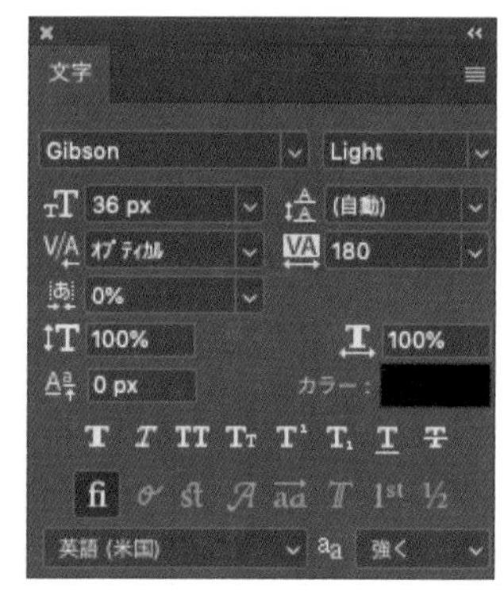

「2020.12.13.SUN」の文字設定

03 文字パネルの設定

STEP2 背景カラーを設定する

続いてカラーを設定しましょう。テキストカラーを決める前に、背景カラーを設定します。レイヤーパネルで「背景」レイヤーのスマートオブジェクトサムネールをダブルクリックし、スマートオブジェクトを編集していきます 04。カラーの変更方法はいろいろありますが、ここでは調整レイヤーを使用しましょう。

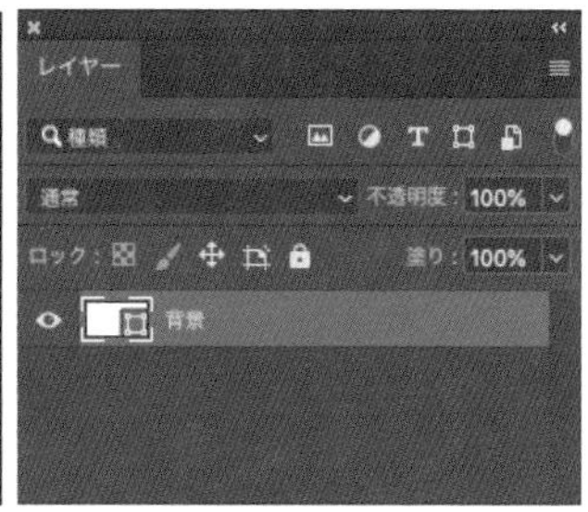

04 スマートオブジェクトの編集

PSBファイル（レイヤー01.psb）が開き、スマートオブジェクトの編集画面になります

レイヤーパネル下部のボタンから“べた塗り…”を選び、「べた塗り」調整レイヤーを作成します。ここでは赤（#cb0321）に設定しました。カラーの設定が完了したら保存し（⌘［Ctrl］＋S）、スマートオブジェクトを閉じて元のドキュメントに戻ります 05。すると、背景レイヤーの色が更新されます 06。

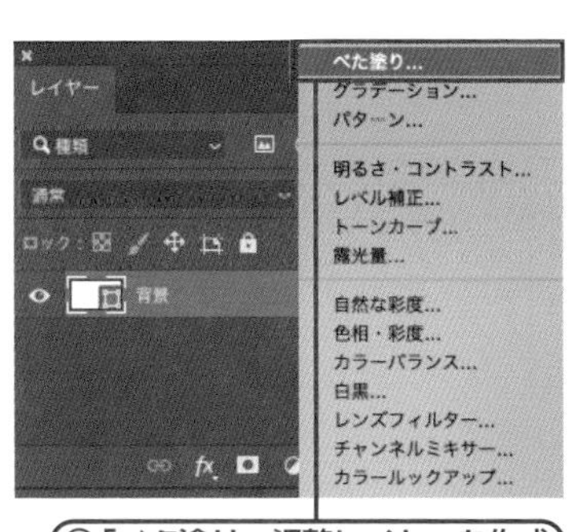

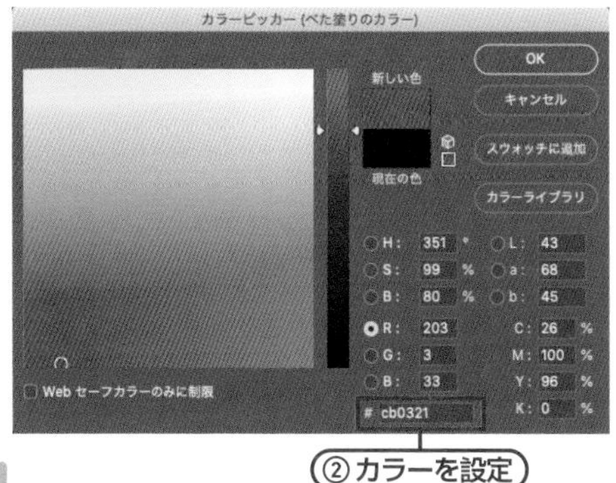

05 背景カラーの設定

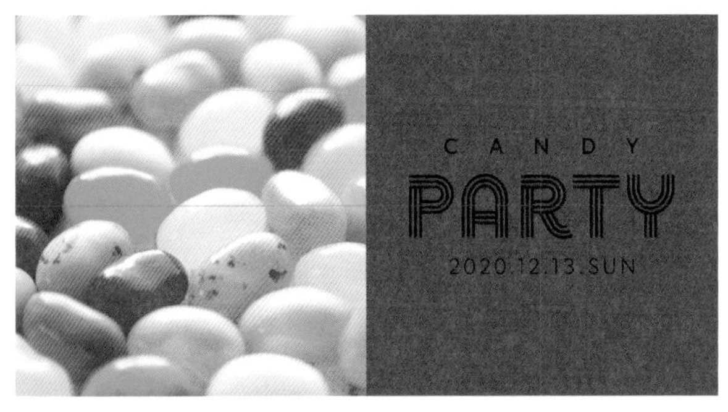

06 元のドキュメントに戻る

STEP3 テキストカラーを設定する

続いてテキストカラーを設定します。左に設置した画像とトーンを合わせるため、画像から色をひろい、テキストカラーにしていきましょう。

まずは「PARTY」のテキストを変更します。ツールパネルから横書き文字ツールを選び、Pの部分をドラッグして選択します。オプションバーでカラーピッカーをクリックして「カラーピッカー（テキストカラー）」ダイアログを表示します。ダイアログが表示されている状態でドキュメント上の画像にマウスを移動させるとスポイトのアイコンになりますので、任意の色をひろいましょう。ここでは中央付近のグリーンの色（#00c56e）を選びました 07 。

同様に、A・R・T・Yも画像内の別色を選んで変更してみましょう。「CANDY」と「2020.12.13.SUN」は、白い部分を選んで変更します 08 。

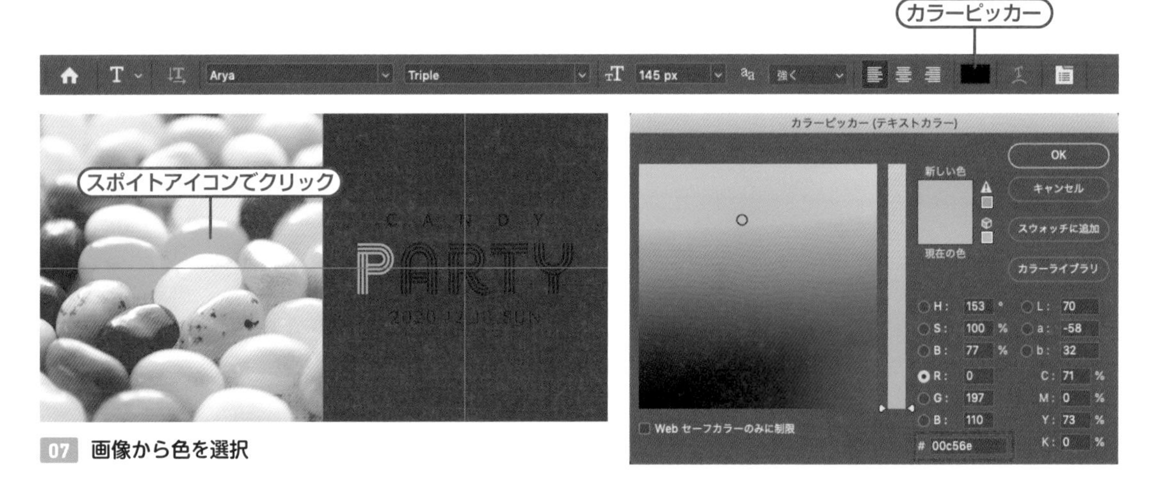

07 画像から色を選択

08 テキストカラーの設定

STEP4 スマートオブジェクトに変換する

レイヤーパネルで「CANDY」と「PARTY」の2つのテキストレイヤーを選択し、スマートオブジェクトに変換します。1つのスマートオブジェクトレイヤーにまとまるので、名前を「ロゴ」に変更します。「2020.12.13.SUN」のテキストレイヤーもスマートオブジェクトに変換し、名前を「日時」に変更します。

「ロゴ」「日時」のレイヤーを選択して、⌘［Ctrl］＋Gまたはレイヤーパネル下部の［新規グループを作成］ボタンをクリックしてグループ化します。グループ名は「テキスト」とするとわかりやすいでしょう。これでFacebookの告知バナーの完成です 09 。新規ドキュメントを作成した際にできた、いちばん下の「レイヤー 0」レイヤーは削除してもかまいません。

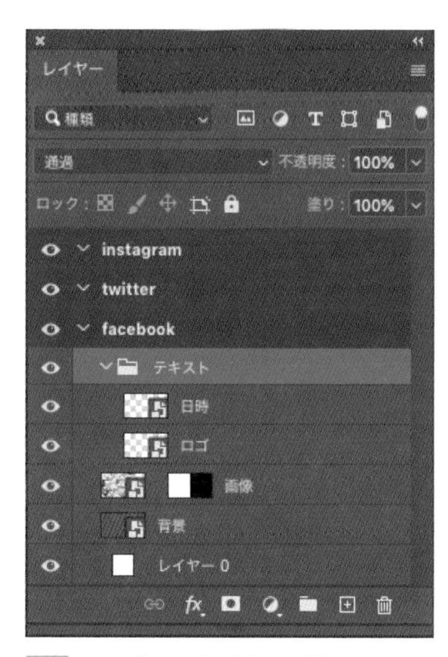

09 ここまでのレイヤーパネル

別のアートボードへの配置と画像の書き出し

Lesson6 > 6-04

THEME テーマ

ここまで作成したFacebook用のバナーをもとに、Twitter用、Instagram用のアートボードを作成していきます。それぞれサイズが異なるため、各アートボード上での配置やバランスを調整してから、最後に画像を書き出します。

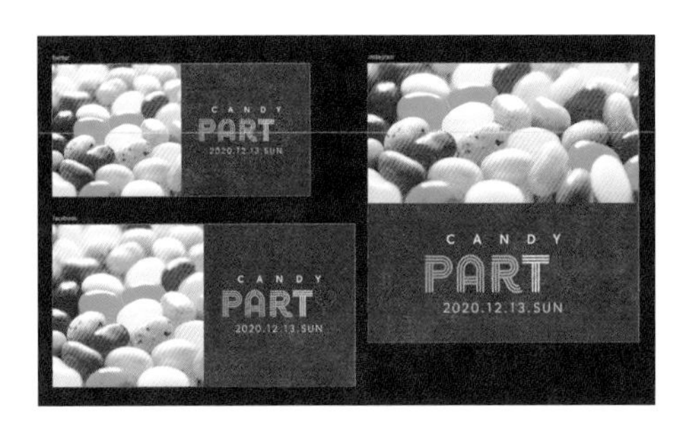

STEP1 Twitter用のアートボードへ配置する

レイヤーパネルで「twitter」アートボードを選び、「facebook」アートボードと同じ手順で［水平方向］と［垂直方向］に50%、さらに［垂直方向］に75%のガイドを設定します。

237ページ、Lesson6-02参照。

次に、「facebook」アートボード上にあるレイヤーを複製します。レイヤーパネル内の「facebook」アートボードにある「テキスト」グループ、「画像」レイヤー、「背景」レイヤーを選択します。そして、レイヤーパネル右上のメニューから“レイヤーを複製...”を選び、表示されるダイアログで［アートボード：twitter］を選んで［OK］します 01。複製されると 02 のような配置となります。アートボードのサイズが異なりますので、各レイヤーを移動ツールや自由変形を使って配置を整えていきます。

memo

レイヤーパネルで、複数のレイヤーやグループを選択するときは、shift［Shift］キーを押しながらレイヤーをクリックしていくと、まとめて選択できます。

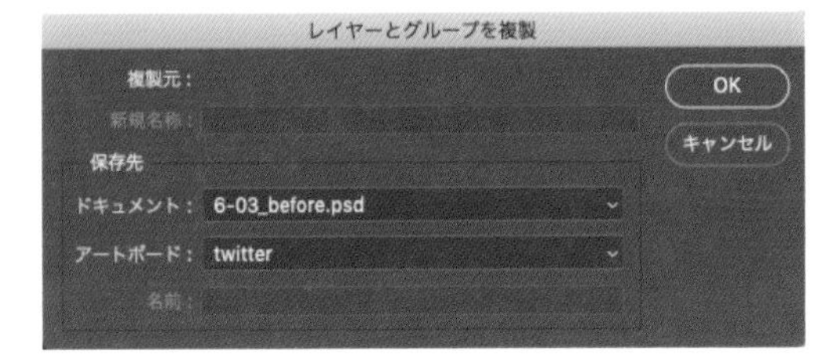

01 「レイヤーとグループを複製」ダイアログ

02 「twitter」アートボードに複製される

STEP2 背景の配置やテキストの大きさを調整する

レイヤーパネルで「画像」レイヤーのスマートオブジェクトサムネールとレイヤーマスクサムネールのあいだをクリックして、レイヤーマスクをレイヤーにリンクします 03 。⌘[Ctrl]+Tを押して、自由変形で写真と長方形のシェイプ（赤く塗りつぶした背景）を縮小します 04 。[水平方向] の50%に設定されたガイドを目安にして大きさを調整しましょう。

次に、「ロゴ」レイヤーを選択し、移動ツールで配置を変え、自由変形で大きさを縮小します。ここでは80%程度に縮小しました。同じように「日時」レイヤーの位置と大きさを変更して、Twitter用のバナーが完成です。

「画像」レイヤーのマスクがリンク解除されたままですと、写真だけ、あるいはマスクだけが移動してしまいますので、リンクしてから位置や大きさを調整しましょう。

memo

メニュー→"編集"・"自由変形"を選んでも自由変形が可能になります。自由変形で拡大・縮小する際は、オプションバーで［縦横比を固定］（鎖のアイコン）をオンの設定しておくと、縦横の比率を保持したまま拡大・縮小できます。

03 レイヤーマスクをレイヤーにリンクする

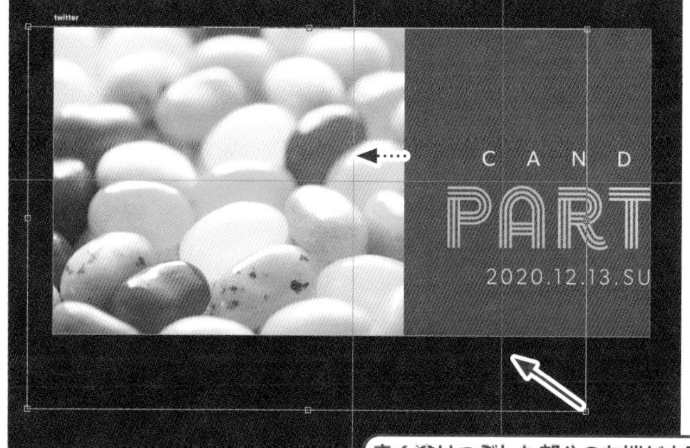

04 自由変形で縮小

STEP3 Instagram用のアートボードへ配置する

レイヤーパネルで「instagram」アートボードを選び、ガイドを設定します。ガイドの設定方法はこれまでと同様ですが、このアードボードでは写真を上に、文字を下に配置したいので、[水平方向] [垂直方向] のそれぞれ [位置：50%] と、[水平方向] の [位置：75%] にガイドを設定します。

先ほどと同じように、「facebook」アートボード上にある「テキスト」グループ、「画像」レイヤー、「背景」レイヤーをまとめて選択し、レイヤーを複製します。表示されるダイアログで、今度は [アートボード：instagram] を選び、[OK] をクリックします 05 。「instagram」アートボードには 06 のように配置されます。

05 複製後のレイヤーパネル

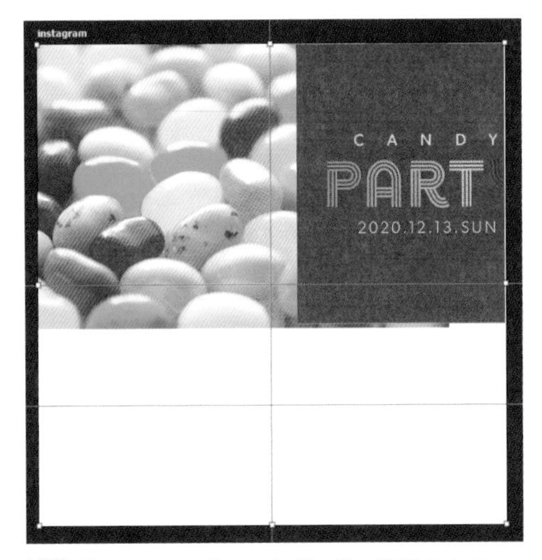

06 「instagram」アートボードに複製される

STEP4 背景とテキストを上下に配置して大きさを調整する

レイヤーパネルで「背景」レイヤーを選び、⌘ [Ctrl] +T（自由変形）で長方形のシェイプをアートボードの大きさに合わせて調整します。

「facebook」アートボートから複製した「画像」レイヤーは、右側が隠れていますので、下半分が隠れるようマスクを変更します。「画像」レイヤーのレイヤーマスクをいったん削除して、レイヤーパネル下部の[レイヤーマスクを追加] ボタンで新しくレイヤーマスクを作成します。そして、長方形選択ツールでアートボードの下半分を選択し、選択範囲を黒で塗りつぶしてマスクを作成します 07。

238ページ、Lesson6-02参照。

さらに、「画像」レイヤーでレイヤーサムネールを選び、移動ツールや自由変形で写真の大きさと配置を調整します。アートボードの上半分の全体にかかるように拡大します。テキストはアートボードの下に移動し、大きさを140%程度に拡大しました。Instagram用のバナーが完成です 08。

memo

「画像」レイヤーのレイヤーマスクサムネールを右クリックして、表示されるメニューで“レイヤーマスクを削除”を選ぶと、レイヤーマスクは削除されます。

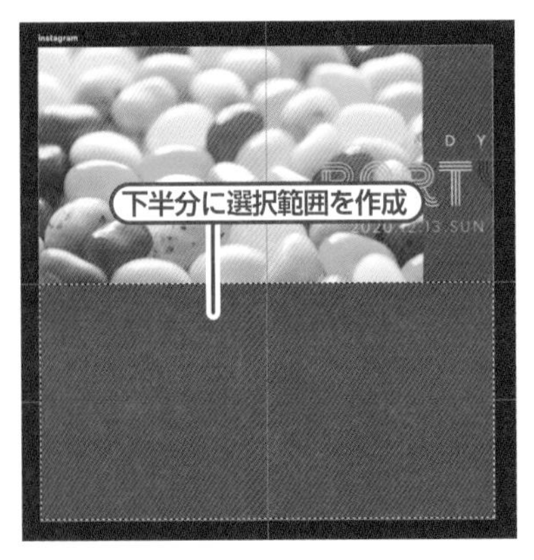

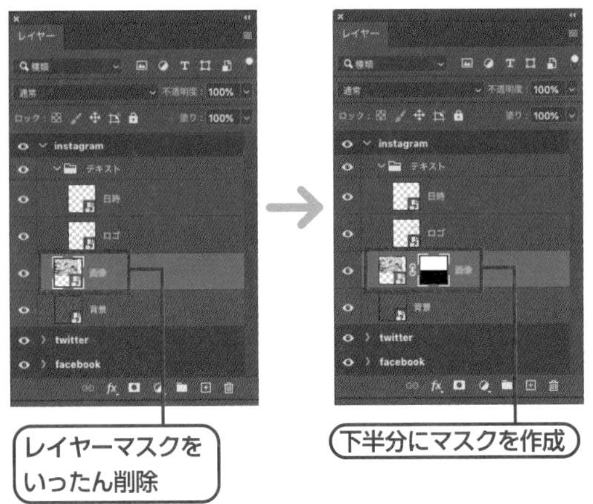

07 新しく下半分にマスクを作成

08 3つのアートボードの完成形

STEP5 修正・変更する

バナーのテキストや画像に修正・変更が発生した場合、通常なら各ファイル、各レイヤーを1つ1つ手直しする必要があります。しかし今回のようにアートボードを設定し、スマートオブジェクトを利用することで、修正や変更にも簡単に対応することができます。

ここでは、Instagramのアートボード内の日時と背景の色を変更してみましょう。まず「日時」レイヤーのスマートオブジェクトサムネールをダブルクリックしてスマートオブジェクトの編集ファイル（PSBファイル）に移動し、「2021.01.10.SUN」と打ち換えて保存後、閉じます。元のファイルに戻ると、3つのバナーすべてに変更が反映されます。

同様に「背景」レイヤーのスマートオブジェクトサムネールをダブルクリックしてスマートオブジェクトの編集ファイルに移動し、色を紺に変更して保存後、閉じます。元のファイルに戻ると、同様に3つのバナーすべての背景が紺色に変更されます 09 。とても手軽ですね。

memo

「背景」レイヤーのスマートオブジェクトのPSBファイルが開いたら、09 の右図のように「ベタ塗り」調整レイヤーの色を変更すれば、背景の色が変わります。

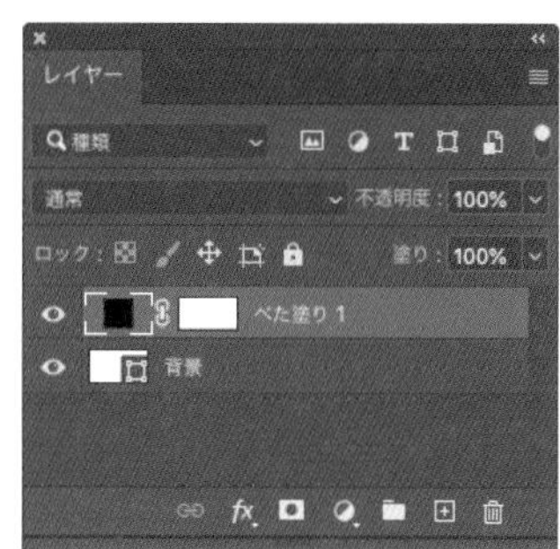

09 日付と背景カラーの変更

どれか1つのアートボードで修正・変更すると、ほかの2つのアートボードにも反映されます

STEP6 画像を書き出す

最後に、各バナー画像の書き出しをしましょう。メニュー→“ファイル”→“書き出し”→“書き出し形式...”を選ぶか、option［Alt］+shift［Shift］+⌘［Ctrl］+Wを押します（このショートカットはよく使いますので、おぼえておくとよいでしょう）。

すると、10 のようなダイアログが現れます。左側のカラムで、すべてのアートボードを書き出すか、個別に書き出すかを選ぶことができます。今回はすべて書き出しますので、［すべてを選択］をチェックしましょう。右下の［書き出し］をクリックすると、出力先を選んで画像を一括出力できます。これで、SNS告知用バナー作成の完成です。

> **memo**
>
> 「書き出し形式」ダイアログの左上の項目で［サイズ：0.5x］を選択すると、アートボードで設定したサイズの0.5倍（半分）のサイズで出力できます。また、［サフィックス］に任意のテキストを入力すると、出力したファイル名にそのテキストが付与されます。たとえば、ファイル名が「party.jpg」の場合、［接尾辞：@0.5x］にすると、「party@0.5x.jpg」となります。

10 「書き出し形式」ダイアログ

Lesson 7

実践：バースデーカードを作る

Photoshopのさまざまな機能を使って、オリジナルのバースデーカードの作成と印刷に挑戦してみましょう！ はがきサイズで制作しますが、ここでは宛名面は作成せずにカード面をデザインしてみます。

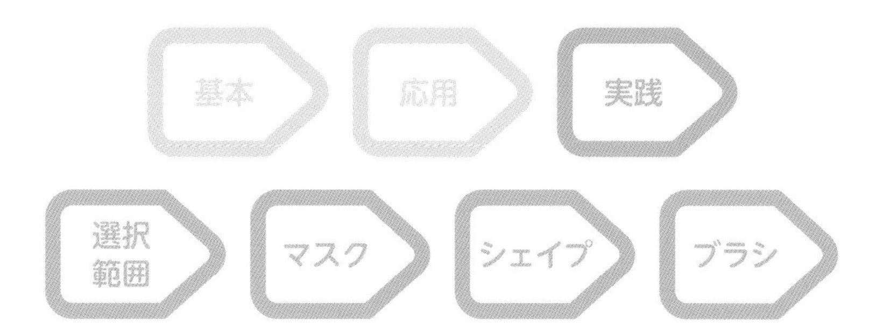

印刷物を作るフローと制作前の準備

Lesson7 > 7-01

THEME テーマ

バースデーカードなどカード類やフライヤー、名刺といった印刷物では、実際の制作に着手する前に、頭に入れておくことや設定しておくことがあります。ここではまず、制作のフローと制作の準備までを学びましょう。

印刷物の特徴と制作手順

印刷物を作る上で、最低限知っておきたいものは「解像度」「カラー設定」「塗り足し」の3つです。まずこの3つについて理解しておきましょう。

解像度

Photoshopで作るデータはラスターデータといい、小さなドットの集まりでできていることはLesson1で学びました。この小さなドットを1インチにいくつ敷き詰めるかを数値にしたものを「**解像度**」と呼びます 01 。

一般的にPCなどの**画面の解像度は72dpi、印刷物は300〜350dpi**とされています。「**dpi**」という単位はドット・パー・インチ（dot per inch）の略です。Retinaディスプレイとよばれる高画質のPCやスマートフォンは144dpiや216dpiと、従来の2倍、3倍の解像度になっています。

15ページ　Column参照。

POINT

この小さなドット（ピクセルともいう）自体にははっきりとした大きさは決まっていません。そのため1インチにたくさん敷き詰めるほどドットは小さくなるので鮮明な写真となり、解像度は高くなります。

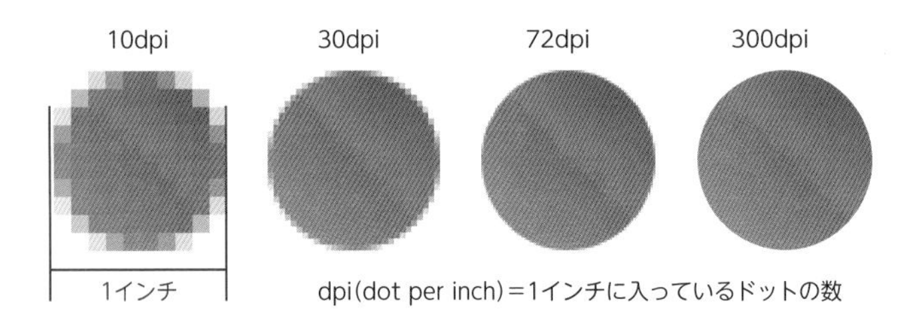

01 解像度の違い

カラー設定

次にカラー設定です。一般的に「ディスプレイはRGB」「印刷はCMYK」といわれています。デジタルディスプレイは**R（レッド）G（グリーン）B（ブルー）**の光の三原色で色を出力しているのに対し、印刷では**C（シアン）M（マゼンタ）Y（イエロー）K（ブラック）**の4つのインクで色を出力します。光とインクでは表現できる色に違いがあるため、特に印刷ではカラー設定を正しく行わないと、ディスプレイで見ていた色と刷り上がりの色が大きく異なる場合があります 02 。

ただし、Photoshopで写真の加工をする際、CMYKモードでは使えないフィルターや機能が多くあるため、RGBで作成し最後にCMYKへの変換作業を行います。

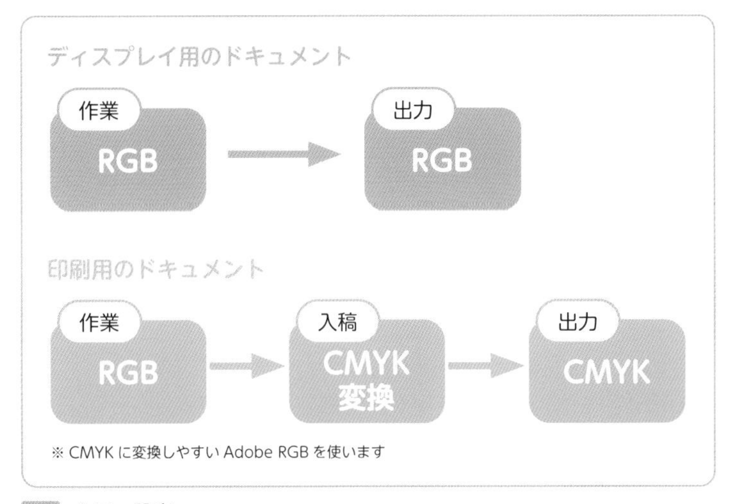

02 カラー設定

塗り足し

印刷会社などにポストカードの印刷を発注した場合、印刷会社では実際に出来上がるポストカードと同じサイズの紙に直接印刷するわけではなく、出来上がりよりも大きめの紙に印刷をして、印刷後にポストカードサイズに断裁します。チラシや名刺、パンフレットなどもすべて同じです。**この断裁位置は断裁する際に最大3mmほどのズレが生じるため、Photoshopでの制作時には上下左右に3mmずつ、つまりカンバスを縦横に6mm広くしておく必要があります** 03 。

この断裁時のズレを想定して追加される部分を「**塗り足し**」と呼びます。なお、家庭用のインクジェットプリンターでポストカードに直接印刷するのであれば、塗り足しは不要です。

memo

Illustratorのような印刷向けのツールを使う場合は「トリムマーク」という断裁位置を決めるマークを入れます。ただしPhotoshopはグラフィックソフトなのでトリムマークの機能はなく、ガイドで代用する必要があります。

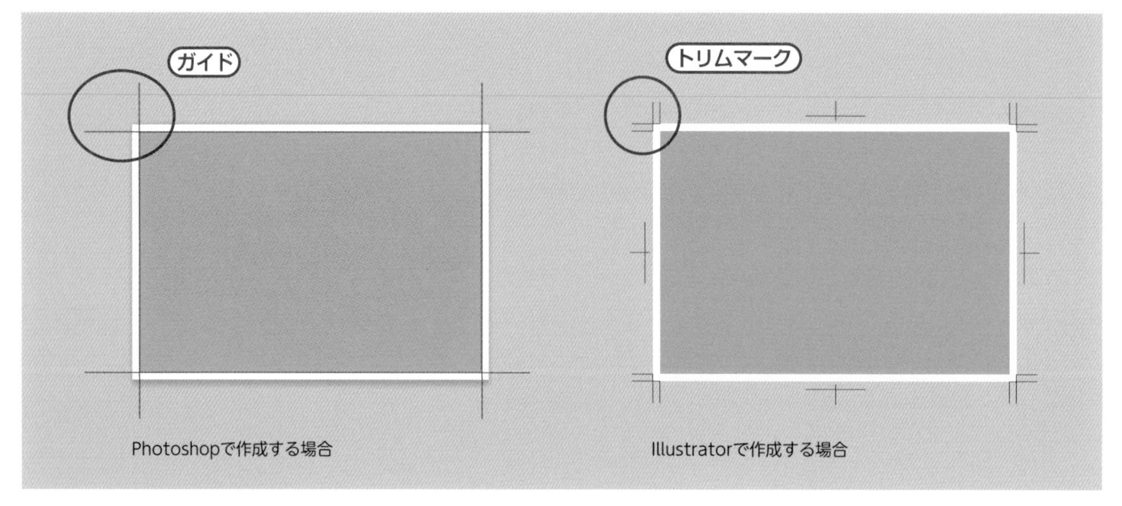

03 塗り足しとトリムマーク
どちらも白い部分が塗り足しエリアで、赤い部分がポストカードの実寸

印刷物を作るときのフロー

ポストカードに限らず、紙の印刷物を印刷会社に依頼するのであれば、次のようなフローを事前に理解した上で制作に入りましょう。

ここで解説したフローは一般的な手順ですので、ドキュメントの設定や入稿データの作り方などの詳細は、各印刷会社のテクニカルガイドをしっかり読んで従いましょう。

① 紙のサイズと印刷会社を決める

Photoshopでは一度作ったものを引き伸ばすことはできないので、はじめにサイズを確定しましょう。また、印刷会社によってデータの細かい設定のルールが違うため、印刷会社も制作の前に決めておくとよいでしょう。

② トリムマーク代わりのガイドを引いて制作する

印刷会社によってはガイドを含むテンプレートをデータで配布しているところも多いので、テンプレートがある場合はテンプレートを使いましょう。特に、インターネット上で印刷物の依頼から納品までを請け負うプリントサービスの場合、ほとんどのサービスでテンプレートが用意されています。

③ CMYKに変換し入稿する

作品が完成したら、**作業データは保管したまま別名保存して入稿データを作成しましょう**。すべてのレイヤーをラスタライズ・統合した上で、最後にカラーモードをCMYKに変換します。

素材の確認

次節から実際にバースデーカードの作成に入っていきます。使用する素材は、写真素材3枚とフォント「Adobe Garamond Pro Regular」です 04 。フォントはPhotoshopの初期設定では入っていませんので、Adobe Fontsからインストールしてください。

memo

「Adobe Garamond Pro」はAdobe Fontsからインストールできますので、事前にインストールしておきましょう。Adobe Fontsの使い方は200ページ、Lesson5-02参照。

玉ボケの写真(7-05_sozai1.jpg)

ネコの写真(7-04_sozai1.jpg)

タルトの写真(7-03_sozai1.jpg)

04 使用素材

ドキュメントの新規作成とガイドの作成

Lesson7 > 7-02

THEME
テーマ

ここからはPhotoshopを使ってバースデーカードの作成に入っていきます。前節で学んだ印刷物ならではの特徴や注意点を踏まえて、まずはドキュメントのベースを正しく作成してみましょう。

完成形の確認と制作の流れ

まずは、ここで作成するバースデーカードの完成形を見てみます 01 。カードの右側3分の2が写真のエリア、左側3分の1がメッセージを書くエリアになっています。

01 バースデーカードの完成形

作業の手順は次の流れになります。

① **ドキュメントの新規作成とガイドの作成**
② **タルト写真の補正と調整**
③ **ネコ写真の配置と補正**
④ **玉ボケの追加**
⑤ **旗とメッセージエリアの作成**
⑥ **入稿データの作成**

本節では「①**ドキュメントの新規作成とガイドの作成**」の工程を行っていきます。

STEP1 ドキュメントを作成する

前節の解説を踏まえて、Photoshopでドキュメントを新規作成しましょう。

メニューの“ファイル”→“新規...”、あるいは⌘[Ctrl] + [N]で新規ドキュメントウィンドウを立ち上げます。

プリセットは、印刷カテゴリの「ハガキ」を選びます。そして[プリセットの詳細]にて、幅と高さを6mmずつ追加し、塗り足しエリアを確保しましょう。紙の向きは横向きにします。さらに詳細オプションを開き、カラープロファイルを「Adobe RGB（1998）」にします 02 。[OK]をクリックするとドキュメントが立ち上がります。

memo
プリセットに「ハガキ」が表示されていない場合は、「すべてのプリセットを表示+」をクリックすると、表示されます。

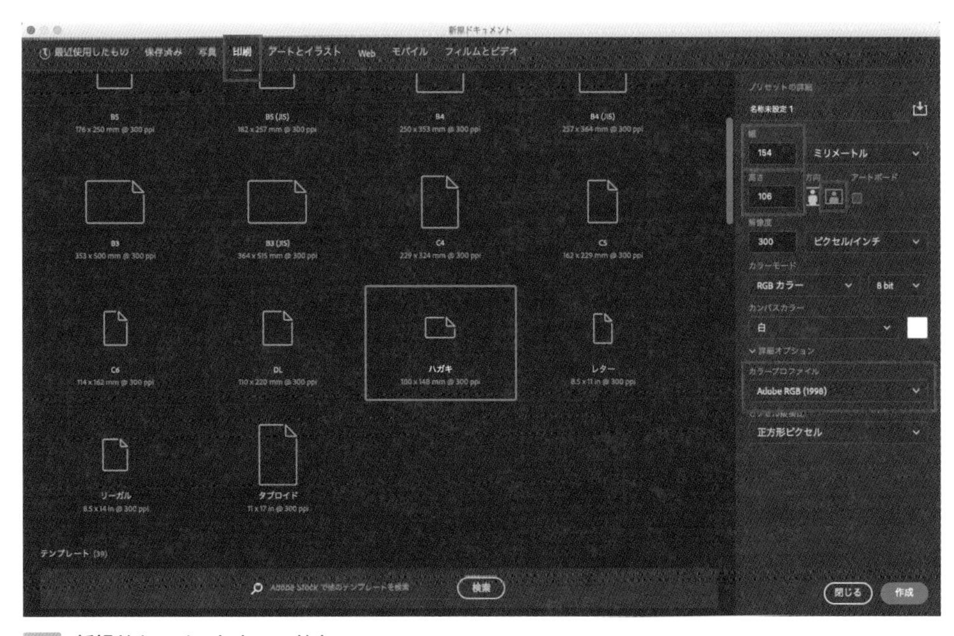

02 新規ドキュメントウィンドウ
[幅：154ミリメートル][高さ：106ミリメートル][カラープロファイル：Adobe RGB（1998）]に設定

真っ白なカンバスが表示されたら、まずはメニュー→“編集”→“カラー設定...”を開きます。[設定]という項目が[一般用ー日本2]となっているので、「**プリプレス用 - 日本2**」にします 03 。日本の一般的な印刷物向けのカラー設定がセットされているので[設定]部分以外は変えないようにしましょう。

POINT

「カラー設定」はドキュメントごとの設定ではなく、Photoshop全体の設定となります。もし、バースデーカードを制作したあとにディスプレイ用のドキュメントを作成する場合は、また設定を戻す必要があります。

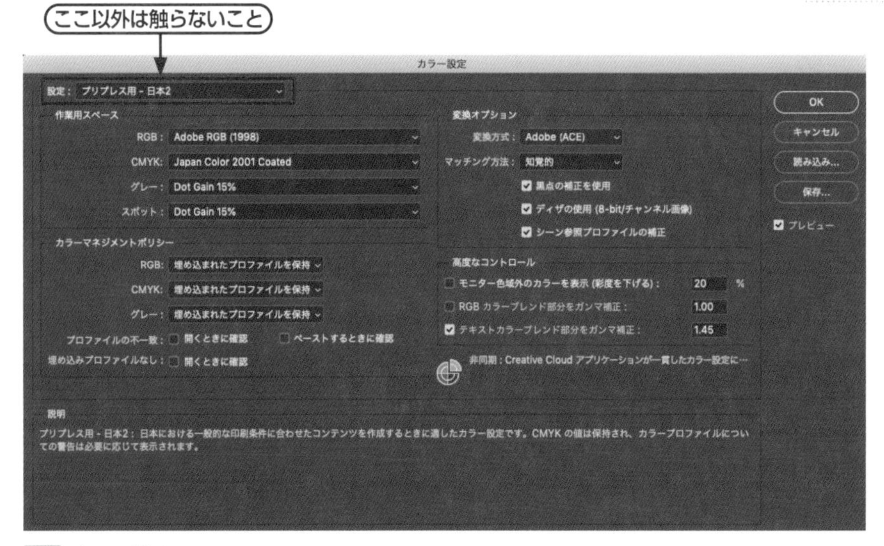

03 カラー設定

STEP2 環境設定を整える

印刷物を作成する際は、ドキュメントで使う単位をpxでなくmmにしておくと作業がスムーズです。メニューの“Photoshop”→“環境設定”→“単位・定規...”(Windowsの場合は“編集”→“環境設定”→“単位・定規...”)を開き、定規と文字の単位をmmにしておきましょう 04 。これは、カラー設定と同様にPhotoshop全体の設定となるため、作るものに合わせてその都度設定するとよいでしょう。

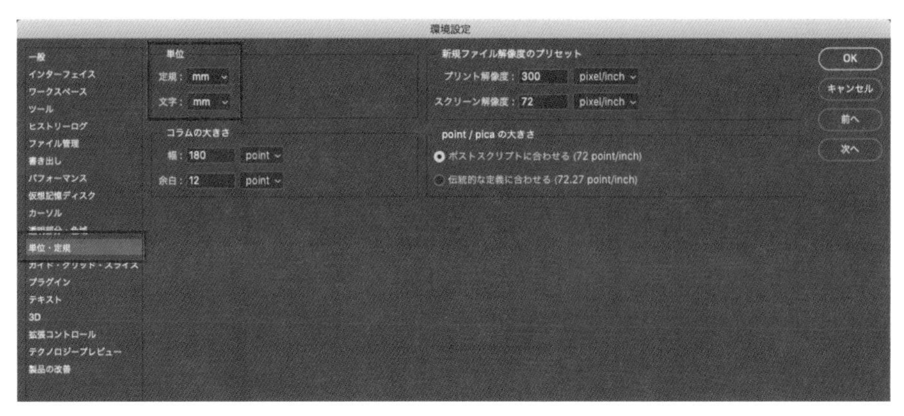

04 環境設定

STEP3 ガイドを作成する

まずは、トリムマークの代わりにするためのガイドを引きます。

メニュー→“表示”→“新規ガイドレイアウトを作成…”をクリックします。プレビューにチェックを入れた状態で、05 のように設定します。マージンを3mmにすることで、裁ち落とし(塗り足し)部分のガイドを引くことができ、これが断裁位置を決めるトリムマークの代わりとなります。また、今回は左側3分の1をメッセージエリアにするので、列を3にして、仕上がりのエリアを3等分にします。[OK] をクリックしたら、ガイドができました。

memo
ガイドレイアウトはおもにWebデザインで使われる機能ですが、トリムマーク用のガイドを引くにも便利な機能です。

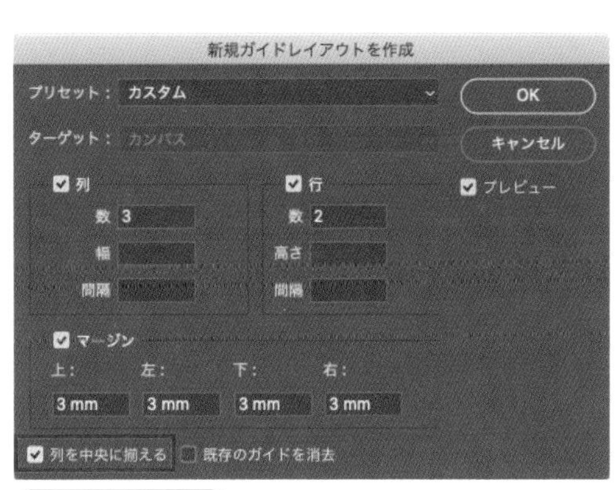

チェックを入れる

表示結果

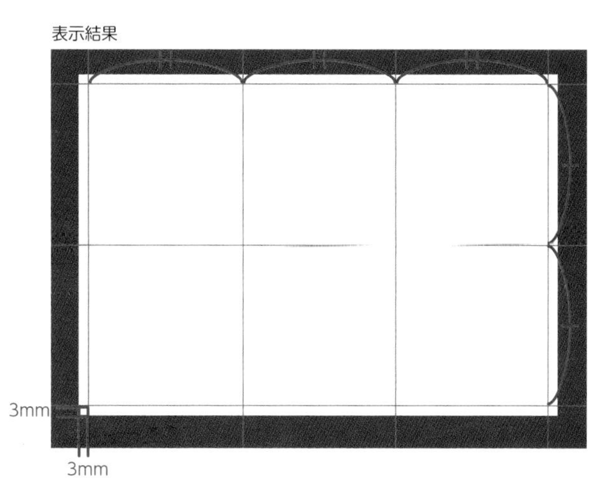

05 新規ガイドレイアウト

[列数：3] [行数：2] [幅、高さ、間隔：なし] [マージン上下左右：3mm]に設定

STEP4 セーフティーゾーンのガイドの設定

ここまでで引いたガイドの内側が、ポストカードのサイズ（=仕上がりサイズ）です。仕上がりサイズの外側に3mmの余白（塗り足しエリア）をつけていますが、断裁位置が内側にもずれることを考慮し、内側にも余白を設けます。仕上がりサイズの内側5mm程度（3mm+αと考える）の位置にガイドを引きます。この内側の余白は「**セーフティーゾーン**」などと呼ばれ、文字など印刷時に切れてほしくないオブジェクトはこの余白より内側に配置するのが一般的です。

それでは、ガイドを引くための長方形を長方形ツールで作成します。ポストカードのサイズ（148mm×100mm）から上下左右に5mmずつ引いた138mm×90mmの長方形を作成し、オプションバーの整列を使ってカンバスの中央に配置します。中央に配置できたら、ドキュメントウィンドウの上と左にある定規から長方形に合わせてガイドを引きます 06 。 07 のようにガイドを引けたら、長方形は削除してOKです。

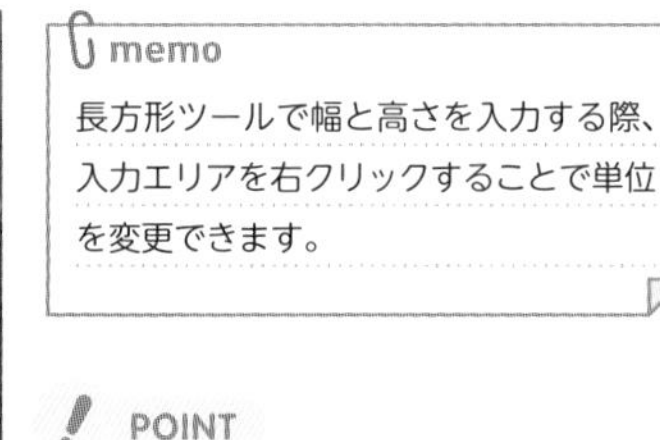

POINT

オプションバーの整列がクリックできない場合は、[・・・]アイコンをクリックして、「整列」の基準を「カンバス」に変更しましょう。

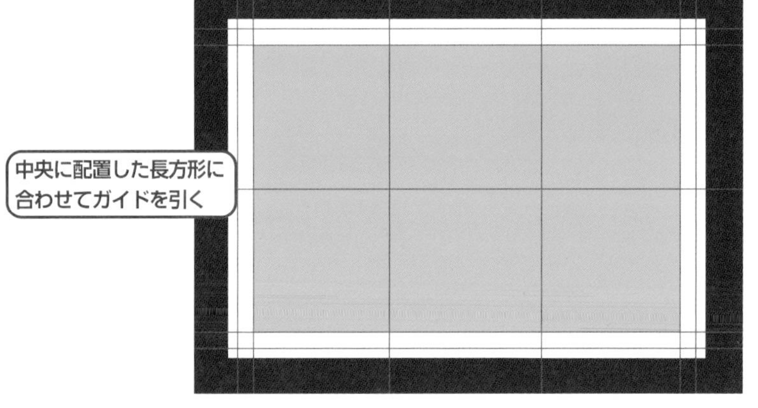

06 長方形の作成と整列

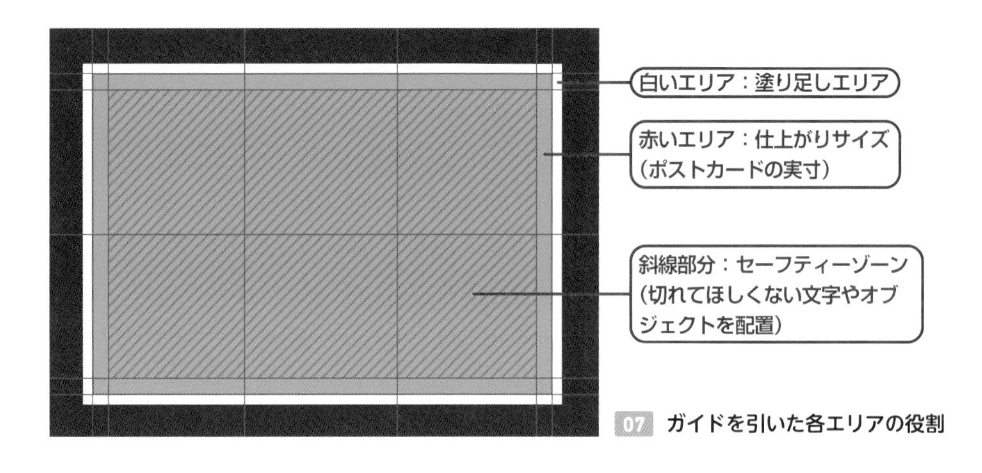

07 ガイドを引いた各エリアの役割

STEP5 ファイルをいったん保存する

ここまでで、制作に入る準備が整いました。ここからは印刷面の制作に入っていくので、いったんファイルを保存しておきましょう。本書ではファイル保存のタイミングを毎回は指定していませんが、PCやアプリケーションのトラブルでデータが消えてしまうのを防ぐため、**こまめに保存する習慣をつけましょう。**特に印刷用のグラフィックデータやフィルターをたくさん使ったデータは、データサイズが大きくなりやすいためPCへの負担が大きくなります。

memo

保存はショートカットキー⌘［Ctrl］+Sで簡単に行えます。

タルトの写真の補正と調整

Lesson7 > 7-03

THEME テーマ

Lesson3やLesson6で学んだレイヤーマスクを使って、レタッチや色の補正に挑戦しましょう。写真に写っている植物の位置を動かし、フルーツの色をあざやかに調整していきます。

STEP1 タルト写真を配置する

素材画像「7-03_sozai1.jpg」を配置し、オプションバーで縦横のサイズを[100%]にします。水平方向の位置は、右側のセーフティーゾーンのラインにレースが当たるぎりぎりの位置にそろえ、垂直方向はタルトが中央のラインよりやや下になるように配置します 01 。レイヤー名はわかりやすく、「tart」に変えておきましょう。

memo

画像の配置時のサイズは、オプションバーに直接入力することもできます。変形前に配置を確定してしまった場合は、メニュー→"編集"→"自由変形"（⌘[Ctrl]＋T）で、もう一度変形をします。

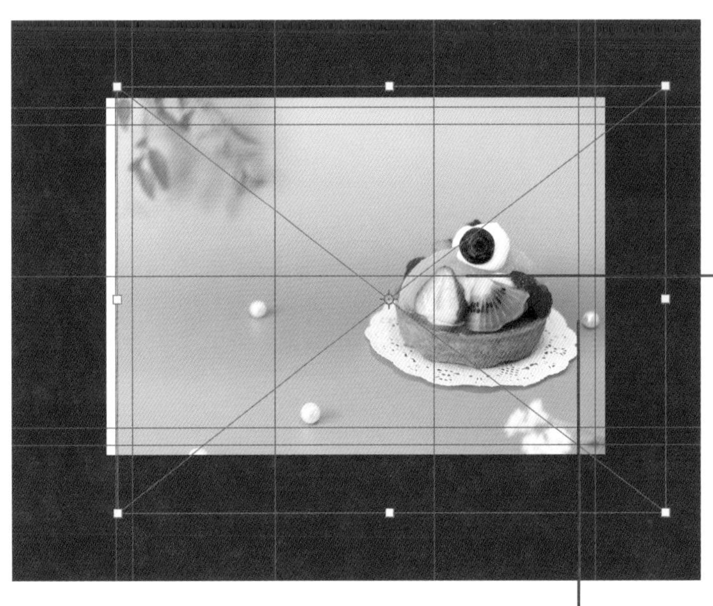

01 素材画像の位置

見やすくするため、ガイドとバウンディングボックスのカラーを変えています

STEP2 植物を移動する

写真の左側に見える植物とパールは、メッセージエリアとなる予定の左3分の1の中にあるため、この位置だと隠れてしまいます。植物とパールを動かして、写真エリアに入れましょう。

まずは「tart」レイヤーを選択した状態で、なげなわツールを使って植物を囲みます。影の部分も含め、大きめに囲みます。囲んだら⌘［Ctrl］＋Cでコピーし、⌘［Ctrl］＋Vでペーストします。新規レイヤーとしてペーストされるので、移動ツールにもち替えて右側に動かします。このとき、ドラッグしながらshift［Shift］キーを押すと、まっすぐ右に移動できます 02 。

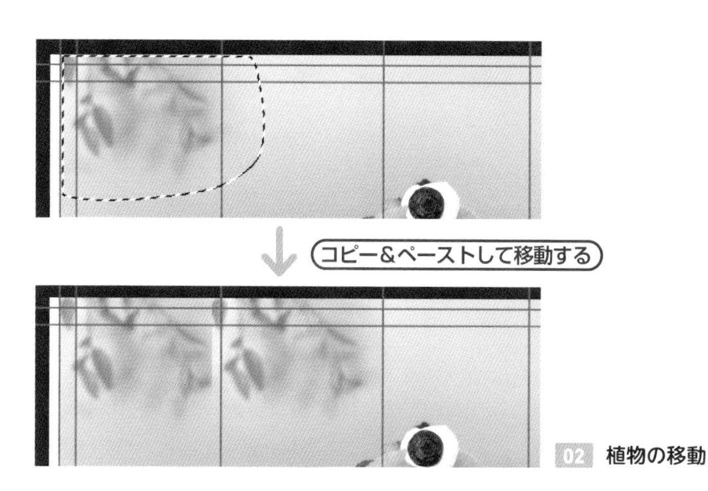

02 植物の移動

次に⌘［Ctrl］＋Tで自由変形を行います。植物をタルトに近づけたぶん存在感が大きくなってしまうため、オプションバーを使ってサイズを［90%］ほどに縮小させます。位置とサイズが確定したら、レイヤーマスクを追加します。大きめの黒のブラシを使って境界をなぞり、背景となじませていきます。レイヤー名は「plant」にします 03 。

memo

レイヤーマスクを調整するブラシは、［直径：200px］程度、［硬さ：0%］［流量：10%］程度にやわらかく設定します。一度に描こうとせず、ゴシゴシとこするように少しずつ描いてなじませていきます。

03 なじませる

STEP3 パールを移動する

植物と同様に、パールも写真エリアへ移動させます。その際、手前にあるパールも一緒に動かすことでより自然に仕上がります。

「tart」レイヤーを選択して、なげなわツールで2つのパールを囲みます。コピー&ペーストで新規レイヤーとして貼り付けたら、移動ツールで移動させ、レイヤーマスクとブラシで境界をなじませていきます。レイヤーマスクを調整する際にもともとあったパールが見えてしまったら、白のブラシでもう一度塗ることでマスクを復元します。レイヤーをなじませたら、レイヤー名を「pearl」にします 04 。

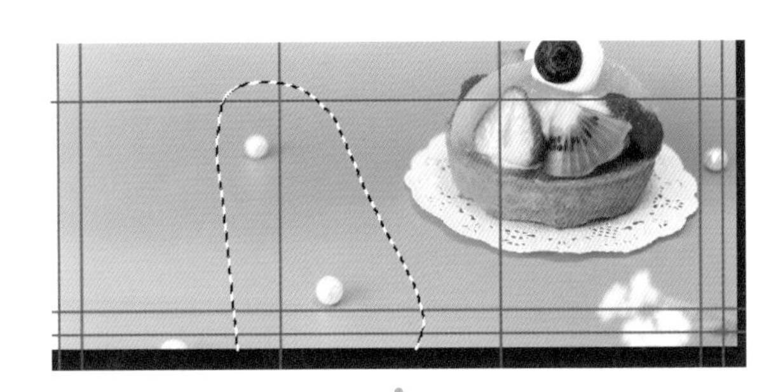

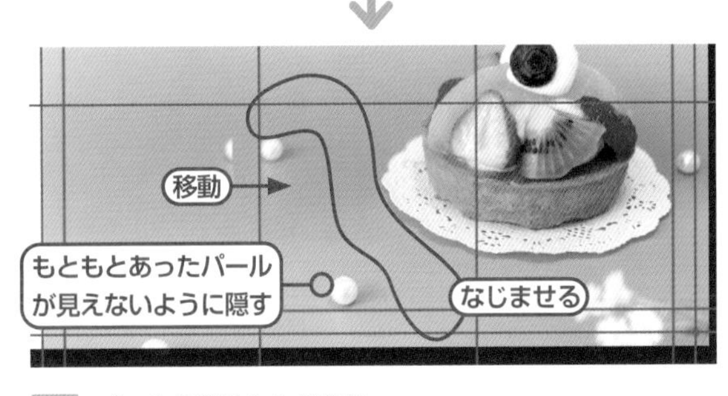

04 パールの移動となじませ

STEP4 オレンジを色補正する

一見おいしそうに見えるフルーツタルトですが、おめでたいバースデーカードなので、よりあざやかにして明るい雰囲気を作りましょう。タルトの中でオレンジとキウイの色がややくすんで見えるので、この2種類の色調変更を行います。

まずはオレンジの色を調整しましょう 05 。レイヤーパネルで「tart」レイヤーを選択した状態で、ツールパネルからクイック選択ツールを選びます。オレンジの部分を選択範囲でていねいに囲みます。レイヤーパネルで「色相・彩度」調整レイヤーを追加し、[彩度]を[+10]に設定しましょう。

POINT

彩度を上げすぎると蛍光色のようになってしまいます。ディスプレイ上ではきれいに見えても、CMYKインクでは表現できない色になってしまいますので注意しましょう。

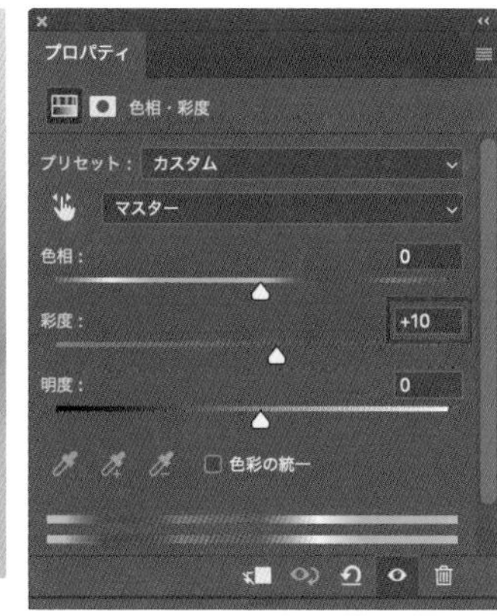

05 オレンジの補正

STEP5 キウイを色補正する

キウイは、調整レイヤーとは違う方法で補正してみます。スポイトツールでキウイのやや暗めの部分の色を吸って、その色の長方形を描きます。長方形はキウイ2つが隠れるサイズにします。ここでのサンプルのカラーコードは「#6d7b27」です。この長方形をキウイの形にマスクし、[描画モード]で色をあざやかにしていきます 06 。

memo
スポイトは基本的に選択しているレイヤーから色を吸ってきます。見えている色そのままをサンプリングするには、オプションバーの「サンプル」を「すべてのレイヤー」にしておきましょう。ただし、レイヤーパネルにてレイヤーマスクが選択されていると、うまく吸えません（レイヤーマスクの白や黒を吸ってしまう）。

memo
奥にあるキウイを見落とさないようにしましょう。

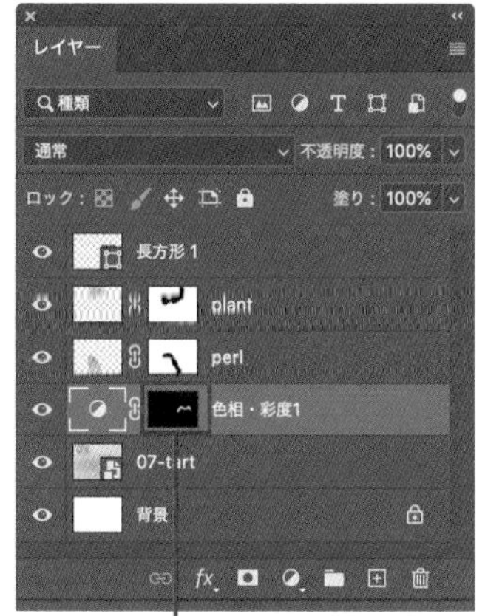

06 キウイが隠れるように長方形を作成

長方形レイヤーを一度非表示にします。キウイの形の選択範囲を作るため、レイヤーパネルで「tart」レイヤーを選択し、クイック選択ツールでキウイ2つをていねいに囲みます。

選択範囲ができたら、先ほど非表示にした長方形レイヤーをもう一度表示させて選択し、キウイの形の選択範囲をレイヤーマスクに変換します。長方形レイヤーの［描画モード］を［スクリーン］に変えると、キウイがあざやかな黄緑になります 07 。

memo
「tart」レイヤーのレイヤーマスクにならないよう注意しましょう。

memo
レイヤーマスクの調整は失敗しても白ブラシで塗ればもう一度やり直せます。コツをつかみながら少しずつやってみましょう。

①「tart」レイヤー上で選択範囲を作る　②長方形のレイヤーマスクに変換　③長方形レイヤーを[描画モード：スクリーン]に

07 **長方形を使ってキウイをあざやかにする**

ただし、境界線がガタガタで着色も平面的に見えるので、ブラシでレイヤーマスクを整え、自然に見せていきましょう。境界線がやわらかくなるようにブラシでなぞって自然なあざやかさを演出します。

さらに左右のいちごの影ができる部分をふんわりとマスクすることで、影を表現できます。また、種が不自然に明るくなっているので、[直径：6、7px] の黒ブラシで種部分のレイヤーマスクを塗り、種がしっかり見えるようにします **08**。ベースとなる写真はこれで完成です。

調整前

ガタガタしていて不自然。着色も平面的

レイヤーマスクの調整

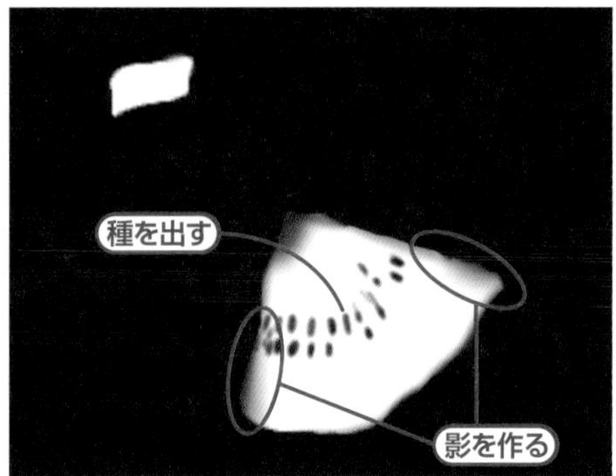

[ブラシの設定]
色：黒
直径：30px程度(種部分は6、7px)
硬さ：0%
流量：10%程度

調整後

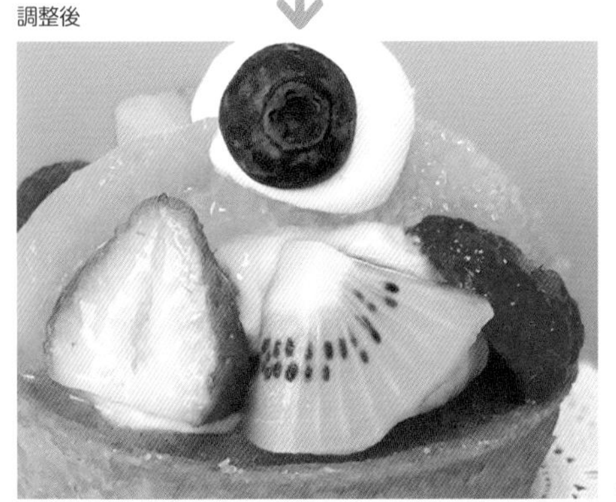

境界線がなじみ、影ができて自然に見える

08 **マスクを調整し、より自然に立体感を出す**

STEP6 レイヤーを整理する

ここまでできたら、レイヤーを整理しておきましょう。背景レイヤー以外のレイヤーをまとめて「タルト」というグループにします。グラフィックを作成しているとレイヤーがどんどん増えていくので、作業をしながら整理する習慣をつけましょう 09。

一時的にガイドを非表示／表示したい場合は、メニュー→"表示"→"表示・非表示"→"ガイド"(⌘[Ctrl]+：)で切り替えられます

09 ベース写真の完成

ネコの写真の配置と補正

Lesson7 > 7-04

THEME テーマ

前ページまでで作成したタルトの写真に、ネコを添えます。ここでは光の当たり方と影の作り方を意識して作業してみましょう。

STEP1 ネコ写真を配置する

「タルト」グループの上に素材画像「7-04_sozai1.jpg」を配置し、自由変形のオプションバーを使ってサイズを［53%］にします。レイヤー名は「cat」に変えておきます。

JPEG画像を配置するとスマートオブジェクトになりますが、ここでは一度ラスタライズしておきます。レイヤーパネルで「cat」レイヤーを右クリックし、"レイヤーをラスタライズ"をクリックします 01。ここでラスタライズする理由は、このあとで、切り抜いた状態をスマートオブジェクトにしたいためです。

260ページ、**Lesson7-03**memo参照。

WORD ラスタライズ

スマートオブジェクトやシェイプなどのレイヤーを通常レイヤーにすること。ラスタライズすると、ブラシツールや消しゴムツールで描き込むことができる。ただし拡大・縮小を繰り返すと画質があれる(84ページのWORDも参照)。

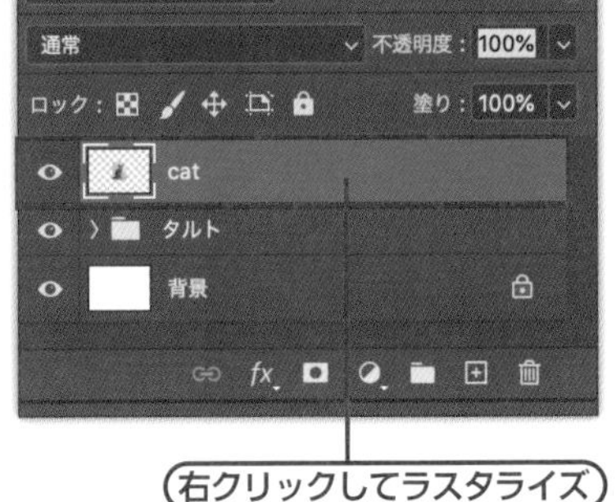

右クリックしてラスタライズ

01 配置とラスタライズ

STEP2 ネコ写真を切り抜き、反転する

「cat」レイヤーを選択した状態でクイック選択ツールに切り替え、オプションバーで［被写体を選択］をクリックします。選択範囲を微調整し、きれいに囲めたらレイヤーマスクに変換してネコを切り抜きましょう。切り抜けたら、レイヤーパネルで「cat」レイヤーを右クリックし、“スマートオブジェクトに変換”します 02。これでレイヤーマスクもスマートオブジェクト内に格納され、切り抜かれた状態になります。

181ページ、Lesson4-07参照。

memo
レイヤーマスクを再び調整したい場合は、スマートオブジェクトサムネールをダブルクリックして、スマートオブジェクトの中身を開きます。「cat.psb」というファイルが開くので、調整して保存すると、変更がデザインデータに反映されます。反映されたのを確認したら、「cat.psb」は閉じてOKです。

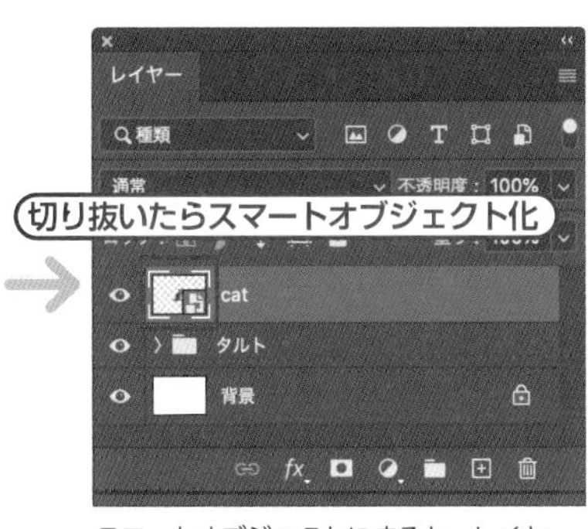

スマートオブジェクトにすると、レイヤーマスクも格納されます

02 切り抜きとスマートオブジェクト化

移動ツールに切り替えます。ネコがタルトの左から顔を出しているようにしたいので、メニュー→“編集”→“変形”→“水平方向に反転”でネコを左向きにします。そして、ネコの体が半分ほどタルトに重なるように移動しましょう 03。

memo
スマートオブジェクトを反転させているため、スマートオブジェクトの中身を開くと反転前の状態が残っています。

03 反転と位置決め
ここでは見やすいように、ネコを半透明にしています

STEP3 ネコの一部をタルトに隠れさせる

ネコがタルトと重なる部分をマスクにしていきます。選択範囲を作るため、一度「cat」レイヤーは非表示にします。「tart」レイヤーを選択し、クイック選択ツールでタルトのネコと重なるあたりを選択します。ネコと重なる境界はていねいに選択する必要がありますが、右側はざっくりでかまいません。レース部分は選択しないようにします 04。

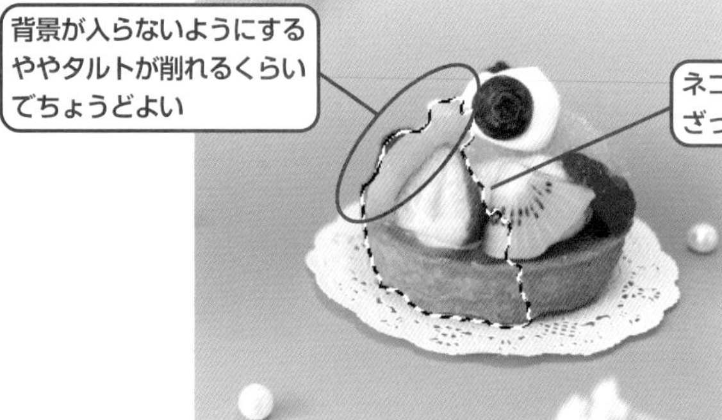

04 選択範囲の作成

選択範囲ができたら、メニュー→“選択範囲”→“選択範囲を反転”をクリックします。これで、タルトの左半分以外が選択された状態になります。「cat」レイヤーを表示し、選択範囲を「cat」レイヤーのレイヤーマスクに変換しましょう。するとネコのおしりがマスクされ、タルトの後ろから現れたようになりました 05。

POINT

選択範囲をレイヤーマスクに変換すると、選択部分が見えて、選択範囲外が隠れます。ここでは、隠したい部分（タルトとネコが重なる部分）の選択範囲を作成したので、反転する必要がありました。

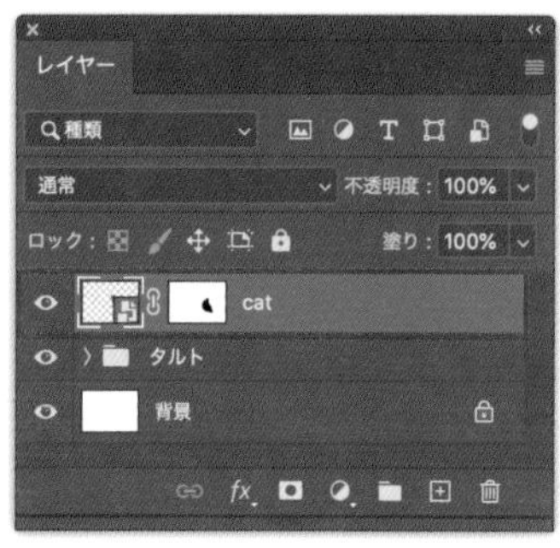

※左図ではマスク範囲をわかりやすくするため、マスクされる部分を赤く塗りつぶしています。

05 選択範囲の反転とマスクに変換

STEP4 光と影を調整する

トーンカーブとブラシを使って光と影を演出していきます。まずは、ネコの写真がタルトに比べて暗いので、全体的に明るさを足しましょう。レイヤーパネルで「cat」レイヤーの上に「トーンカーブ」調整レイヤーを追加し、「cat」レイヤーにクリッピングマスクします。これでネコにだけトーンカーブの調整が反映されることになります。プロパティパネルで、カーブの中央を1目盛りぶんほどもち上げます 06。

218ページ、**Lesson5-04**参照。

memo

クリッピングマスクするには、「トーンカーブ」調整レイヤーを右クリックして“クリッピングマスクを作成”を選択するか、option［Alt］キーを押しながら「トーンカーブ」調整レイヤーと「cat」レイヤーのあいだをクリックします。

補正前

補正後

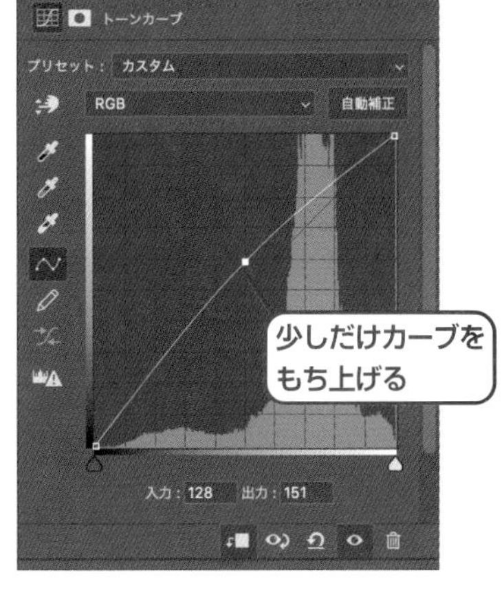

クリッピングマスク

06 「トーンカーブ」調整レイヤー

memo
トーンカーブのグリッドが大きい場合は、パネルメニューの「トーンカーブ表示オプション」を開き、「表示」の中にあるグリッドのアイコンを切り替えましょう。

足元まで明るいのは不自然なので、足元は自然に暗くなるようにしましょう。グラデーションツールを使って、トーンカーブのレイヤーマスクに斜めのグラデーションをかけます 07 。

グラデーションの概念図

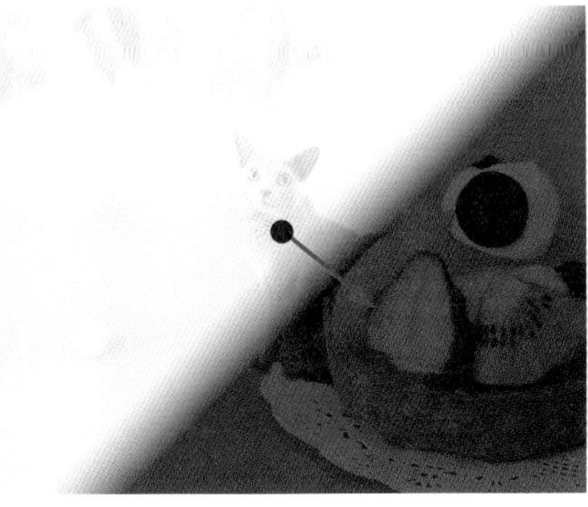

白→黒の線形グラデーション

マスク修正後

07 ネコの足元を暗くする
レイヤーマスクに白→黒のグラデーションをかけると、ネコの上半身だけにトーンカーブが適用されます

足元の影を描く

「cat」レイヤーの下に新規レイヤーを追加し、名前を「shadow」にします。ここにブラシで足元の影を描いていきます。まずは色を決めましょう。ブラシツールでoption［Alt］キーを押すと、押しているあい

だはスポイトツールになるので、その状態でレースの影の濃い部分の色を吸います（ここでは「#696d70」）。ネコの足の形をまねるようにして、足の少し下にブラシで影を描いていきます。あまりゴシゴシせず、数回なぞる程度にします。影ができたら、「shadow」レイヤーの[不透明度]を[90%]にしてなじませます 08 。

POINT

影の付き方や大きさは、レースの影を参考にしてみましょう。コツは「濃いめ」で「小さめ」。濃くなりすぎた場合は、描き終わったあとに「shadow」レイヤーの不透明度で濃さを調整します。

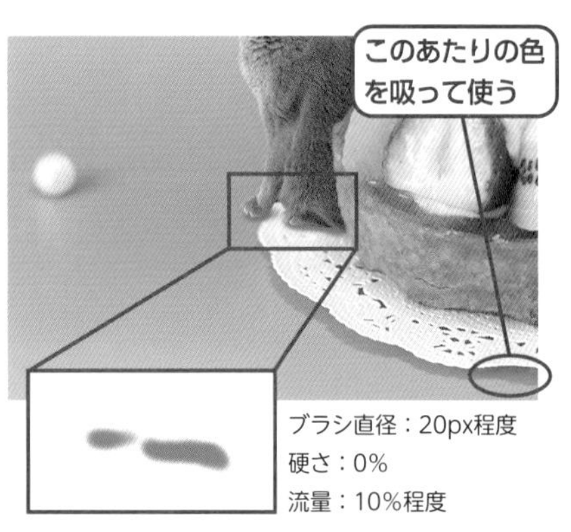

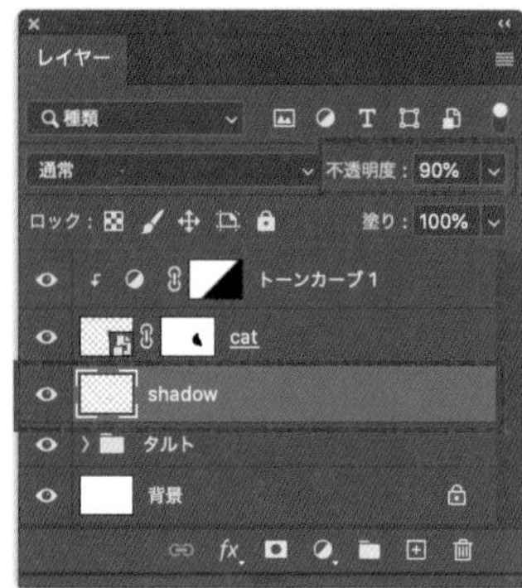

08 足元の影

memo

新規レイヤーは、「cat」レイヤーとトーンカーブレイヤーのあいだに追加することで、自動的にクリッピングマスクが適用されます。

STEP6 タルトの反射を加える

ネコがタルトの左後ろにいるということは、タルトの影がネコの体に映っているはずです。ただの黒い影ではなく、タルトの色が反射していると考えて、ここではタルト生地の茶色を使います。今度は「cat」レイヤーの下ではなく、上に新規レイヤーを追加し、名前を「reflection」にします。ブラシの直径を[80px]ほどに大きくし、タルトの反射を描きます。ここは一筆でさっと描く程度でよいでしょう。描けたら[描画モード]を[乗算]にし、さらにレイヤーの[不透明度]を[50～60%]程度まで下げることで、ほんのり自然に反射しているように見せることができます 09 。

ここまでできたら、4つのレイヤーをグループ化し、グループ名を「ネコ」にしておきましょう。これでネコの部分が完成しました。

補正前

補正後

「reflection」レイヤー

09 タルトの反射

玉ボケを追加する

Lesson7 > 7-05

THEME テーマ

タルトやネコのように写真そのままを素材として使うのではなく、写真に写ったものの中から光の素材を作り出し、必要な部分だけを抜き出す練習です。描画モードを使うと、切り抜きがむずかしい光も簡単に合成できます。

玉ボケとは

高性能なカメラで夜景や木漏れ日をぼかして撮影すると、幻想的な光のボケを写すことができます。こういった光のボケを「**玉ボケ**」といいます 01 。玉ボケは、スマートフォンで撮った写真でもPhotoshopを使うことで作り出すことができます。この玉ボケを使って、ポストカードに光の装飾をしていきましょう。

01 玉ボケの例

STEP1 完成形をイメージする

今回は、ポストカードの装飾用の光の玉ボケを作ります。完成形のイメージを確認しましょう。光の写真は、[描画モード：スクリーン]にして重ねることで、切り抜きなどをせずに重ねることができます。そのためには、光の部分以外が真っ黒である必要があります 02 。

02 完成形(左)とスクリーンにする前(右)

STEP2 ベース写真を準備する

素材画像「7-05_sozai1.jpg」をPhotoshopで開きます。開いたら、まずは「レベル補正」調整レイヤーを追加して階調を減らしましょう。プロパティパネルが開くので、[シャドウ入力レベル]を[80]まで上げて、電球以外のエリアを真っ黒にします 03 。

次に「白黒」調整レイヤーを追加し、いったん白黒にしたうえで[着色]にチェックを入れて、オレンジに着色しましょう。ここでは「#d5b364」を使っています 04 。

memo
[シャドウ入力レベル:80][出力レベル:0]にすると、もともとあった0〜255の明るさの階調の中で、0〜80の部分をすべて0(=黒)として表示します。

元画像(部分拡大)

レベル補正で階調を減らし、コントラストを強める

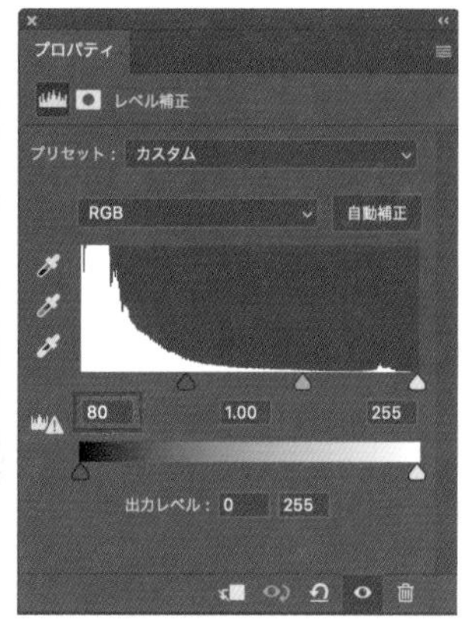

03 レベル補正

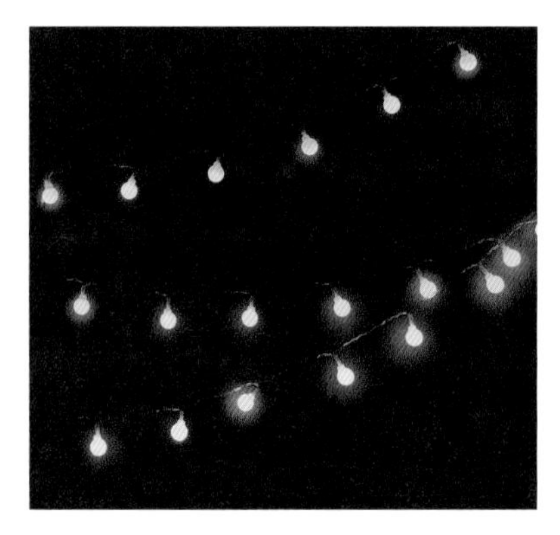

04 「白黒」調整レイヤーで白黒化と着色

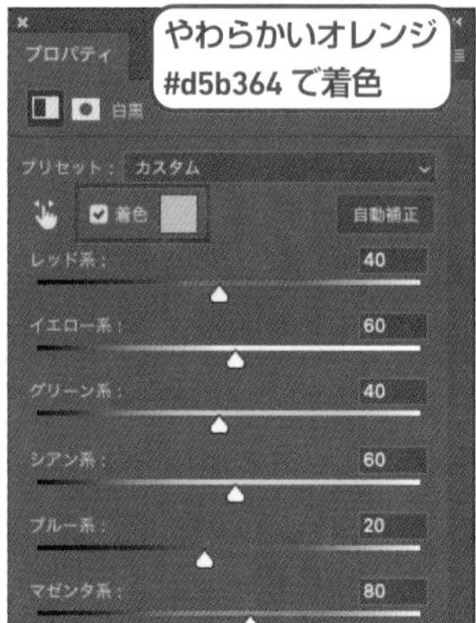

「レベル補正」と「白黒」を追加した状態

STEP3 電球のサイズを変える

電球の大きさに強弱をつけて、よりにぎやかに仕上がるようにしていきます。レイヤーパネル上にある3つのレイヤーをまとめて選択し、スマートオブジェクトに変換します。続いてメニュー→“フィルター”→“**ゆがみ...**”をクリックします。ゆがみのウィンドウが開くので、**縮小ツール**と**膨張ツール**を使い、いくつかの電球のサイズを変更してみましょう。電球の形が多少ゆがんでも問題ありません。ブラシサイズは、電球がちょうど収まる40px前後が使いやすいでしょう。調整後、[OK]をクリックすると、スマートフィルターとして適用されます 05 。ここまでできたら、このデータを「light.psd」という名前で保存します。

> memo
> 縮小ツールと膨張ツールは、クリックしているあいだブラシで囲まれた範囲が縮小または膨張し続けるため、ポチポチっと短くクリックしながら少しずつ調整します。

105ページ、**Lesson3-01**参照。

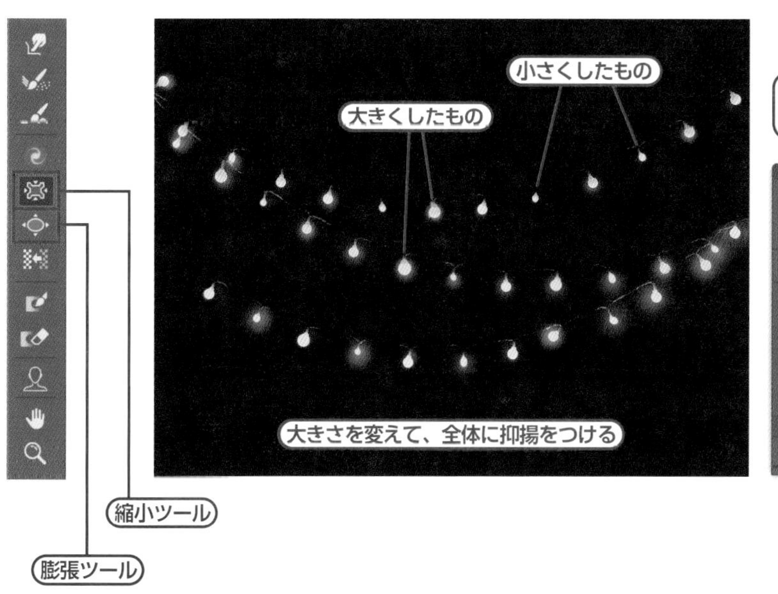

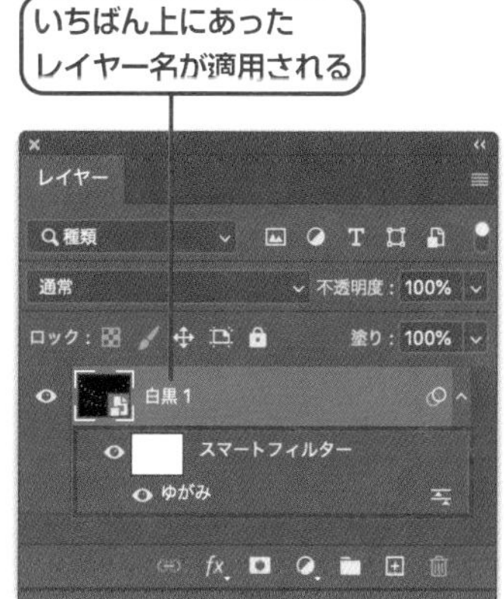

05 ゆがみフィルターで抑揚をつける

STEP4 写真から玉ボケを作る

ポストカードのデータに戻り、今作った「light.psd」をレイヤーのいちばん上に配置しましょう。JPEGデータを配置したときと同様にスマートオブジェクトとして配置されるので、自由変形のオプションバーを使ってサイズを［80%］に縮小します。縮小したら、メニュー→“フィルター”→“**ぼかしギャラリー**”→“**フィールドぼかし...**”を選択します。図のように設定し、オプションバーの[OK]をクリックします 06 。ここではぼかしの数値と光のボケの数値のかけ合わせで玉ボケを作るので、いろいろな数値を試してみるとよいでしょう。

POINT

玉ボケを作ったあとでレイヤーの縮小を行うと、玉ボケが暗くなってしまいます。先にレイヤーの大きさを確定させてから玉ボケを作りましょう。

06 ぼかしギャラリー
[ぼかし：20px][光のボケ：55%]に設定

STEP5 イルミネーション風に配置

「light」レイヤーの[描画モード]を[スクリーン]にすると、黒い部分が無視され光だけが残ります。STEP3でゆがみフィルターで大きさに強弱をつけましたが、結果として光の強弱となり、にぎやかな雰囲気に仕上がりました。「light」レイヤーを移動ツールで右上に移動させ、⌘[Ctrl]＋Tの自由変形で角度を変えて配置します。さらに、レイヤーを複製してその左に並べてみましょう 07。

位置が決まったら、2つのレイヤーをグループ化して、名前を「ライト」にします。これで光の部分が完成しました。

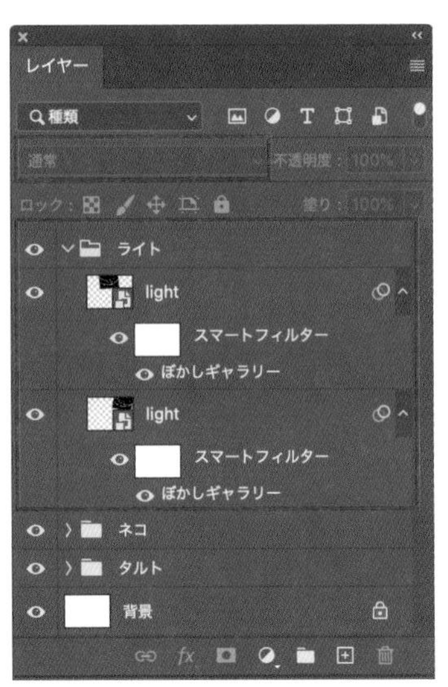

07 [描画モード：スクリーン]にして配置

旗とメッセージエリアの作成

Lesson7 > 7-06

THEME テーマ

ブラシで旗を描き、「ワープ」を使ってなびかせてみましょう。ブラシの使い方とワープの復習です。また、最後にメッセージエリアを作って完成です。

STEP1 ブラシで旗を描く

タルトの上に立てる旗を描きます。新規レイヤーを追加し、レイヤー名を「flag」にします。ブラシツールに切り替え、オプションバーでブラシのプリセットから［レガシーブラシ］→［初期設定ブラシ］→［クレヨン］を探して選択します。クレヨンのプリセットでは、ブラシ直径が［9px］で組み込まれています。描画色を黒にし、直線で好きなように旗を描いていきます 01。

163〜164ページ、Lesson4-03参照。

memo

ブラシツールで始点を1回クリックし、ドラッグせずに終点をshift［Shift］キーを押しながらクリックすることで、始点から終点までの直線が描けます。shift［Shift］キーを押しっぱなしにしてドラッグすると水平線／垂直線／45°線しか描けないので注意しましょう。

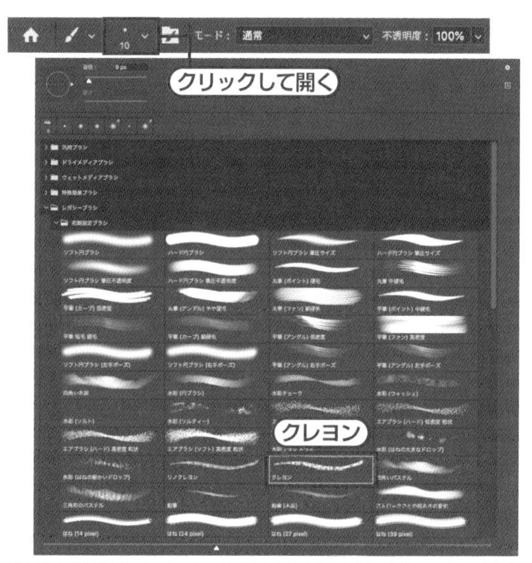

ブラシの数が多いので、ウィンドウを広げると見つけやすくなります

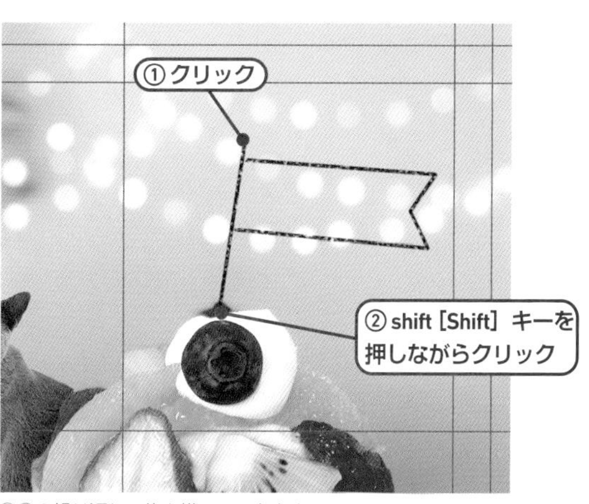

①②の繰り返しで旗を描いていきます

01 ブラシの設定と旗の描画

STEP2 旗をワープでなびかせる

旗が描けたら、「flag」レイヤーをスマートオブジェクトにします。スマートオブジェクトにしておくことで、これから「**ワープ**」機能でなびかせていくときに、あとから何度でも調整ができます。

スマートオブジェクト化した「flag」レイヤーを選択した状態で、メニュー→“編集”→“変形”→“ワープ”をクリックします。オプションバーで図のようにワープの形とカーブの大きさを設定し、[○] をクリックします 02 。なお、ワープはレイヤースタイルでもフィルターでもないため、あとから修正する場合にレイヤーパネルからは操作できません。最初にワープを行ったときと同じくメニューから“編集”→“変形”→“ワープ”とたどります。ここまでで、写真エリアが完成しました 03 。

memo

ワープと自由変形は、オプションバーで切り替えることができます。メニュー→“編集”→“変形”→“ワープ”とたどるのはめんどうなので、⌘ [Ctrl] +Tで自由変形の状態にし、オプションバーのアイコンでワープに切り替えると便利です。

02 ワープ

[ワープ：旗] [カーブ：10.0%]に設定

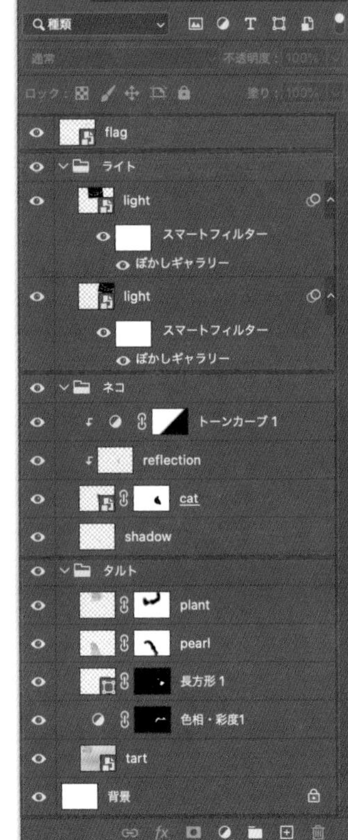

03 写真エリアの完成

STEP3 メッセージエリアを作成する

ガイドを非表示にしている場合は、メニュー→“表示”→“表示・非表示”→“ガイド”で表示させておきましょう。長方形ツールを選んで塗りを白、線はなしに設定し、画面をクリックして52.3×106mmの長方形を作成します。さらに、移動ツールに切り替え、オプションバーの整列を使ってカンバスの左上に整列します。左側3分の1のガイドまで白くなればOKです。塗り足しエリアから写真が見えないようにしましょう。これでエリアが確保できました 04 。

memo

数値を入力して長方形を作る場合、単位がpxになっていたら、入力エリアを右クリックしてmmに切り替えましょう。

04 長方形の配置

STEP4 「Happy Birthday」の文字を入力する

レイヤーパネルでは長方形が選択されている状態なので、レイヤーパネルの何もないところを一度クリックして、どのレイヤーも選択していない状態にします。その状態で横書き文字ツールに切り替えます。オプションバーで[フォント：Adobe Garamond Pro Regular]、[フォントサイズ：6.7mm（もしくは19pt）]に設定します。文字色は、写真エリアの背景のやや濃い目の部分からスポイトツールで吸ってきます（サンプルでは「#98a1aa」を使用）。セーフティーゾーンのガイドのあたりをクリックして「Happy Birthday」と入力しましょう 05 。

POINT

長方形が選択されている状態で書き始めると、長方形のパス内に文字入力をしてしまうので、必ず何も選択していない状態で書きはじめます。

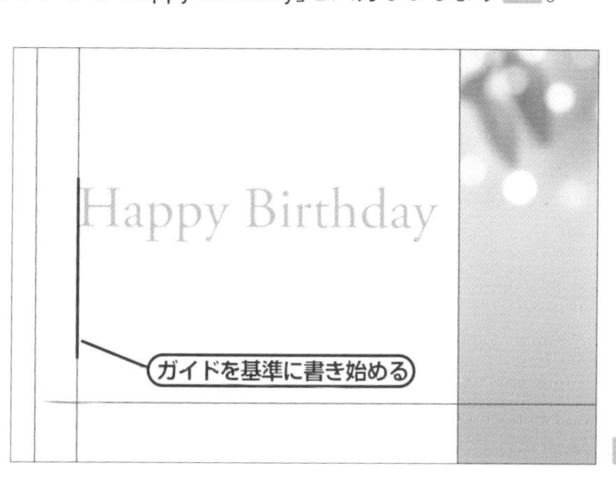

05 文字の入力

STEP5 文字を調整する

文字パネルで文字を調整していきます。文字パネルが見当たらない場合はメニュー→"ウィンドウ"→"文字"から開いておきましょう。文字パネルでは、文字を入力したあとに、文字を美しく見せるための調整を行います。今回は「**カーニング**」と「**トラッキング**」と呼ばれる「文字詰め」を行います 06。

06 文字パネル

テキストレイヤーが選択されている状態で、まずはカーニングを行います。**カーニングは、通常文字と文字のあいだにカーソルを置いて、1文字ずつ字間を調整する**ものですが、テキストレイヤーが選択された状態で［**メトリクス**］や［**オプティカル**］を選ぶと自動的に美しく見えるよう計算された文字詰めを実行してくれます。ここでは［メトリクス］を選択します。

続いて、トラッキングを行います。**トラッキングはカーニングと違い、テキストレイヤー全体の文字間を調整していく**ものです。一般的には、カーニングで個々の文字詰めをしたあとでトラッキング調整を行います。トラッキングは[160]と入力します 07。

memo

[メトリクス]は、そのフォント自体に組み込まれたカーニング情報に基づいて最適な文字詰めを実行し、[オプティカル]はPhotoshopなどのソフト側が判断して自動的に文字詰めを実行します。

07 文字詰めの結果

[カーニング：メトリクス][トラッキング：160]に設定

STEP6 テキストカラーを変更する

写真エリアにはみ出した「day」の部分だけ、色を変えましょう。横書き文字ツールで「day」を選択します。その状態で、オプションバーか文字パネルで色を白に変更します。変更したらオプションバーの[○] ボタンで確定します。文字の編集を行ったあとは、必ずこの確定を忘れないようにしましょう。

移動ツールでテキストをネコの顔の高さまで移動させたら 08 、長方形とテキストレイヤーをグループ化し、名前を「メッセージエリア」とします。これで、ポストカードの完成です 09 。

08 部分的な色変更と移動

09 ポストカードの完成

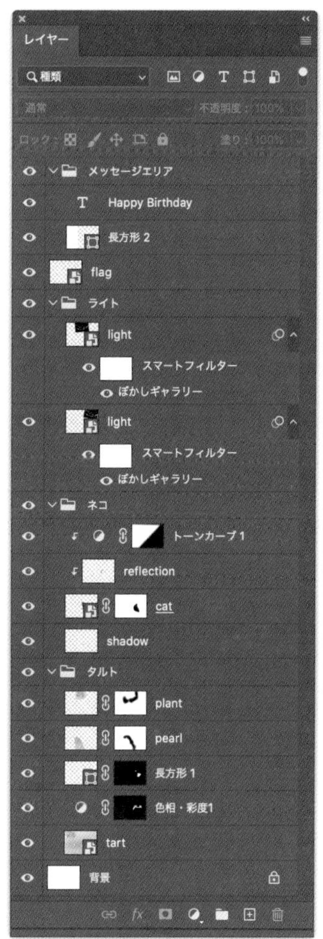

入稿データの作成

Lesson7 > 7-07

THEME
テーマ

作成したデータを、印刷会社に入稿するためのデータに変換します。作ったデータと入稿データは別データとして保存するようにしましょう。

STEP1 入稿用にデータを別名保存する

完成データを⌘［Ctrl］＋Sで保存したら、続いて入稿データを作るため別名保存もしておきましょう。元のデータと区別がつく名前にしておきます。

STEP2 CMYK変換する

CMYK変換するには、メニュー→“イメージ”→“モード”→“**CMYKカラー**”をクリックします。アラートが表示されますので、[統合]をクリックします 01 。続いて、プロファイルに関する確認が表示される場合がありますが、ここでは［OK］をクリックしています。これでCMYK変換ができました 02 。レイヤーパネルを見ると、すべてのレイヤーが統合されています。保存をしたら完成です。もしはじめからCMYKで作った作品の場合は、すべてのレイヤーを統合するため、レイヤーパネルの右上にあるメニューボタンから[画像を統合]をクリックします。

memo
印刷会社によっては、RGB入稿を推奨しているところもあります。

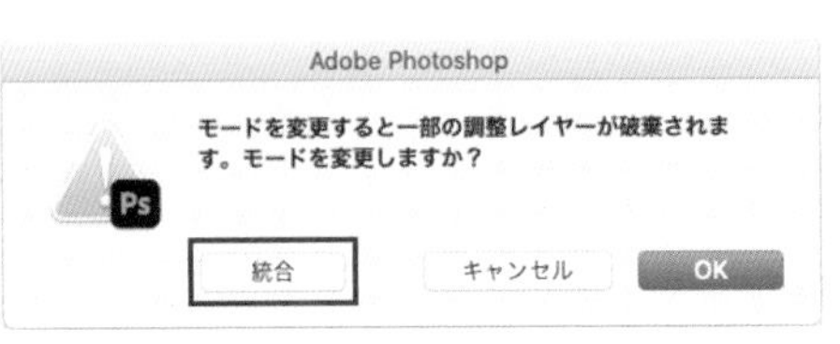

01 “CMYKカラー”を選択

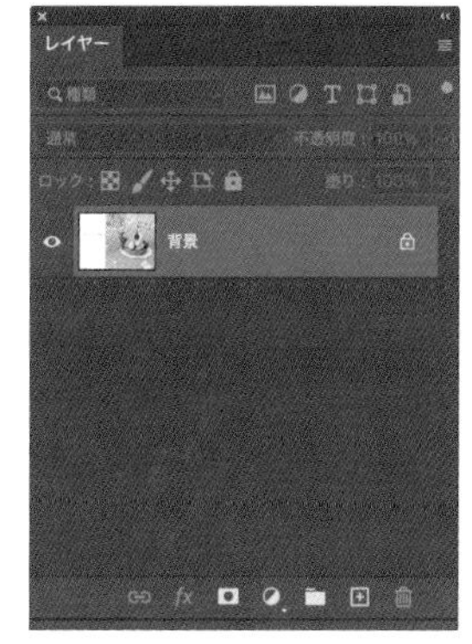

レイヤーが統合される

02 CMYK変換

入稿データ作成の注意

印刷会社ごとに指示が違うものもありますが、下記の3つは基本的に守りましょう。

- 不要なレイヤー（非表示レイヤーなど）は削除する
- CMYKで入稿する
- レイヤーをすべて統合する

ラスタライズしたり統合したあとは元に戻せないので、必ず元のデータは残しておきます。

また、印刷物を作ったあとは、カラー設定を元に戻しておきましょう。多くの場合、デフォルトの設定は「一般用 - 日本2」もしくは「Web・インターネット用 - 日本」です 03 。

256ページ、Lesson7-02 03 参照。

カラー設定
設定： 一般用 - 日本2　元に戻しておく
作業用スペース
RGB： sRGB IEC61966-2.1
CMYK: Japan Color 2001 Coated
グレー： Dot Gain 15%
スポット： Dot Gain 15%
カラーマネジメントポリシー
RGB: 埋め込まれたプロファイルを保持
CMYK: 埋め込まれたプロファイルを保持
グレー： 埋め込まれたプロファイルを保持
変換オプション
変換方式： Adobe (ACE)
マッチング方法： 知覚的
黒点の補正を使用
ディザの使用 (8-bit/チ
シーン参照プロファイ
高度なコントロール
モニター色域外のカラーを表示 (彩度を下
RGB カラーブレンド部分をガンマ補正：
テキストカラーブレンド部分をガンマ補正

03 カラー設定を戻す

著作権について

写真、イラスト、動画、曲、小説、アニメなどにはじまり、人が作ったものはすべて「著作権」という権利で守られています。著作権は、著作者の努力とオリジナル表現を守り、日本の文化発展のために法律で著作者へ与えられた権利です。

例えば、あなたが努力をして作ったオリジナルのバナーやポストカードのデザインをまったく知らない他人から真似され「オリジナルだ」と主張されたり、模倣したポストカードを無断で販売されたとしたら、悲しいですよね。このように著作者の努力や創意工夫を踏みにじる行為は、著作権の侵害に当たり、犯罪です。

他人の著作物を使わせてもらうときは

テレビ番組などでは有名アーティストの音楽がたくさん流れていますが、これはテレビ局が使用料を支払っています 01 。有名アニメとコラボした商品などでは、キャラクターのイラストを無断で加工してはいけないなどの契約が交わされています。

オマージュやパロディ作品について

元の作品からまったく別の作品へと昇華されていたり、元の作品の繁栄に貢献したなどと思われる場合は黙認されることもあります。著作権侵害は、著作者のみが訴えを起こすことができますので、著作者が黙認していれば訴えられることはありません。ただし原作への敬意がないパロディや、クオリティの著しく低いオマージュは権利を侵害されたと捉えられるでしょう。

クリエイターが気をつけること

インターネットから適当にダウンロードした写真で作品を作ったり、自分以外のアーティストの曲をBGMとして動画配信することなども著作権侵害です。作品づくりに必要な素材は、自分で作るか、素材サイトを利用しましょう。素材サイトは有料/無料があり、使用範囲なども決められているので、しっかり各サイトのガイドラインを読んで使いましょう。うっかり法律を犯すことにならないよう、注意が必要です。

また、本書で提供しているダウンロードデータは、本書の購読者が解説内容を学習する目的に限り使用を許可しているものです。

01 著作物の利用と使用料

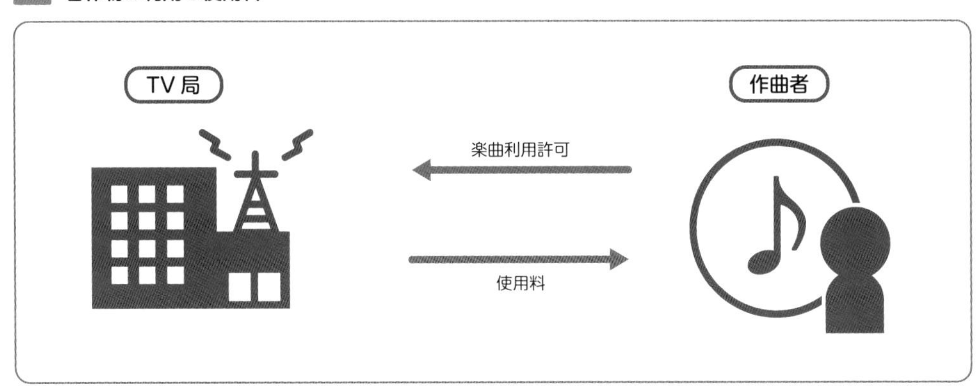

実際には著作権管理団体を通すことがほとんど

Lesson 8

Photoshop 2021の新機能

2020年10月にリリースされたPhotoshop 2021から加わった新しい機能やフィルターをとり上げます。まだテスト段階の機能もありますが、従来は難易度の高かった編集・加工が効率的に行えるようになっています。

複雑な編集が簡単にできるニューラルフィルター

Lesson8 > 8-01

THEME テーマ Photoshop 2021（2020年10月リリース）から新しく搭載された「ニューラルフィルター」について、実際に使いながら特徴を学んでいきましょう。

ニューラルフィルターとは

「**ニューラルフィルター**」は、「Adobe Sensei」（AI）の技術を活用し、Photoshop 2021から導入された次世代のフィルター機能です。**複雑な編集も数ステップの工数に短縮することが可能**となります。また、**非破壊編集**の**出力が可能**であるため、いつでも元のデータに復元することができます。

102ページ、Lesson3-01参照。

ニューラルフィルターは、最初にクラウド上からダウンロードして使います。2020年12月現在、リリース版として「**肌をスムーズに**」「**スタイルの適用**」の2つのフィルターが用意されています。

memo
ニューラルフィルターには、リリース版のほかにベータ版とアルファ版があります。ベータ版はテスト段階のフィルターのため、意図しない結果となる場合もあります。アルファ版は2020年12月現在では利用することはできませんが、[興味があります]と投票することで将来登場するかもしれません。

「肌をスムーズに」フィルター

「**肌をスムーズに**」は、Lesson3-07（139ページ～）のような肌の補正作業を、工数を大幅に短縮して行うことができます。

メニューからニューラルフィルターを選択すると、顔部分が自動で認識され、[ぼかし][滑らかさ]のスライダーを直感的に操作するだけで補正を行うことができます。素材画像を利用して実際に効果を試してみましょう。

① フィルターをオンにする

Photoshopで補正したい画像を開き、メニュー→“フィルター”→“ニューラルフィルター...”を選びます 01。ニューラルフィルターワークスペースが表示されますので、[肌をスムーズに]を選択します。フィルター名の右にあるオン／オフボタンがオフになっていたら、オンの状態にしましょう 02。

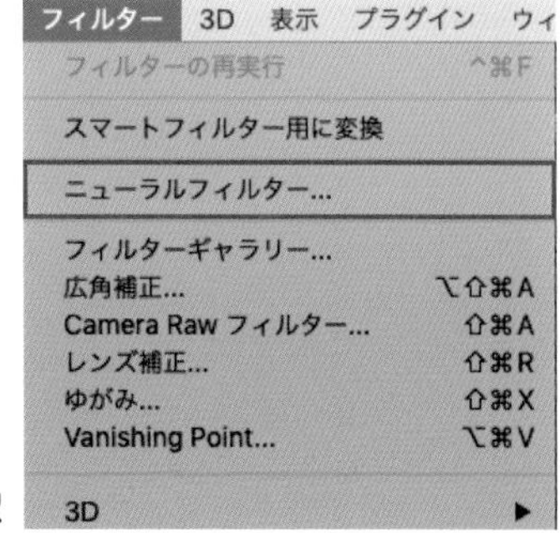

01 “ニューラルフィルター...”を選択

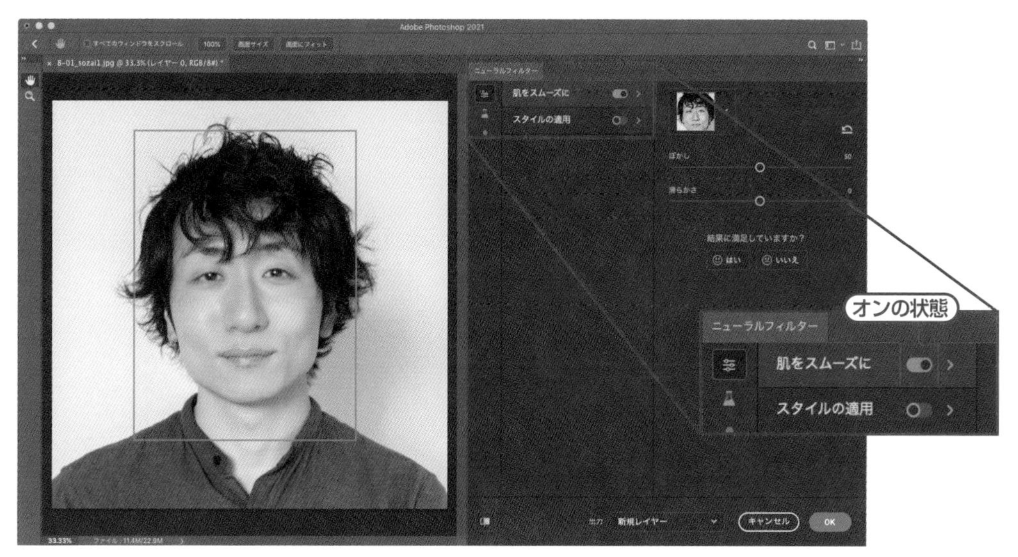

02 「ニューラルフィルター」ワークスペース

② 項目を設定する

［ぼかし］［滑らかさ］を設定しましょう。スライダーを操作するだけで、質感が調整できます 03 。

memo

「肌をスムーズに」フィルターは、初期状態ではダウンロードされていません。初回の使用時にダウンロードする必要があります（2020年12月現在）。

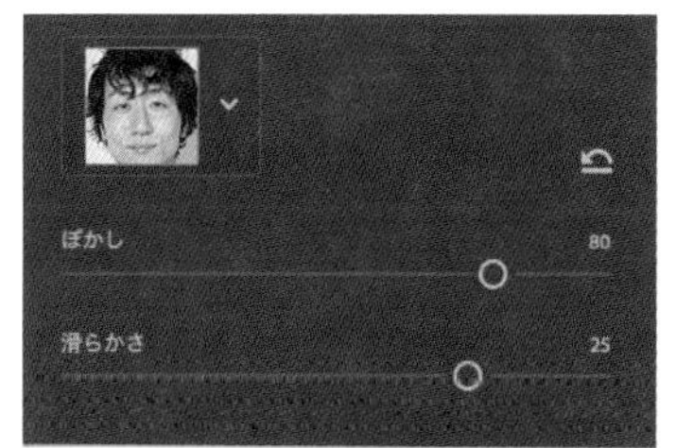

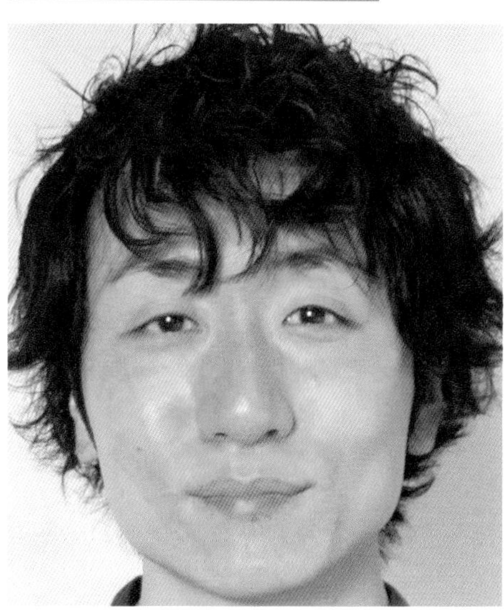

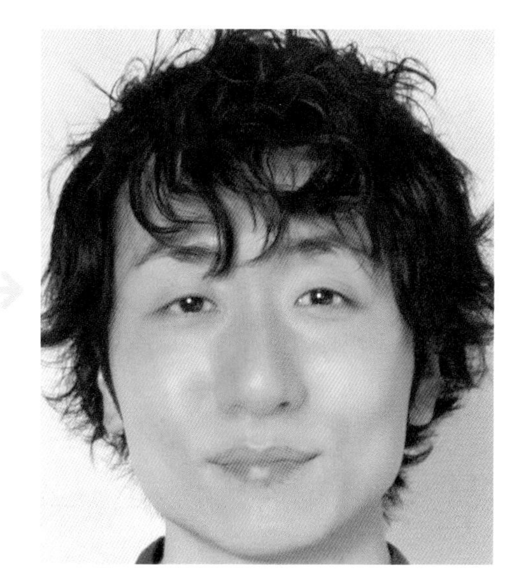

03 ［ぼかし］［滑らかさ］を設定

モデル：大久保忠尚（オオクボタダヒサ）／URL：https://twitter.com/okb_hisa

③ 出力する

設定が完了したら、右下の[出力]で[スマートフィルター]を選択しましょう 04 。スマートフィルターで出力しておくと、あとで微調整や復元が簡単にできます。

04 [出力：スマートフィルター]を選択

なお、出力方法の種類は下記の通りです。

- **現在のレイヤー**：現在のレイヤーに結果（修正部分）が上書きされます。
- **レイヤーを複製**：現在のレイヤーを複製し、複製したレイヤーに結果を上書きします。
- **マスクしたレイヤーを複製**：現在のレイヤーを複製し、複製したレイヤーに結果を上書きしてマスクを作成します。
- **新規レイヤー**：現在のレイヤーを複製し、結果のみ新規レイヤーに描画します。
- **スマートフィルター**：現在のレイヤーをスマートオブジェクトとし、スマートフィルターを適用します。

この数ステップのみで、肌をきれいにレタッチすることができました。これまでは、顔部分の選択範囲を作成し、複数のフィルターをかけて美肌レタッチをしていましたが、大幅に制作時間を短縮することが可能となります。とても便利な機能ですね。

「スタイルの適用」フィルター

「**スタイルの適用**」は、さまざまなアート風のスタイルを画像に適用できます。数クリックで完成しますので、いろいろ試してみましょう。

memo
「スタイルを適用」フィルターは、初期状態ではダウンロードされていません。初回の使用時にダウンロードする必要があります(2020年12月現在)。

① フィルターをオンにする

「肌をスムーズに」と同様、メニュー→“フィルター”→“ニューラルフィルター...”を選びます。[スタイルの適用]を選択し、オン／オフボタンがオフになっていたら、オンの状態にします。

② スタイルを選び、各項目を設定する

スタイルは複数用意されており、[表示を増やす] を押すとすべてのスタイルを見ることができます 05 。

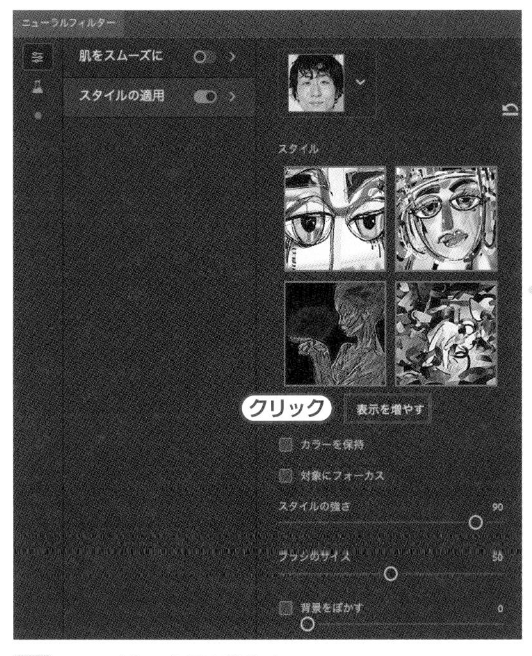

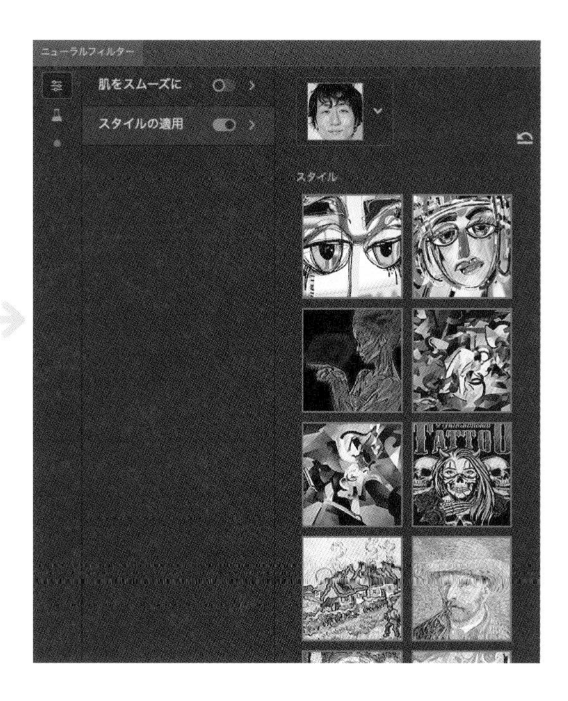

05 **スタイルの表示を増やす**

この中から好みのスタイルを選んで適用してみましょう 06 。

[カラーを保持] にチェックを入れると、スタイルのカラーではなく、元画像のカラーを利用することができます。[対象にフォーカス] は焦点の有無、[スタイルの強さ] で効果のかかり具合、[ブラシのサイズ] でスタイルのタッチの大きさを調整することができます。

カラーを保持：なし
対象にフォーカス：なし
スタイルの強さ：90
ブラシのサイズ：50
背景をぼかす：なし

カラーを保持：なし
対象にフォーカス：なし
スタイルの強さ：90
ブラシのサイズ：50
背景をぼかす：なし

カラーを保持：なし
対象にフォーカス：なし
スタイルの強さ：90
ブラシのサイズ：50
背景をぼかす：なし

06 **スタイルの適用**

③ 出力する

出力方法は共通です。[スマートフィルター] を選ぶことで復元や調整が簡単になりますので、おすすめします。

そのほかのニューラルフィルター

まだテスト段階となりますが、ベータ版として利用可能なおもしろいフィルターが用意されていますのでいくつか簡単に紹介しておきます 07 。なお、一部のフィルターはクラウドで処理されるため、インターネットの接続が必要となります。

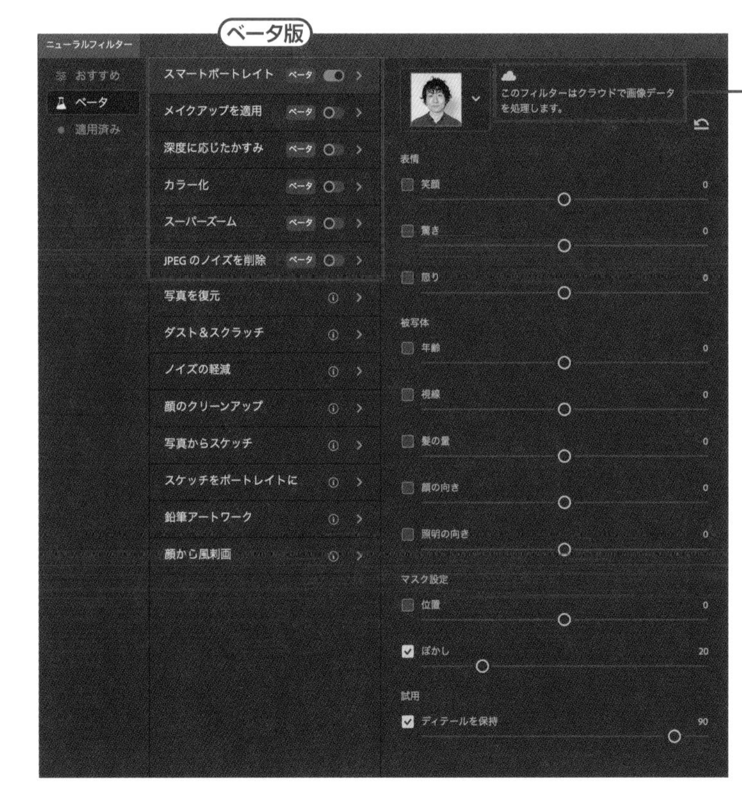

07 ベータ版のニューラルフィルター

ベータ版の下にラインアップされているのはアルファ版のフィルターで、まだ適用することはできません（2020年12月現在）

「スマートポートレイト」フィルター

「スマートポートレイト」は、人物画像に新しい要素（感情、髪の毛、年齢、ポーズのディテール）を生成し、調整することができます。感情表現や視線の変更、年齢を重ねることによる見かけの変化もわずか数クリックで設定できます 08 。

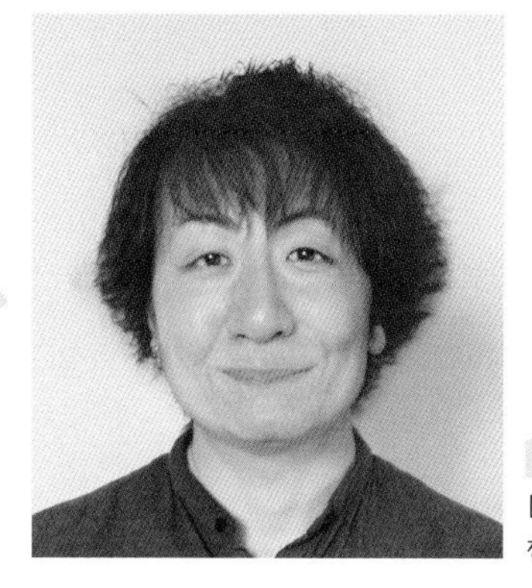

08 **スマートポートレイト**
［表情：笑顔］［被写体：年齢］［被写体：髪の毛の量］を設定

「深度に応じたかすみ」フィルター

「**深度に応じたかすみ**」は、対象の周辺にかすみを表現し、色温度を調節できます 09 。ドラマチックな演出を数クリックで表現することができますね。

09 **深度に応じたかすみ**

「カラー化」フィルター

「**カラー化**」は、白黒画像をカラー画像にします 10 。作例は自動適用された初期設定の出力ですが、任意の色調整も可能です。

10 **カラー化**

memo

09 10 11 で使用している写真素材の一部は、「ぱくたそ」の写真素材を利用しています。ご利用する場合は、ぱくたその利用規約に従ってお使いください。
○使用写真
・子供をおんぶする父の写真素材
https://www.pakutaso.com/20110846241post-568.html
(photo by すしぱく)
・古い建物と和装男女の写真素材
https://www.pakutaso.com/20170901265post-13319.html
(photo by Mizuho)
・屋外で考え込むヘルパーの女性の写真素材
https://www.pakutaso.com/20180931254post-17413.html
(photo by すしぱく　model by yumiko)
○ぱくたその利用規約
https://www.pakutaso.com/userpolicy.html

「スーパーズーム」フィルター

「**スーパーズーム**」は、画像内の対象物を拡大して切抜き、ディテールを追加することで画像の劣化を補正します 11 。

11 スーパーズーム

「JPEG のノイズを削除」フィルター

「**JPEGのノイズを削除**」は、JPEG圧縮により発生した斑点（ノイズ）を除去することができます 12 。画像では見えづらいのですが、斑点部分がなめらかに表現されています。

12 JPEGのノイズを削除

模様を素早く作成できるパターンプレビュー

Photoshop 2021で新しく追加された「パターンプレビュー」機能を使い、北欧風テキスタイルのシームレスなパターンを作成してみましょう。

パターンプレビューとは

「**パターンプレビュー**」は、リアルタイムで作成中のパターンの状態が表示されるので、直感的な操作で簡単にシームレス（つなぎ目のない）パターンを作成することができます。

パターンプレビューはアートボードでは利用できないので、新規ドキュメントを作成して使いましょう。また、配置するオブジェクトはデザインに合わせて拡大・縮小などを行うため、**画像データの劣化しないシェイプやスマートオブジェクトを利用するとよいでしょう**。ラスタライズした画像などを配置すると、拡大・縮小した際にデータが劣化してしまいます。

パターンの作成

北欧風のパターンを作成してみましょう。

① 新規ドキュメントを作成する

Photoshopで、[幅：400ピクセル] [高さ：300ピクセル] [解像度：72ピクセル/インチ]の新規ドキュメントを作成します 01 。

memo

以前はパターンを作成するには正方形の画像が必要でしたが、Photoshop 2021からは長方形でも作成が可能となりました。

01 新規ドキュメントを作成

② パターンプレビューを有効にする

メニュー→ “表示” → “パターンプレビュー” を選びます。するとパターンプレビューが有効となり、ドキュメント内に設置したデザインがドキュメントの外側にパターンとなって表示されます。新規ドキュメント作成時は空白となりますので、「背景」レイヤーの色（ここでは白）が外側に繰り返されて表示されます 02 。

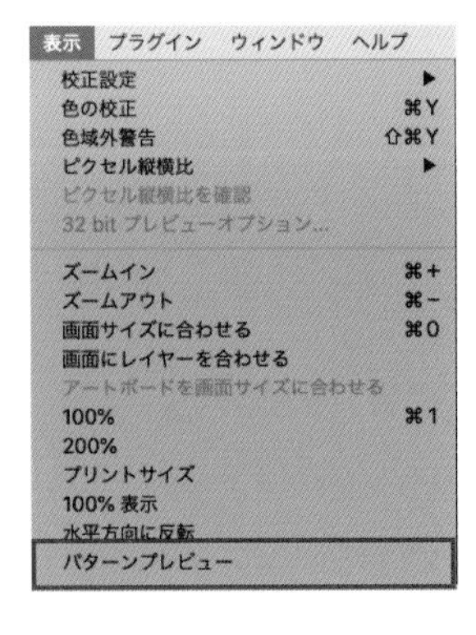

02 “パターンプレビュー”を選択

③ 図形を描く

ドキュメント上に、図形シェイプを複数描いてみましょう。ツールパネルから任意のシェイプツールを選んで描きます。ここでは長方形、楕円形、三角形を描きました。

パターンプレビューを有効にしていることで、パターン化されたデザインを確認しながら配置の調整をすることができますね 03 。

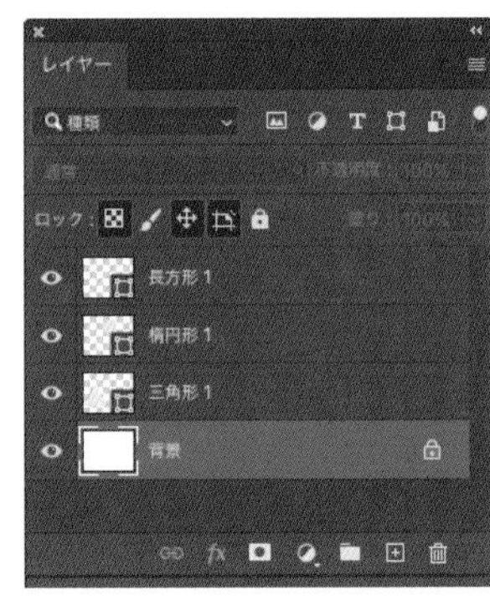

03 図形を描画

④ より複雑なパターンにする

図形の色の変更、形の変形（回転や拡大・縮小）、あるいは図形を増やしたりすることで、より複雑なパターンも作成できます。なお、ドキュメント内ではなくドキュメントの外へまたいで配置しても、シームレスなパターンが作成できます。試してみましょう。作例では、各図形をグループにして配置しています。各グループにレイヤースタイルの［カラーオーバーレイ］を加えることで、グループ内の図形の塗り色を一括管理できます 04 。必要に応じてドキュメントを拡大表示しながら、全体のバランスも確認しましょう。

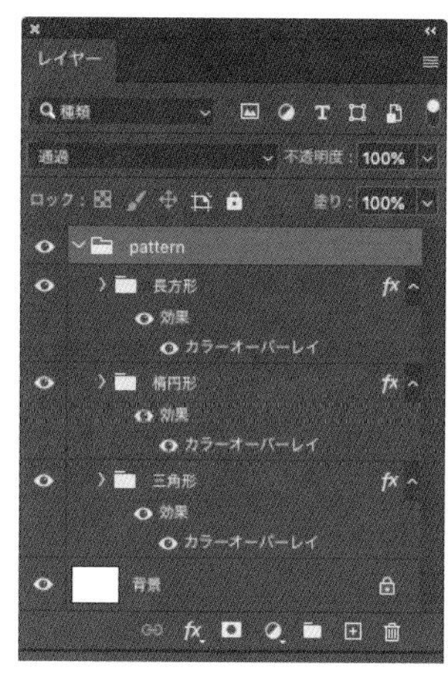

04 パターンのデザイン

⑤ パターンを定義する

デザインが完了したら、パターンを定義して登録しましょう。パターンとして登録することで、いつでも利用できるようになります。メニュー→“編集”→“パターンを定義”を選んでください 05 。

「パターン名」ダイアログが表示されるので、名前（ここでは「北欧風」）をつけて［OK］すれば、パターンとして登録されます 06 。

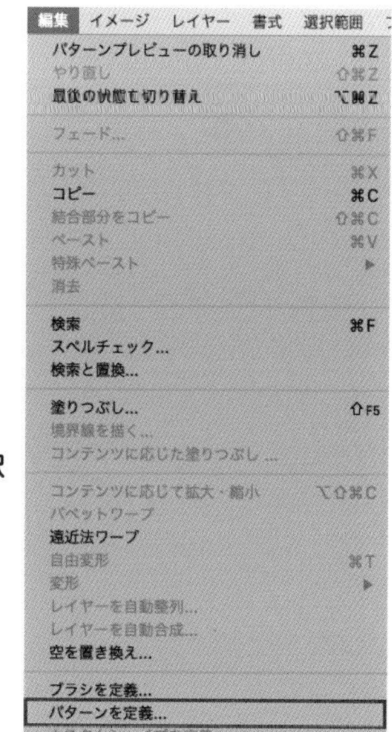

05 “パターンを定義...”を選択

パターン名
パターン名：北欧風
OK
キャンセル

06 「パターン名」ダイアログ

パターンの利用

定義したパターンを「背景」レイヤーに適用してみましょう。パターンを適用する方法はいろいろありますが、今回は「パターンで塗りつぶし」を利用します。

① 新規ドキュメントに“パターン…”を適用する

新規ドキュメントを作成します。[幅：1920ピクセル] [高さ：1080ピクセル] [解像度：72ピクセル/インチ] としましょう。

レイヤーパネル下部の [塗りつぶしまたは調整レイヤーを新規作成] ボタンから“パターン…”を選びます 07 。するとレイヤーパネル上に塗りつぶしレイヤーが作成され、「パターンで塗りつぶし」ダイアログが開きます。左にあるサムネールに別のパターンが表示されている場合は、サムネールをクリックし、先ほど登録した北欧風パターンのサムネールを探してクリックします 08 。

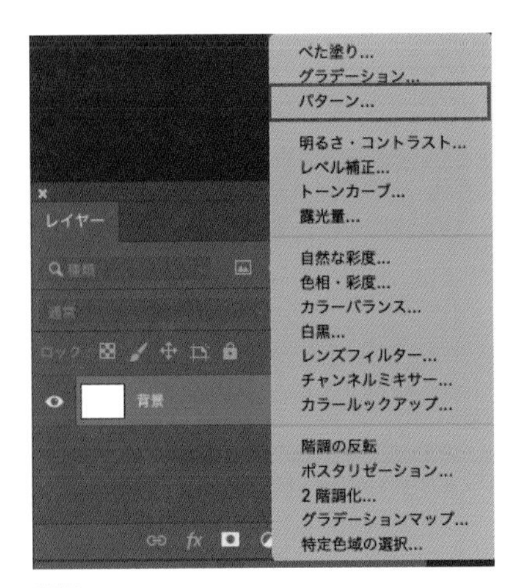

07 “パターン…”を選択

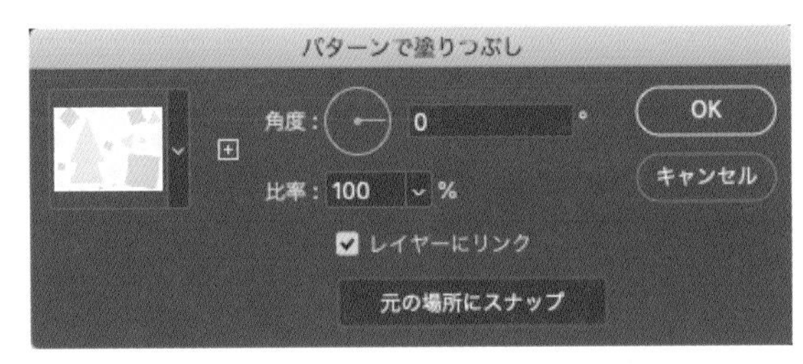

08 「パターンで塗りつぶし」ダイアログ

② 各項目を設定する

サムネールを選択したら、好みのパターンになるようダイアログ内の各項目を設定し、[OK] を押しましょう。これで完成です 09 。バナーなどに使われる背景制作には、パターンを利用するシーンが多くあります。このパターンプレビューを試してみるとよいでしょう。

memo

パターンはラスタライズされた画像で登録されているため、比率を100%より上げるとぼやけてしまいます。100%以下で利用するか、パターンプレビューを利用する際、大きめのドキュメントで作成しましょう。

なお、ダイアログの各項目の設定は以下の通りです。

- **角度**：任意の角度を指定してパターンを回転します。
- **比率**：任意の数値(%)でパターンのサイズを拡大・縮小します。
- **レイヤーにリンク**：チェックを入れるとパターンと共にレイヤーを移動します。
- **元の場所にスナップ**：パターンの位置を初期化します。

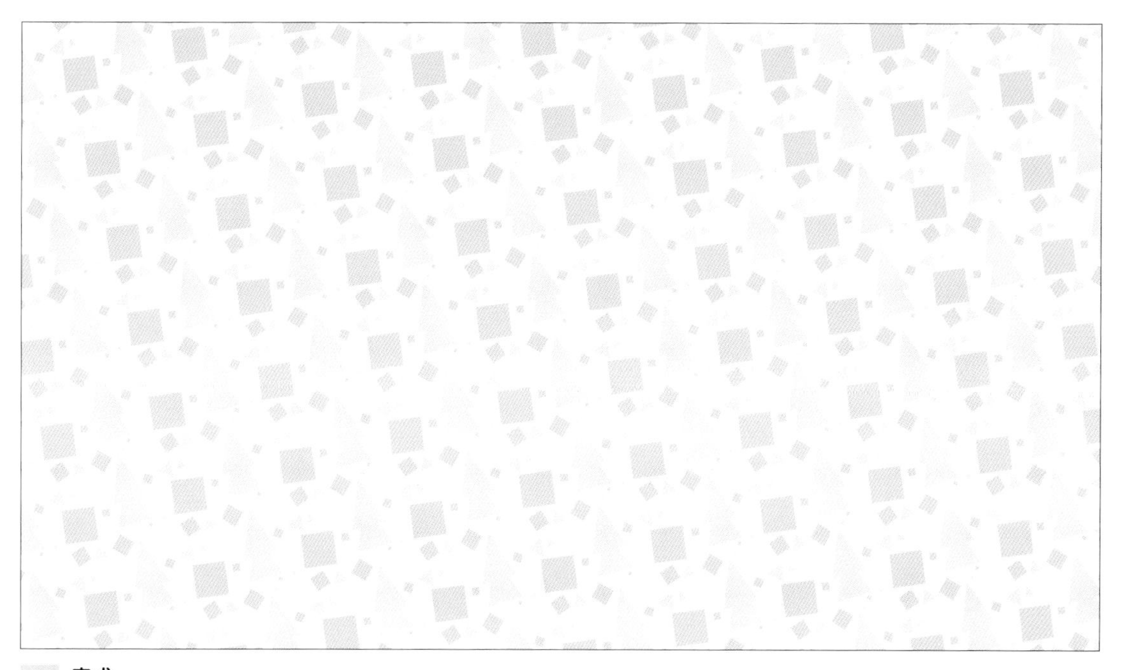

09 **完成**

ここでは[角度：15°」[比率：50%」に設定しました

空の色を別の画像に変える「空を置き換え」

Photoshop 2021で追加された「空を置き換え」機能を使って、くもり空を夕焼け空に変更し、写真のイメージを変えてみましょう。

「空を置き換え」とは

「**空を置き換え**」は、Adobe Sensei（AI）とマスクを利用した機能で、**画像内の空の部分を別の空の画像に変えることができます**。これまでは、①選択範囲を作成→②「選択とマスク」で調整してマスクを作成→③空の画像を配置→④色調補正「カラーの適用」でトーン調整、のような流れで空を変更していたのですが、この手順がわずか数クリックで行えるとても便利な機能となります。実際に試してみましょう。

くもり空を夕焼け空にする

① 画像を開く

01 の写真は、風情のある景色ですが、くもり空が少しさみしいですね。「空を置き換え」で空の部分を自動抽出して選択範囲を作成し、別の空に合成してみます。

01 元画像

② 空の画像を選ぶ

メニュー→"編集"→"空を置き換え..."を選ぶと、「空を置き換え」ダイアログが表示されます。このダイアログで、使用する空の画像や前景の調整をします 02 。[空：] のサムネール画像を選択して、希望の空の写真を選択しましょう。デフォルトでは[青空] [壮観] [夕暮れ]の3つのグループが用意されていますが、任意の画像を追加して使うこともできます。ここでは、[夕暮れ]から選択しました 03 。

memo

[前景の調整] の詳細項目が表示されていない場合は、>をクリックして表示します。

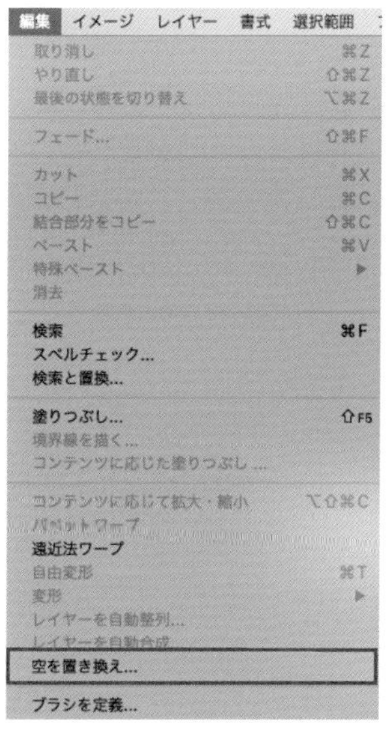

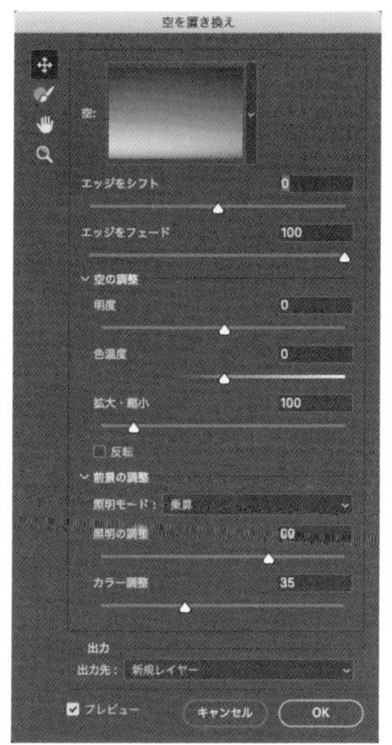

02 “空を置き替え...”を選択し、ダイアログを表示

03 使用する画像を選択

③ 画像の調整をする

続いて画像の調整を行います。各項目の調整内容は下記の通りです。1つ1つ設定しながら、どのように調整されるかを確認しましょう。

◎ **エッジをシフト**：境界の位置を指定します。境界に違和感がある場合は調整するとよいでしょう。

- **エッジをフェード**：境界に沿って空画像から元写真へのフェード（薄れ具合）、ぼかしを設定します。100の値で薄れ方が強くなり、0の値でくっきりとします。
- **明るさ**：空の明るさを調整します。
- **色温度**：暖色または寒色寄りに調整します。
- **拡大・縮小**：空の画像を拡大・縮小します。
- **反転**：チェックを入れると水平方向に反転します。
- **照明モード**：調整に使用する描画モードを指定します。[乗算]と[スクリーン]が選べます。
- **照明の調整**：明暗を調整する不透明度スライダーです。0の場合は調整されません。
- **カラー調整**：前景と空のトーンを調整する不透明度スライダーです。0の場合は調整されません。
- **出力**：[新規レイヤー]はマスクを含む名前付きレイヤーグループで、[レイヤーを複製]は単一の統合されたレイヤーで書き出されます。細かい補正などを行いたい場合もあるので、[新規レイヤー]を選ぶとよいでしょう 04 。

04 ［出力：新規レイヤー］を選択
マスク付きレイヤーで書き出されるので、レイヤーごとに補正することができます

ここでは、05 のように設定しました。[OK]すれば完成です。とても簡単に画像のイメージを変えることができますね。

今回のように作成した画像を広告バナーの背景画像などに利用すると、また一段デザイン性を高めることができるでしょう。画像をスマートオブジェクトに変換しておけば、もう少し赤を強くしたい、明るくしたいなどの微調整にも簡単に対応できます。

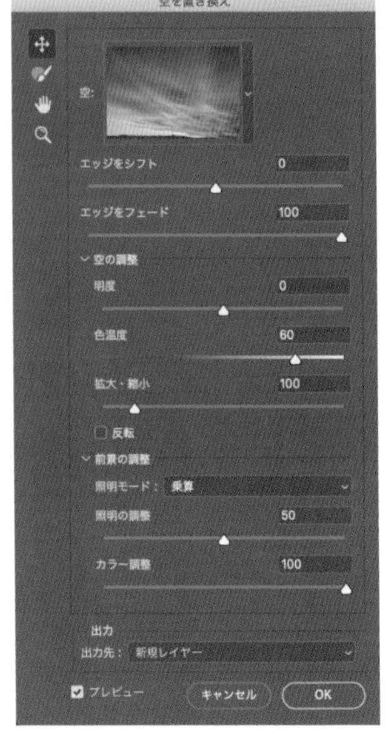

[色温度]を上げて空の赤みを全体に強くし、[カラー調整：100%]にして、前景にも夕焼けの効果がかかるようにしました

05 画像を調整

これだけは覚えよう！ ショートカットキー一覧

ファイル関連

	Mac	Windows
新規作成	⌘+ N	Ctrl ＋ N
保存	⌘+ S	Ctrl ＋ S
別名で保存	⌘+ shift ＋ S	Ctrl ＋ Shift ＋ S

画面操作

	Mac	Windows
ドキュメントを100%表示	⌘+ 1（イチ）	Ctrl ＋ 1（イチ）
ドキュメントを画面サイズに合わせる	⌘+ 0（ゼロ）	Ctrl ＋ 0（ゼロ）
ズーム（拡大）	space ＋ ⌘ ＋クリック※	Ctrl ＋ space ＋クリック
ズーム（縮小）	space ＋ ⌘ ＋ option ＋クリック※	Ctrl ＋ Alt ＋ space ＋クリック
一時的に手のひらツールに切り替える	space ＋ドラッグ	space ＋ドラッグ

※OSの設定により⌘→spaceの順でキーを押すとSiriが立ち上がることがあります。
space→⌘の順に押すか、Siriの設定を変える必要があります。

ツール切り替え

	Mac	Windows
移動ツール	V	V
ブラシツール	B	B
横書き文字ツール	T	T

操作関連

	Mac	Windows
取り消し（1つ前に戻る）	⌘+ Z	Ctrl ＋ Z
やり直し	⌘+ shift ＋ Z	Ctrl ＋ Shift ＋ Z
自由変形	⌘+ T	Ctrl ＋ T
選択範囲の解除	⌘+ D	Ctrl ＋ D
選択範囲の反転	⌘+ shift ＋ I（アイ）	Ctrl ＋ Shift ＋ I（アイ）
新規レイヤーを追加	⌘+ shift ＋ N	Ctrl ＋ Shift ＋ N
アクティブレイヤーの表示／非表示	⌘+ ,（カンマ）	Ctrl ＋ ,（カンマ）
ブラシサイズを大きくする	（ブラシツールを選択した状態で）]	（ブラシツールを選択した状態で）]
ブラシサイズを小さくする	（ブラシツールを選択した状態で）[	（ブラシツールを選択した状態で）[

Index 用語索引

アルファベット

あ行

か行

さ行

た行

な行

は行

Index 用語索引

著者紹介

おの れいこ

Lesson 1・4・5・7執筆

福岡県産フリーランスWebデザイナー。デジタルハリウッド大学非常勤講師。西南学院大学卒業後、不動産系の企業に入社。その後Web業界へ転身し、現在はWebやグラフィック制作を中心に個人やチームで活動中。その他、勉強会やイベント企画・運営など、人と人をつなげる活動も行っている。趣味は画像合成・レタッチ。苦手なものは球技全般。

Picnico：https://picnico.design/

髙橋 宏士朗 （たかはし・こうしろう）

Lesson 2・3・6・8執筆

Photoshop歴15年。ディスプレイデザインの会社にて3年間DTPデザイナーとして広告、ポスターといった各種印刷物のレイアウト基礎を学んだあと、Webデザイナーへ転身。プロスポーツやアーティストなどのサイト制作を多く担当する。2016年にはハイブリッドタイプのフリーランスとなり、現在はクリエイティブディレクターとして企業のプロジェクトに携わっている。

instagram：@rezakk399（https://www.instagram.com/rezakk399/）

●制作スタッフ

[装丁]　西垂水 敦(krran)
[カバーイラスト]　山内庸資
[本文デザイン]　加藤万琴
[DTP]　生田祐子(ファーインク)
[編集]　日下部理佳(時間株式会社)

[編集長]　後藤憲司
[担当編集]　熊谷千春

初心者からちゃんとしたプロになる

Photoshop基礎入門

2021年2月11日　初版第1刷発行
2023年2月 3日　初版第2刷発行

[著者]　おのれいこ　髙橋宏士朗

[発行人]　山口康夫

[発行]　株式会社エムディエヌコーポレーション
〒101-0051　東京都千代田区神田神保町一丁目105番地
https://books.MdN.co.jp/

[発売]　株式会社インプレス
〒101-0051　東京都千代田区神田神保町一丁目105番地

[印刷・製本]　中央精版印刷株式会社

Printed in Japan

【カスタマーセンター】
造本には万全を期しておりますが、万一、落丁・乱丁などがございましたら、送料小社負担にてお取り替えいたします。お手数ですが、カスタマーセンターまでご返送ください。

落丁・乱丁本などのご返送先
〒101-0051　東京都千代田区神田神保町一丁目105番地
株式会社エムディエヌコーポレーション カスタマーセンター
TEL：03-4334-2915

書店・販売店のご注文受付
株式会社インプレス　受注センター
TEL：048-449-8040 ／ FAX：048-449-8041

【内容に関するお問い合わせ先】

株式会社エムディエヌコーポレーション
カスタマーセンター メール窓口

info@MdN.co.jp

本書の内容に関するご質問は、Eメールのみの受付となります。メールの件名は「Photoshop基礎入門　質問係」、本文にはお使いのマシン環境(OSとアプリの種類・バージョンなど)をお書き添えください。電話やFAX、郵便でのご質問にはお答えできません。ご質問の内容によりましては、しばらくお時間をいただく場合がございます。また、本書の範囲を超えるご質問に関しましてはお答えいたしかねますので、あらかじめご了承ください。

ISBN978-4-295-20088-8　C3055